符号计算选讲

孙 瑶 李 婷 王定康 编

科学出版社

北京

内 容 简 介

本书介绍了青年学者在线性代数、多项式代数、差分代数、计算代数几何等领域的部分最新成果,展现了我国符号计算学科的发展动态. 我们希望以本书为平台展示课题成果,以及符号计算领域前沿进展,从而促进符号计算领域的学术交流与发展.

本书可作为数学、信息科学或其他符号计算相关专业研究生的学习参考资料,也可作为相关领域的教师、科研人员及相关技术人员的参考书.

图书在版编目(CIP)数据

符号计算选讲/孙瑶,李婷,王定康编. —北京:科学出版社,2018.9
ISBN 978-7-03-058366-6

Ⅰ.①符⋯ Ⅱ.①孙⋯ ②李⋯ ③王⋯ Ⅲ.①数值计算-研究 Ⅳ.①O241

中国版本图书馆 CIP 数据核字(2018) 第 168331 号

责任编辑:胡庆家／责任校对:邹慧卿
责任印制:张 伟／封面设计:铭轩堂

科 学 出 版 社 出版
北京东黄城根北街 16 号
邮政编码:100717
http://www.sciencep.com

北京中石油彩色印刷有限责任公司 印刷
科学出版社发行 各地新华书店经销

*

2018 年 9 月第 一 版　开本:720×1000 B5
2020 年 3 月第三次印刷　印张:12 1/4
字数:240 000
定价:78.00 元
(如有印装质量问题,我社负责调换)

序　　言

数学离不开各式各样的符号. 数字如 $2, 0, 1, 8$, 运算符如 $+, -, \times, \div$, 等号 $=$, 不等号 $\neq$ 都是最常见的数学符号, 其他复杂一些的数学符号有 $\pi, \sqrt{\ }, \sin, \in, \exists, \perp, \partial$, 等等. 这些有趣的符号可以用来表示各种具体或者抽象的数学概念, 包括数学对象以及数学对象之间的相互关系, 而数学活动的主要内容正是研究、处理数学对象和数学对象之间的数量和逻辑关联. 例如, $2 + 0 \div 1 - 8$, $e^{\pi\sqrt{-1}} = -1$, $x^2 + y^2 > r^2$, $m \parallel l$ 等, 它们都是典型的数学符号表达式. 数学从计数开始, 通过引进五花八门的符号系统, 建立内涵丰厚的分支体系, 逐渐发展成为描述、论证自然科学规律和现象的基础语言.

数学分支和学科的形成遵循基本的发展规律: 首先选取一些原始的数学概念, 包括对象和度量以及它们之间的数量和逻辑关系. 这些原始概念大多是现实世界中各种事物的数学抽象, 它们没有严密的数学定义. 譬如, 数论中的 "1"、几何学中的 "点" 和代数学中的 "变元" 都可以视为原始的数学概念, 对其我们很难严密地给出定义. 有了原始的数学概念, 我们再假定它们之间满足某些不证自明的数量和逻辑关系, 也就是假定某些公理成立. 基于假定的公理, 我们可以利用形式演算和逻辑推理规则严格地证明、导出新的数量和逻辑关系, 即性质和定理. 有了原始和导出关系, 我们又可以引进导出概念, 再严格证明、导出更新的数量和逻辑关系, 如此类推. 在这个知识递归积累的过程中, 人们需要引进各种符号, 用来表示原始的和导出的数学概念. 数学研究的中心内容就是处理数学符号和符号关系式, 解决有关它们的演算、证明和推理问题.

数学研究离不开符号演算、离不开形式推理. 数学符号和符号之间的关系形式多样、语义复杂, 有关它们的推理演算离不开工具: 过去和现在离不开稿纸、离不开黑板, 将来必然会离不开计算设备. 符号计算随着计算机的出现应运而生并快速发展, 成为深度融合数学与计算机科学的交叉学科, 重点研究、探索数学也即符号数学演算和推理的算法化、机械化、自动化, 设计并实施适合在计算设备上运行的高效算法、软件平台和应用模块. 符号数学推演既是基本的又是高级的智力劳动. 实现这种劳动的算法化和机械化是一项非常艰巨的工作, 需要数代科学家和研究人员为之长期努力, 也需要社会各界的大力支持. 计算机科学与技术的发展已为数学的机械化提供了必要的理论基础和应用设施, 但数学机械化的基本实现依然任重道远, 创新求索的过程必然会艰难复杂. 如何有效推进符号数学推演的算法研究和软件开发, 实现高级智力劳动的机械化、自动化, 让数学作为自然科学的基础语言和工具为科技文化教育的信息化建设与发展发挥更大作用,这是时代赋予我们前所未有的挑战和机遇,我们必须积极应对.

现代符号计算的发展始于 20 世纪 60 年代初期,当时美国的几个科研小组几乎同时开启了符号计算软件的研发. 麻省理工学院的 J. R. Slagle 设计了符号自动积分软件 SAINT, IBM 公司的 J. E. Sammet 研发了处理初等函数表达式的软件系统 FORMAC, 在斯坦福直线加速器中心访问的 M. J. G. Veltman 研发了用于粒子物理计算的程序包 SCHOONSCHIP, 贝尔实验室的 W. S. Brown 研发了符号代数系统 ALPAK 和编程语言 ALTRAN. 稍后, 斯坦福大学的 A. C. Hearn 研发了主要用于物理计算的流行软件系统 REDUCE, 威斯康星大学的 G. E. Collins 将先前在 IBM 公司开发的多项式处理程序包 PM 升级为 SAC-1 (后续版本: SAC-2, SAC/ALDES, SACLIB), 英国剑桥大学的 J. Fitch 等研发了用于天体力学和相对论计算的剑桥代数系统 CAMAL 等. 这些早期系统的实现大多基于程序设计语言 LISP. 到了 70 年代, 符号计算软件的研发更是持续不断: IBM 公司成功研发了带有嵌入知识的强类型代数计算系统 SCRATCHPAD (后续版本: SCRATCHPAD II, AXIOM), 麻省理工学院研发了著名的符号与代数计算系统 MACSYMA (MAXIMA), 而 REDUCE 系统的研发则从斯坦福大学转移至犹他大学. 符号计算软件研发的前 20 年基本上可以看作是之后开发成熟软件系统的预研期. 这个时期的实践表明, 符号计算软件系统的有效运行不仅需要面对数据结构、表达式膨胀、垃圾清理和存储管理等众多计算机科学方面的问题, 而且还要求用于符号与代数计算的算法高效实用, 因而极大地推动了符号计算的算法研究, 包括算法的设计与优化、算法的理论复杂度分析和算法的实际计算效率分析. 许多有关多项式运算、代数化简、符号积分的基础性算法都是在那段时间发展成熟的. 与此同时, 新一代符号计算软件系统的研发拉开了序幕, 支撑符号计算未来发展和应用的核心算法被深入研究并普遍受到重视, 基于符号推演的计算交换代数、计算微分代数、计算代数几何和计算实几何等新兴学科开始形成, 它们为符号计算这门交叉学科朝着纵深的方向发展注入了强劲的动力.

20 世纪 80 年代初期, B. Buchberger 的 Gröbner 基方法和吴文俊的特征列方法在符号计算领域受到高度关注, 进而广为人知. 学者们从不同的角度对这两种方法展开了深入研究. 紧随其后, 由 G. E. Collins 提出的基于柱形代数分解的量词消去方法也得到了很大改进. 这三种方法可以用来有效处理多项式系统、多项式理想、半代数系统及其定义的各种代数与几何对象, 系统研究其性质与表示以及它们之间的相互关系, 因此有着非常广泛的理论和实际应用. 围绕这三种方法, 符号计算领域的研究呈现出勃勃生机, 很多基本而棘手的数学问题如代数方程求解和几何定理求证都可以通过这些方法来机械地、自动地或者交互式地获得解答. 由此衍生的各种基础和应用研究也丰富了符号计算的内涵, 推动了符号计算这门学科的全面发展, 加速了符号计算软件的研发进程.

从 80 年代中期开始, 以 Maple 和 Mathematica 为代表的新一代科学计算通用软件在全球发布, 并实现商业化运营; 数十种其他通用或专用软件系统如 DERIVE, MuPAD, MAGMA, MACAULAY 2, SINGULAR, CoCoA, Risa/Asir, SageMath 等也相继推出. 这些系统具有强大的符号计算、数值计算和图形计算功能. 近 30 年来, 符号计算软件的研发团队始终关注算法研究的最新进展, 他们紧跟信息科学与技术的发展, 将科学研究的成果及时快捷地植入软件产品, 行之有效地推动了产学研的良性互动与深度融合.

我国学者为符号计算的发展做出了杰出贡献. 以著名数学家吴文俊先生为代表的中国学派长期致力于数学算法化、机械化的研究和发展, 成就斐然, 在国际学术界享有很高的地位和广泛的影响. 吴先生提出的证明几何定理、计算多项式组与微分多项式组的特征列与零点分解的方法是自动推理和符号计算领域的核心方法, 也是数学机械化方法的典范. 吴方法和吴先生的数学机械化思想激发了国内外学者的大量后续工作, 其中由国内学者引领发展的理论和方法涉及多项式系统、微分多项式系统和差分多项式系统的算法化消元与三角化分解, 数学定理的机器证明与发现, 半代数系统的实解隔离与实解分类, Gröbner 基的计算与基于 Gröbner 基的特征分解, 曲线曲面的隐式化与拼接, 代数、几何与组合计算, 符号与数值混合计算, 多项式、微分多项式与差分多项式的基本运算等. 我国学者在与之有关的国际学术活动中也表现出色: 数十人次先后担任国际学术期刊《符号计算杂志》(JSC) 的编委、《计算机科学中的数学》(MCS) 的创刊主编和编委, 符号与代数计算国际研讨会 (ISSAC)、自动推理国际会议 (CADE)、人工智能与符号计算国际会议 (AISC)、数学软件国际会议 (ICMS) 等系列学术会议的大会或者程序委员会主席, ACM 符号与代算计算专业委员会 (SIGSAM) 主任以及 ISSAC 指导委员会主任等; 我国学者多次在这些学术会议上作特邀报告, 并且是 ASCM, ADG, MACIS 等多个系列国际学术会议的创办人之一. 我国符号计算领域的学者在国际学术界的能见度和影响力还在继续上升.

为了促进符号计算的研究与发展、培养更多优秀的青年学者, 笔者与同事一起从 2003 年开始组织举办符号计算暑期讲习班. 首期讲习班在安徽黄山举行, 由中国科学技术大学承办, 之后的四期讲习班先后在北京大学、成都电子科技大学、北京航空航天大学和广西民族大学举行, 其日程安排主要包括短课程和专题学术报告. 2015 年由北航承办的第四期讲习班增设了青年学者研讨班, 为包括研究生在内的青年学者开展学术交流提供平台. 本书收集了部分青年学者在研讨班上报告的论文. 这些论文在一定程度上反映了我国青年学者目前的学术水平及其从事研究工作的符号计算领域的前沿发展现状. 2003 年至今的 15 年正是现在活跃在科研第一线的中青年学者成长起来的 15 年. 笔者希望延续至今的符号计算暑期讲习班对这些学者的成长有所裨益, 同时也希望已经成长起来的学者能够积极担负起未来讲习班的组织和课程讲授工作, 将符号计算暑期讲习班继续办下去, 并且越办越好, 为符号计算的持续发展培养更多更优秀的青年人才.

没有符号, 就没有数学! 没有符号计算, 就没有数学机械化!

王东明

2018 年 7 月

目　　录

序言

几何学图片的特征信息提取与几何定理搜索 …………(安文雅　宋　丹) 1

利用非交换消元法证明特殊函数恒等式 ……………(靳海涛　杜　康) 17

微分差分模上 Gröbner 基与维数多项式 ………………(黄冠利　周　梦) 29

面向单项式的 F4 算法实现 ……………………(李　婷　孙　瑶　林东岱) 58

数控路径规划中的 C 空间方法 …………………………(马晓辉　申立勇) 74

多项式相乘下联合谱半径变化规律研究 ……………(亓万锋　郑　悦) 93

三类形如 $g(x) + \prod_{i=1}^{4} \mathrm{Tr}_1^n(u_i x)$ 的 Bent 函数的构造

………………………………(王立波　吴保峰　刘卓军　林东岱) 108

有理插值综述 ……………………………(夏　朋　李　喆　雷　娜) 124

二元有理插值与子结式 …………………………(夏　朋　尚宝欣) 148

语音计算器的研究与开发 ……(张志强　苏　伟　蔡　川　林　和　白　华) 162

微分特征列方法在 Sharma-Tass-Olver 方程势对称分析中的应用

………………………………………………(张智勇　郭磊磊) 174

几何学图片的特征信息提取与几何定理搜索

安文雅[1], 宋 丹[1]

(1. 北京航空航天大学 数学与系统科学学院, 北京 100083)

接收日期: 2015 年 8 月 17 日

几何学是历史悠久、内容丰富的数学分支, 有广泛的应用. 如何有效地管理几何知识, 特别是如何从大量几何知识中搜索出所需的知识如定理等, 都是亟待研究和解决的问题. 几何定理的自然语言表述往往不能明确地刻画几何对象的特征和结构, 因此基于关键字的搜索方法效果欠佳. 为了改善搜索效果, 本文针对平面欧氏几何, 提出一种基于几何学图片中的特征信息搜索几何定理的方法. 该方法首先应用形状识别算法和数值验证技术从几何学图片中提取特征信息 (包括几何对象以及这些对象之间的关系) 并给出其形式化表示. 然后, 根据所提取的特征信息构建对应的图表示, 再利用图匹配技术, 找到包含所有特征信息的几何定理. 进一步, 通过弱化所提取的特征信息, 匹配得到相关的几何定理, 并计算所得定理与特征信息之间的相关度 (Degree of Relevance). 最后, 根据相关度的大小对所得几何定理进行排序. 由于利用了几何图形的结构特征, 这种方法能够比较准确地搜索到相关的定理, 因此在几何知识的智能管理以及几何教学等方面具有潜在的应用.

1 引言

随着互联网和大数据时代的到来, 如何从海量信息中搜索到所需信息已经成为亟待解决的关键问题. 大多数的信息检索模型 (比如向量空间模型、概率模型、推理网络模型) 通过使用一定的打分规则来对目标进行排序[15]. 在打分的过程中, 权重的估计是至关重要的步骤. 在数学领域, 知识的表示方式除了自然语言, 还有公式、图形等其他形式, 因此数学知识的搜索有其自身的特点. 近年来, 研究人员根据不同的知识表示方式提出了不同的搜索方法. Sven Grottke 提出了从课本中搜索数学知识的方法, 通过对课本中的内容进行语义分类并将其存储于数据库中, 从而建立数学知识的百科全书[5]. 数学公式的 MathML 语言表示可以清楚地呈现其结构, 文献 [14] 提出了一种基于 MathML 表示的数学公式检索方法, 该方法考虑了数学公式的继承结构以及统一性和子公式的相似性. 对于网络上的数学表达式, 文

作者简介: 安文雅 (1992—), 女, 硕士研究生, 主要研究方向: 几何定理搜索; 宋丹 (1986—), 女, 博士研究生, 主要研究方向: 知识发现.

献 [9] 提出了有效的搜索语言、索引方法以及匹配和查找的算法, 可以让用户灵活有效地搜索出相似的数学表达式; 文献 [10] 定义了相关度, 给出其计算公式并提出了有关数学表达式搜索的开放问题. 对于文档中的数学表达式, 其搜索方法在文献 [17] 中提到, 包括识别和搜索两个重要部分: 识别的四个关键步骤为发现数学表达式、发现和分类符号、分析符号的布局、构建出表达式的意义; 搜索的四个关键步骤为构建查询、标准化、构建索引、反馈相关度.

图形是几何知识必不可少的表示形式, 因此如何根据给定的几何图形搜索出相关的几何定理是几何知识搜索非常重要的研究问题. Yannis Haralambous 利用有向本体图描绘几何图形, 并提出了一种基于 Neo4j 图数据库的搜索方法 [8]. 几何图形会呈现在多种媒介之上, 其中图片是最常见的一种媒介. 本文提出在形式化几何知识库 (OpenGeo) [16] 中基于几何图片的搜索方法. 特征提取和定理搜索是该方法非常关键的两步, 同时也保证了方法的直观性和准确性. 在下文中, 第 2 节介绍如何应用形状识别算法和数值验证技术从几何学图片中提取特征信息 (包括几何对象以及这些对象之间的关系), 并构造相应的图表示. 第 3 节中详细阐述如何根据图表示搜索几何定理. 在第 4 节中, 我们提出相关度的概念, 阐述其性质, 并给出计算方法, 根据相关度的大小对所得几何定理进行排序. 初步的实验结果在第 5 节展示.

2 几何特征信息的提取与表示

几何特征信息包括几何对象和几何关系两部分. 然而, 这些信息取决于我们所考虑的几何领域. 比如, 在欧几里得平面几何领域内, 基本几何对象通常包括点、直线、圆, 基本几何关系通常包括点在直线上、点在圆上、两条直线平行、两条直线垂直等, 而在射影几何中, 没有直线平行这样的几何关系. 因此, 在提取特征信息前, 必须确定一个具体的领域. 在本文中, 我们考虑欧几里得平面几何领域 $\mathbb{E}$. 下面具体讨论 $\mathbb{E}$ 中的特征信息 (几何对象、几何关系) 及其表示.

假定基本几何对象类集合记为 $\mathcal{O}_c$, 基本几何关系类集合记为 $\mathcal{R}_c$, 每一个几何对象均采用几何描述语言 (Geometry Description Language, GDL[2]) 表示. 约定 $\mathcal{O}_c := \{\textbf{Point}, \textbf{Line}, \textbf{Circle}\}$, 其中 **Point**, **Line**, **Circle** 分别表示几何对象类: 点、直线、圆. $\mathbb{E}$ 中任意一个点都是 **Point** 的一个实例, 可表示为 $P := (x, y)$, 其中 P 是该点的标签, (x, y) 是该点坐标. 同理, $\mathbb{E}$ 中任意一条直线都是 **Line** 的一个实例, 可表示为 $l := \text{Type}(P_1, P_2)$, 其中 l 是该直线的标签, P_1, P_2 是该直线上的两个相异点, Type 为 segment, halfline, line 中的一个, 分别表示线段 (两个端点)、射线 (一个端点)、直线 (无端点); $\mathbb{E}$ 中任意一个圆都是 **Circle** 的一个实例, 可表示为 $c := \text{circle}(O, radius)$ 或者 $c := \text{circle}(A, B, C)$, 其中 c 是该圆的标签, $O, radius$ 分

别是该圆的圆心和半径, A, B, C 是圆周上各不相同的三点.

根据基本几何对象类的约定及其实例表示, 我们类似地约定 $\mathcal{R}_c := \{$**incident**, **pointOnC**, **parallel**, **perpendicular**, **equal-distance**, **equal-angle**$\}$, 其中每种关系的表示见表 1.

对于一个给定的几何图形的电子图片 (或几何图片) I, I 中前景色指示出的某个对象 o 是 I 的特征信息当且仅当 o 是 O 或 R 的一个实例, 其中 $O \in \mathcal{O}_c, R \in \mathcal{R}_c$. 提取 I 的特征信息就是要确定其基本对象集合 $O := \{obj | obj 是 objcls 的一个实例, objcls \in \mathcal{O}_c\}$ 和基本关系集合 $R := \{r | r 是 rcls 的一个实例, rcls \in \mathcal{R}_c\}$. 有了基本对象, 就可以定义导出对象 (比如三角形由三条互不共线的线段首尾相连构成), 从而简化特征信息, 得到更高级的欧几里得平面几何信息.

注意到几何图形的电子图片生成方式各有不同, 可以按照精度递减的原则分为: ① 由动态几何软件 (Dynamic Geometry Software, DGS) 生成; ② 由扫描经典教材得到的几何图片; ③ 对经典教材拍照得到的几何图片; ④ 对手绘几何图形拍照得到的电子图片. 针对这些不同来源的几何图片, 特征提取的方法不尽相同. 在最初的研究中, 我们考虑了精度最高的① 类几何图片 [1](2.1 节), 随后, 我们考察了② 类、③ 类几何图片的特征信息提取问题 [13](3.1 节), 对于④ 类几何图片, 由于精度的大幅下降, 特征信息的提取方法有了本质上的改变, 目前我们正在对这一问题的解决方案进行实验验证. 本文中, 我们将主要介绍② 类、③ 类几何图片 (几何对象识别、几何关系的验证) 特征信息提取方法 (提炼自文献 [13] 第 3 节, 其中标签的识别方法略有不同), ① 类图片的特征信息提取方法与之类似, 具体过程可参看文献 [1].

表 1   ACA-KTSP 基本几何关系的表示

几何关系类	实例表示	含义
incident	$\mathrm{incident}(P, l)$	点 P 在直线 l 上
pointOnC	$\mathrm{pointOnC}(P, c)$	点 P 在圆 c 上
parallel	$\mathrm{parallel}(l_1, l_2)$	直线 l_1 与 l_2 相互平行
perpendicular	$\mathrm{perpendicular}(l_1, l_2)$	直线 l_1 与 l_2 相互垂直
equal-distance	$\mathrm{equal}(\mathrm{distance}(A, B),$ $\mathrm{distance}(C, D))$ 或 $\overline{AB} = \overline{CD}$	A 与 B 之间的距离等于 C 与 D 之间的距离
equal-angle	$\mathrm{equal}(\mathrm{size}(\mathrm{angle}(A,B,C)),$ $\mathrm{size}(\mathrm{angle}(D,E,F))$ 或 $\angle ABC = \angle DEF$	$\angle ABC$ 与 $\angle DEF$ 大小相等

2.1 几何对象的识别

我们对不同类型的基本几何对象分别采用了不同的识别方法, 并按照圆、直线、点的先后顺序进行识别.

1. 圆的识别

假设 $\mathbb{C}$ 是已检测到的圆的集合.

(a) 预处理. 对给定扫描 (或拍照) 得到的几何图片 I, 依次进行大小调整、图像增强、对比度调整、灰度化、二值化和细化[①]操作, 得到图片 I_1.

(b) 检测. 使用如下基于文献 [3] 改进的随机算法从 I_1 中检测圆.

(i) N 为一个计数器, 令 $N := 0, \mathbb{C} := \varnothing$.

(ii) 在 I_1 的坐标范围内, 随机生成两条水平直线 l_1 和 l_2. 令 $\mathcal{P}_1 := \varnothing, \mathcal{P}_2 := \varnothing$. 对于每一个前景点 $P \in I_1$, 如果 P 在 l_1 上, 执行 $\mathcal{P}_1 := \mathcal{P}_1 \cup \{P\}$; 如果 P 在 l_2 上, 执行 $\mathcal{P}_2 := \mathcal{P}_2 \cup \{P\}$. 令 F 为一个标记, 且 $F := 0$.

(iii) 对每一个由四个不同点组成的集合 $\{P_1, P_2 \in \mathcal{P}_1, P_3, P_4 \in \mathcal{P}_2 | P_1 \neq P_2, P_3 \neq P_4\}$, 如果 P_4 在 $\{P_1, P_2, P_3\}$ 所决定的圆 C 上, 且 $n_{\text{Count}}/(2\pi r) \geqslant c_{\text{Rate}}$, 其中 n_{Count} 是 I_1 中在圆 C 上的前景点个数, $c_{\text{Rate}} \in [0, 1]$ 是预先赋值的阈值 (例如, $c_{\text{Rate}} = 0.5$), 则执行 $\mathbb{C} := \mathbb{C} \cup \{C\}, N := 0, F := 1$; 否则, 继续处理下一个四点集合.

(iv) 如果 $F = 0$, 则 $N := N + 1$.

(v) 如果 $N \geqslant T$, T 是最大允许失败次数 (例如, $T = 50$), 则算法结束并输出 $\mathbb{C}$; 否则, 转到 (ii).

2. 直线的识别

(a) 预处理. 对 I 进行二值化和细化操作, 得到 I_2.

(b) 检测. 对 I_2 使用改进的渐近统计霍夫变换 (Progressive Probabilistic Hough Transform [4, 7]) 得到线段集 $\mathbb{L}$.

(c) 后处理. 合并共线的短线段 (由于识别产生的误差, 一条较长的线段会被识别为多段较短线段); 更精准地找到线段的终点; 确定线段的实际类型 (线段、射线、直线); 去除冗余直线[②], 得到新的直线集合 $\mathbb{L}$.

3. 兴趣点的收集

令兴趣点集合为 $\mathbb{P}$, 且 $\mathbb{P} := \varnothing$, 将 $\mathbb{C}$ 中所有圆的中心、$\mathbb{L}$ 中所有直线的端点, 以及基本几何对象集 $\mathbb{C} \cup \mathbb{L}$ 中任意两个元素的交点加入 $\mathbb{P}$.

4. 标签的识别.

(a) 预处理. 在 I 中用背景色重画前述步骤识别出的圆、直线、点. 令 $\mathbf{L} := \varnothing$, $\mathbf{P} := \varnothing$.

---

① 使用张并行算法 [18].
② 由于检测误差, 圆上的一段弧常常会被识别为线段, 特别是当圆的半径较大时.

(b) 分割出含标签的图像块.

(i) 对每一个前景点 $P(x,y)$, 初始化一个包含 P 的矩形窗口 $W(t,d,l,r)$, t,d,l,r 分别表示上、下、左、右边界坐标, 令 $t := y-1, d := y+1, l := x-1, r := x+1$.

(ii) 逐渐向外扩大 W (通过修改 t,d,l,r 的值) 直至没有前景点位于 W 的边界上, 这时 $W(t,d,l,r)$ 圈定了一个矩形图像块 B.

(c) 识别出标签①. 对每个图像块 B (对应的矩形窗为 $W(t,d,l,r)$), 调用 OCR [12] 识别引擎 Tesseract[19] 得到一个英文字母 L, 执行 $\mathbf{L} := \mathbf{L} \cup \{L\}$. 计算出图像块的中心 C_L 坐标 $((l+r)/2, (t+b)/2)$, 令 $\mathbf{P} := \mathbf{P} \cup \{C_L\}$.

(d) 将 $\mathbf{L}$ 中的每一个英文字母作为标签赋给相应的基本几何对象, 对于没有标签的基本几何对象, 自动生成一个唯一的标签.

经过以上步骤, 完成了基本几何对象的识别, 得到几何对象集合 $\mathrm{O} := \mathbb{P} \cup \mathbb{L} \cup \mathbb{C}$. 如图 1 所示, 将得到形式化表示的基本几何对象.

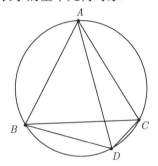

图 1 由 GeoGebra 得到的某图片

- 兴趣点集合 $\mathbb{P}$:

  $B := (62, 385), \quad D := (330, 457), \quad E := (307, 376), \quad C := (414, 372),$
  $A := (225, 73), \quad F := (236, 278).$

- 直线集合 $\mathbb{L}$:

  $a := \mathrm{segment}(B, D), \quad b := \mathrm{segment}(B, C), \quad c := \mathrm{segment}(B, A),$
  $d := \mathrm{halfline}(A, D), \quad e := \mathrm{segment}(A, C), \quad f := \mathrm{segment}(D, C).$

- 圆集合 $\mathbb{C}$:

  $g := \mathrm{circle}(F, 205).$

---

① 这一步也可以使用 SIFT 特征[11] 匹配的方法, 参考文献 [2] 第 3.2 节.

2.2 几何关系的验证

基于 2.1 节得到的几何学图片 I 中的几何对象集 O,包含兴趣点集合 $\mathbb{P}$,直线集合 $\mathbb{L}$ 和圆集合 $\mathbb{C}$,我们将采用如下数值验证的方法进一步提取表 1 所列几何关系,得到几何关系集合 $\mathbb{R}$.

(1) 令 $\mathbb{R} := \varnothing$,$\tau_1, \cdots, \tau_6$ 是一些用作阈值的正实数.

(2) 对任意点 $A \in \mathbb{P}$ 和任意直线 $l \in \mathbb{L}$,如果 $\|Al\| < \tau_1$ ($\|Al\|$ 表示点 A 与直线 l 的距离),将 incident(A,l) 添加到 $\mathbb{R}$.

(3) 对任意点 $A \in \mathbb{P}$ 和任意圆 $o \in \mathbb{C}$,如果 $|\|AO\| - r| < \tau_2$ (O, r 分别是圆 o 的中心和半径),将 pointOnC(A, o) 添加到 $\mathbb{R}$.

(4) 对每一对直线 $l_1, l_2 \in \mathbb{L}$,如果 $|\mathrm{size}(\alpha_{l_1 l_2}) - 0| < \tau_3$ ($\alpha_{l_1 l_2}$ 表示直线 l_1 和 l_2 的夹角),将 parallel(l_1, l_2) 添加到 $\mathbb{R}$.

(5) 对每一对直线 $l_1, l_2 \in \mathbb{L}$,如果 $\left|\mathrm{size}(\alpha_{l_1 l_2}) - \dfrac{\pi}{2}\right| < \tau_4$,将 perpendicular$(l_1, l_2)$ 添加到 $\mathbb{R}$.

(6) 对每一组点 $A, B, C, D \in \mathbb{P}$ (A 和 B 由一条直线连接,C 和 D 由一条直线连接),如果 $|\overline{AB} - \overline{CD}| < \tau_5$,则将 equal(distance$(A, B)$, distance$(C, D)$) 添加到 $\mathbb{R}$ 中.

(7) 对每一组点 $A, B, C, D, E, F \in \mathbb{P}$ (A 和 B 由一条直线连接,B 和 C,D 和 E,E 和 F 也一样),如果 $|\mathrm{size}(\angle ABC) - \mathrm{size}(\angle DEF)| < \tau_6$,添加 equal(size(angle$(A, B, C)$), size(angle$(D, E, F)$)) 至 $\mathbb{R}$.

(8) 返回集合 $\mathbb{R}$.

经过以上步骤,可得到给定几何图片 I 的基本几何关系集合 $\mathbb{R}$ 这一特征信息. 特别地,对于图 1,可得到如下几何关系:

$$\mathrm{incident}(E, b), \mathrm{incident}(E, d),$$

$$\mathrm{pointOnC}(B, g), \mathrm{pointOnC}(D, g), \mathrm{pointOnC}(C, g), \mathrm{pointOnC}(A, g),$$

$$\mathrm{equal}(\mathrm{distance}(B, C), \mathrm{distance}(B, A)),$$

$$\mathrm{equal}(\mathrm{distance}(B, C), \mathrm{distance}(C, A)),$$

$$\mathrm{equal}(\mathrm{distance}(B, A), \mathrm{distance}(C, A)).$$

2.3 特征信息的图表示

为了有效地进行搜索,我们利用图来表示特征信息. 这种图表示方法把特征信息中的几何实体、数值和几何关系分别映射为节点和边. 节点具有的两个属性是标识 (ID) 和类型 (Type) (节点表示为 (ID, Type));边具有的四个属性是标识 (ID),所连接的两个节点的标识 (FirstNodeID, SecondNodeID),类型 (Type) (边表示为

(FirstNodeID, SecondNodeID, Type))①. 目前, 节点和边的类型分别如表 2 和表 3 所示.

表 2 节点类型

类型 (Type)	含义
P	点
L	线 (直线、线段、射线)
C	圆
TRI	三角形
QUAD	四边形
D	距离

由于 2.1 节和 2.2 节所提取的有些特征信息 (冗余信息) 并没有反映几何图片的主要特征, 如果不加以剔除, 会影响搜索的效率和结果, 因此需要去除冗余信息. 具体依照以下两条规则进行:

(1) 若某个几何对象对应的几何关系不多于两条, 则删除该几何对象;
(2) 若某个几何关系可由其他几何关系直接导出, 则删除该几何关系.

表 3 边的类型

类型 (Type)	含义
inc	点在线上或点在圆上
ind	距离的端点
perpen	垂直
para	平行
equ	相等
tri	三角形的顶点
quad	四边形的顶点

特别地, 对于图 1, 去除冗余信息后的特征信息如下.

• 兴趣点集合 $\mathbb{P}'$②:

$$B, \quad D, \quad C, \quad A.$$

• 直线集合 $\mathbb{L}'$:

$$a := \text{segment}(B, D), \quad b := \text{segment}(B, C), \quad c := \text{segment}(B, A),$$
$$d := \text{halfline}(A, D), \quad e := \text{segment}(A, C), \quad f := \text{segment}(D, C).$$

• 圆集合 $\mathbb{C}'$③:

$$g.$$

---

① 其中, 节点和边的标识属性 (ID) 不显示.
② 因为数值信息 (如点的坐标、圆的半径) 对搜索意义不大, 所以去掉了数值信息.
③ 因为圆心满足上述规则 (1), 所以被删除了.

- 几何关系集合 $\mathbb{R}'$:

  pointOnC(B,g), pointOnC(D,g), pointOnC(C,g), pointOnC(A,g), equal(distance(B,C), distance(B,A)), equal(distance(B,C), distance(C,A)).

然后把去除冗余信息后的几何对象和几何关系分别转化为图的节点和边, 即得到几何图形的图表示. 对于图 1, 其图表示中的节点和边如下所示.

- 几何对象对应的节点表示为

  $(0,L)$, $(1,L)$, $(2,L)$, $(3,L)$, $(4,L)$, $(5,L)$, $(6,D)$, $(7,D)$, $(8,D)$, $(9,C)$, $(10,P)$, $(11,P)$, $(12,P)$, $(13,P)$.

- 几何关系对应的边表示为

  $(11,6,\text{ind})$, $(12,6,\text{ind})$, $(11,7,\text{ind})$, $(10,7,\text{ind})$, $(12,8,\text{ind})$, $(10,8,\text{ind})$, $(6,8,\text{equ})$, $(7,8,\text{equ})$, $(11,0,\text{inc})$, $(13,0,\text{inc})$, $(11,1,\text{inc})$, $(12,1,\text{inc})$, $(11,2,\text{inc})$, $(10,2,\text{inc})$, $(10,3,\text{inc})$, $(13,3,\text{inc})$, $(10,4,\text{inc})$, $(12,4,\text{inc})$, $(13,5,\text{inc})$, $(12,5,\text{inc})$, $(11,9,\text{inc})$, $(10,9,\text{inc})$, $(12,9,\text{inc})$, $(13,9,\text{inc})$.

除了把从几何图片中提取的特征信息进行图表示, 我们还要把现存于几何知识库 OpenGeo 中几何定理的形式化表述转化为图表示, 以便基于图匹配进行定理搜索. 几何定理的形式化表述与上述提取出的特征信息的区别在于前者不仅包括基本几何对象和基本几何关系, 还包括一些 "复杂" 的几何对象和 "多元" 的几何关系. 例如, 三角形 ABC 的外接圆 circumcircle(triangle(A,B,C)) 即为 "复杂" 的几何对象, 三条线 a,b,c 平行 parallel(a,b,c) 即为 "多元" 的几何关系. 鉴于图匹配技术除 "复杂" 几何对象外还需要其基本结构信息, 我们将 "复杂" 几何对象分解成基本的几何对象和几何关系. 例如, 三角形 ABC 的外接圆 $c :=$ circumcircle(triangle(A,B,C)) 分解为一个圆 $o :=$ circle(A,B,C), 一个三角形 $t :=$ triangle(A,B,C), 以及三个点在圆上的几何关系 incident(A,o), incident(B,o), incident(C,o) 等, 其中 o 还可以继续分解为点和线, 最终, c 可以唯一地表示为基本几何对象关系和基本几何关系的组合. 对于 "多元" 的几何关系, 我们将其拆分成多个二元几何关系. 例如, 三条线 a,b,c 平行 parallel(a,b,c) 可以分解为 parallel(a,c), parallel(b,c) 和 parallel(a,c), 这三个二元的平行关系就可以唯一地确定三元的平行关系. 因此, 几何定理的形式化表述转化为图表示的过程可分为以下三步:

(1) 提取 "复杂" 几何对象的基本特征信息, 即把 "复杂" 几何对象分解成若干基本几何对象和基本几何关系;

(2) 提取"多元"几何关系的基本特征信息, 即把"多元"几何关系分解成若干基本几何关系;

(3) 将上述代表基本几何对象和基本几何关系的特征信息分别转化为图中的节点和边.

以一个关于等边三角形的几何定理为例, 该定理的中文表述是: 等边三角形外接圆上一点到三角形三个顶点距离的代数和为零. 其形式化表述为 Theorem (example119, Theorem, assume($\{A, B, C, D\}$:= $\{\text{point}(), \text{point}(), \text{point}(), \text{point}()\}$, incident($D$, circumcircle(triangle($A, B, C$))), equal(distance($A, C$), distance($A, B$), distance($B, C$))), show(equal(distance(D, A), plus(distance(D, B), distance(D, C)))))[11], 其图形如图 1 所示. 将该定理的图表示如下.

- 定理中包含的基本几何对象对应的节点表示:

$$(0, C), \quad (1, D), \quad (2, D), \quad (3, D), \quad (4, D), \quad (5, D),$$
$$(6, D), \quad (7, TRI), \quad (8, L), \quad (9, L), \quad (10, L), \quad (11, L),$$
$$(12, L), \quad (13, L), \quad (14, P), \quad (15, P), \quad (16, P), \quad (17, P).$$

- 定理中包含的基本几何关系对应的边表示:

$$(14, 1, \text{ind}), \quad (16, 1, \text{ind}), \quad (14, 2, \text{ind}), \quad (15, 2, \text{ind}), \quad (15, 3, \text{ind}),$$
$$(16, 3, \text{ind}), \quad (14, 4, \text{ind}), \quad (17, 4, \text{ind}), \quad (15, 5, \text{ind}), \quad (17, 5, \text{ind}),$$
$$(16, 6, \text{ind}), \quad (17, 6, \text{ind}), \quad (14, 7, \text{tri}), \quad (15, 7, \text{tri}), \quad (16, 7, \text{tri}),$$
$$(1, 3, \text{equ}), \quad (2, 3, \text{equ}), \quad (14, 8, \text{inc}), \quad (16, 8, \text{inc}), \quad (14, 9, \text{inc}),$$
$$(17, 9, \text{inc}), \quad (15, 10, \text{inc}), \quad (17, 10, \text{inc}), \quad (16, 11, \text{inc}), \quad (17, 11, \text{inc}),$$
$$(14, 12, \text{inc}), \quad (15, 12, \text{inc}), \quad (15, 13, \text{inc}), \quad (16, 13, \text{inc}), \quad (17, 0, \text{inc}),$$
$$(14, 0, \text{inc}), \quad (15, 0, \text{inc}), \quad (16, 0, \text{inc}).$$

3 几何定理的搜索

在第 2 节中, 我们提取出给定几何图片的特征信息并将其转化为图表示, 与此同时, 我们还将几何知识库中存在的几何定理进行了图表示, 这一节介绍如何将给定的图表示与库中定理的图表示匹配, 进而从几何知识库中搜索出包含给定几何图片特征信息的几何定理. 具体过程分为预处理和图匹配两个步骤.

3.1 预处理

为了缩小搜索空间、提高搜索效率, 在进行图匹配之前需要做一些预处理, 即统计待匹配图表示 G 中的基本几何关系种类 (例如, 垂直、平行、相交等), 并将其

记录到集合 $\mathbf{C_s}$ 中; 统计每个种类所包含实例的个数, 并将其记录到集合 $\mathbf{N_s}$ 中. 如果知识库中某个几何定理的图表示 G' 中所含的基本几何关系的种类数或某一类基本几何关系的实例数小于 G 的相应统计结果, 那么这个定理的图表示不会完全包含待匹配图表示, 因此需要从搜索空间中去除该定理. 利用这种过滤机制, 我们可以得到所有可能包含给定特征信息的几何定理, 同时又缩小了搜索空间, 降低了匹配次数.

3.2 图匹配

接下来, 在预处理之后的搜索空间中进行图匹配. 我们参考 Rosalba Giugno 提出的一种精确匹配的方法 (GraphGrep) [6], 该方法大致分为以下三步:

(1) 构建搜索数据库以及解析待搜索图表示;

(2) 为了减少搜索空间, 根据待搜索图表示筛选数据库;

(3) 通过数据库中的图表示以及待搜索的图表示子图之间的匹配实现精确匹配.

利用图表示的精确匹配虽然能够检索到包含所有给定特征信息的定理 (强相关定理), 但无法检索出只包含部分特征信息的定理 (弱相关定理). 为了能够搜索出弱相关定理, 我们提出了非精确搜索方法, 即先弱化给定特征信息的图表示, 再对弱化后的图表示进行精确匹配. 弱化给定特征信息的图表示包含如下三步.

(1) 计算给定特征信息的图表示中各节点的权重.

假设给定特征信息的图表示中节点的集合为 $\mathbf{V} = \{v_1, v_2, \cdots, v_p\}$, 边的集合为 $\mathbf{E} = \{e_1, e_2, \cdots, e_q\}$, 边类型的集合为 $\mathbf{R} = \{\text{inc, ind, perpen, para, equ, tri, quad}\}$, 边类型对应的权重为 $\mathbf{W_r} = \{w_1, w_2, w_3, w_4, w_5, w_6, w_7\}$. 对于任意的 $v_i \in \mathbf{V}$, 假设与其相关的边为 $e_{i,1}, \cdots, e_{i,n_i} (n_i < q)$, 根据 $\mathbf{W_r}$, 可得 $e_{i,1}, \cdots, e_{i,n_i}$ 对应的权重值为 $w_{T_{i,1}}, \cdots, w_{T_{n_i}}$, 则节点 v_i 的权重为 $w_{F_i} = w_{T_{i,1}} + w_{T_{i,2}} + \cdots + w_{T_{n_i}}$. 记节点权重的集合为 $\mathbf{W_v} = \{w_{F_1}, w_{F_2}, w_{F_3}, \cdots, w_{F_p}\}$. 例如, 设给定图表示中 $\mathbf{V_0} = \{\text{P, L, L}\}$, $\mathbf{E_0} = \{0\ 1\ \text{inc}, 0\ 2\ \text{inc}, 1\ 2\ \text{perpen}\}$, 边类型的集合为 $\mathbf{R} = \{\text{inc, ind, perpen, para, equ, tri, quad}\}$, 边类型对应的权重为 $\mathbf{W_{r_0}} = \{1, 1, 2, 2, 1, 1, 1\}$, 则 $\mathbf{W_{v_0}} = \{2, 3, 3\}$.

(2) 对 $\mathbf{V}$ 中的元素引入一个序 $\prec$, 具体规则如下:

(a) 如果 v_i 的权重小于 v_j, 那么 $v_i \prec v_j$;

(b) 否则, 如果 v_i 所关联的边数大于 v_j 所关联的边数, 那么 $v_i \prec v_j$;

(c) 否则, 根据节点的类型的顺序 (距离, 点, 线, 圆, 三角形, 四边形), 如果 v_i 的类型在 v_j 之前, 那么 $v_i \prec v_j$;

(d) 否则, 如果 v_i 的 ID 小于 v_j 的 ID, 那么 $v_i \prec v_j$.

这样得到 $\mathbf{V}$ 中元素的一个序列, 记为 $v_{s_1} \prec v_{s_2} \prec \cdots \prec v_{s_p}$.

(3) 从 $\mathbf{V}$ 中去除 v_{s_1}, 并从 $\mathbf{E}$ 中去除与 v_{s_1} 相关联的边, 得到特征信息经过弱化后的图表示, 记为 $\mathbf{V_{rdc}} = \{v_1, \cdots, v_{s_1-1}, \cdots, v_{s_1+1}, \cdots, v_p\}$, $\mathbf{E_{rdc}} = \mathbf{E} - \mathbf{E_{v_{s_1}}}$ ($\mathbf{E_{v_{s_1}}}$

表示与 v_{s_1} 相关联的边).

利用 $\mathbf{V_{rdc}}$ 和 $\mathbf{E_{rdc}}$ 进行精确匹配,可得到相应图表示中包含 $\mathbf{V_{rdc}}$ 和 $\mathbf{E_{rdc}}$ 的几何定理 (即与给定几何图形相关的几何定理).

4 搜索结果排序

经过多次非精确搜索, 将得到一系列与给定图形相关的几何定理. 为了清楚地刻画搜索出的几何定理与给定图形的相关程度, 我们定义了相关度, 并且依据相关度为搜索结果排序.

4.1 相关度的定义

设给定待搜索几何图形特征信息的图表示为 (V, E), 为了明确相关度的意义以及相关度的计算方法, 我们规定相关度需要满足以下三条性质.

(1) 完全性. 设 (V_0, E_0) 为某定理的图表示, 若 $V = V_0, E = E_0$, 则其相关度为 $rel_0 = 100\%$; 若 $V \cap V_0 = \varnothing, E \cap E_0 = \varnothing$, 则相关度为 $rel_0 = 0\%$.

如果给定特征信息的图表示与某个几何定理的图表示能够完全匹配, 则给定图形即为该几何定理的对应图形, 因此该定理与给定图形的相关度为 100%; 如果某个几何定理的图表示并不能与给定特征信息的图表示中的任何节点和边相匹配, 那么说明该定理和给定几何图形没有任何相同的几何对象和几何关系, 因此其相关度为 0%, 例如三角形和圆的相关度为 0%.

(2) 直观性. 设 $(V_i, E_i), (V_j, E_j)$ 为两个不同定理的图表示, 定义匹配比例

$$mat_k := \frac{|V \cap V_k| + |E \cap E_k|}{|V_k| + |E_k|}, \quad k = i, j,$$

其中 $|\diamond|$ 表示有限集合 $\diamond$ 中元素的个数. 若 $mat_i < mat_j$, 则相关度 $rel_i < rel_j$.

若匹配部分占几何定理图表示的比例越大, 即几何定理的图表示在匹配部分的基础上增加的节点和边越少, 说明该几何定理在给定几何图形的基础上增加的几何对象和几何关系越少, 则该几何定理与给定几何图形的相关度越高; 反之亦然.

(3) 有序性. 设经过 i 次弱化后匹配得到的定理 p 的相关度 rel_p 和经过 j 次弱化后匹配得到的定理 q 的相关度 rel_q, 如果 $i < j$, 那么 $rel_p > rel_q$.

若对给定几何图形特征信息的图表示弱化次数越多, 所得图表示中包含的节点和关系数就越少, 即占原图表示的比例越低, 则搜索出的几何定理与给定几何图形的相似程度就越低, 即相关度越小. 例如, 进行两次弱化后搜索出的几何定理的相关度一定比进行一次弱化后搜索出的几何定理的相关度小.

4.2 相关度的计算以及排序

根据相关度的三个性质, 我们给出了相关度的计算公式. 设给定几何图形特征信息的图表示为 $\mathbf{G_{or}} = (\mathbf{V_{or}}, \mathbf{E_{or}})$ (其中节点集合为 $\mathbf{V_{or}} = \{v_{o_1}, v_{o_2}, \cdots, v_{o_p}\}$, 边的集合为 $\mathbf{E_{or}} = \{e_{o_1}, e_{o_2}, \cdots, e_{o_q}\}$), 对其进行 g 次弱化后的图表示为 $\mathbf{G_{rdc_g}} = (\mathbf{V_{rdc_g}}, \mathbf{E_{rdc_g}})$ (其中节点集合为 $\mathbf{V_{rdc_g}} = \{v_{r_g,1}, v_{r_g,2}, \cdots, v_{r_g,m_g}\}$, 边的集合为 $\mathbf{E_{rdc_g}} = \{e_{r_g,1}, e_{r_g,2}, \cdots, e_{r_g,n_g}\}$), 经过 g 次弱化后搜索出的某个几何定理 (定理 i) 的图表示为 $\mathbf{G_{thrm}} = (\mathbf{V_{thrm}}, \mathbf{E_{thrm}})$ (其中节点集合为 $\mathbf{V_{thrm}} = \{v_{t_1}, v_{t_2}, \cdots, v_{t_l}\}$, 边的集合为 $\mathbf{E_{thrm}} = \{e_{t_1}, e_{t_2}, \cdots, e_{t_h}\}$). mat_{o_g}, mat_{d_g} 和 rel_i 分别表示 $\mathbf{G_{rdc_g}}$ 与 $\mathbf{G_{or}}$ 的匹配程度, $\mathbf{G_{rdc_g}}$ 与定理 i 的匹配程度, 以及定理 i 与给定几何图形的相关度. 如 3.2 节所述, 根据边类型对应的权重 $\mathbf{W_r}$, 可得到 $\mathbf{G_{or}}$ 中边的集合 $\mathbf{E_{or}}$ 对应的权重集合为 $\mathbf{W_{or}} = \{w_{o_1}, w_{o_2}, \cdots, w_{o_q}\}$, $\mathbf{G_{rdc_g}}$ 中边的集合 $\mathbf{E_{rdc_g}}$ 对应的权重集合为 $\mathbf{W_{rdc_g}} = \{w_{r_g,1}, w_{r_g,2}, \cdots, w_{r_g,n_g}\}$. 为了统一表示相关度的计算公式, 未经过弱化的图表示记为第 0 次弱化的图表示, 即 $\mathbf{G_{rdc_0}} = \mathbf{G_{or}}$.

定理 i 与给定几何图形的相关度的计算公式为①

$$mtr_{o_g} = \frac{1}{2} \times \left(\frac{m_g}{p} + \frac{\sum_{j=1}^{n} w_{r_g,j}}{\sum_{j=1}^{q} w_{o_j}} \right);$$

$$mtr_{o_{g+1}} = \frac{1}{2} \times \left(\frac{m_{g+1}}{p} + \frac{\sum_{j=1}^{n} w_{r_{(g+1)},j}}{\sum_{j=1}^{q} w_{o_j}} \right);$$

$$mat_{d_g} = \frac{1}{2} \times \left(\frac{m_g}{l} + \frac{n_g}{h} \right);$$

$$rel_i = mat_{d_g} \times (mtr_{o_g} - mtr_{o_{g+1}}) + mtr_{o_{g+1}}.$$

下面验证上述相关度的计算公式满足相关度的完全性、直观性和有序性.

(1) 完全性的验证. 如果 $\mathbf{G_{or}}$ 与 $\mathbf{G_{thrm}}$ 完全一致, 那么 $\mathbf{G_{or}}$, $\mathbf{G_{rdc_g}}$ 和 $\mathbf{G_{thrm}}$ 是相同的. 可知 $mtr_{o_g} = 1$, $mat_{d_g} = 1$, 那么 $rel_i = 1$, 相关度为 100%; 如果 $\mathbf{G_{or}}$ 与 $\mathbf{G_{thrm}}$ 没有匹配上任何节点和边, 可知 $mat_{d_g} = 0$, $mtr_{o_{g+1}} = 0$, 那么 $rel_i = 0$, 即相关度为 0%.

---

① mtr 表示带边权重的匹配比例, mat 表示不带边权重的匹配比例, rel 表示相似度.

(2) 直观性的验证. mat_{d_g} 代表对给定几何图形特征信息的图表示进行弱化后与搜索结果的匹配程度. 由相关度的计算公式可知, 在 $mtr_{o_g}, mtr_{o_{g+1}}$ 一定的情况下, mat_{d_g} 越大, rel_i 越大.

(3) 有序性的验证. 由相关度的计算公式可得, 经过 g 次弱化后搜索得到的任何定理 i 的相关度 rel_i 总是比经过 $g+1$ 次弱化后搜索得到的任何定理 j 的相关度 rel_j 要大.

根据相关度的计算公式, 对每个搜索结果都计算其与给定图形的相关度, 再根据相关度由大到小对搜索结果进行排序, 以便找到所需的定理.

5 实验结果

为了说明搜索结果, 我们在本节给出一个简单的例子. 给定几何图形的电子图片如图 1 所示, 从中提取特征信息并在几何知识库 OpenGeo 中进行搜索和相关度计算. 精确匹配的结果如图 2 所示, 其中图 2(a) 所示定理的相关度为 98.16%, 其自然语言表述为: 等边三角形外接圆上的一个点到三角形两个顶点的距离和等于其到第三个顶点的距离. 该定理的图表示比给定图形特征信息的图表示多了一个 "相等" 的几何关系; 图 2(b) 所示定理的相关度为 97.58%, 其自然语言表述为: 等边三角形 ABC 的外接圆上的任一点 D, 点 D 为 AE 与 BC 的交点, 则 $BE \cdot CE = ED \cdot EA$. 该定理的图表示比给定的图表示多了一个点和一条边; 图 2(c) 所示定理的相关度为 59.83%, 其自然语言表述为: 等边三角形顶点与其外接圆圆心的连线是对边的

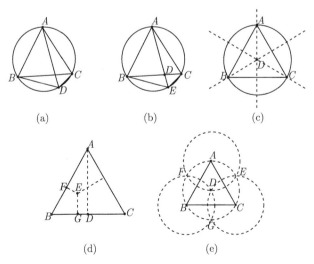

图 2 (a) (b) 精确搜索结果; (c) 初步弱化后的搜索结果; (d) (e) 进一步弱化后的搜索结果

垂线. 该定理的图表示可以匹配上给定图形中的等边三角形和其外接圆; 图 2 (d), 图 2 (e) 所示定理的相关度分别为 27.17%, 26.72%, 其自然语言表述分别为: 等边三角形内一点到三边的距离与高线相等; 有共同交点 D 的三个等圆 (圆 A、圆 B、圆 C) 分别两两相交于 E, F, G, 则经过 E, F, G 三点的圆和圆 A、圆 B、圆 C 是等圆, 且其圆心为三角形 ABC 的垂心.

以上实验基于计算机视觉和机器学习的开源软件包 OpenCV, 在 C++ 开发环境中进行图像处理和基本几何对象识别, 利用 OCR 引擎 Tesseract 识别标签, 通过数值验证方法提取出几何关系, 并在 python 开发平台上, 对得到的特征信息和知识库 OpenGeo 中的几何定理分别构建相应的图表示, 最后进行图匹配 (Graph-Grep[12])、相似度的计算和搜索结果排序.

6 结论

本文阐述了如何从几何图形的电子图片中提取特征信息并构建相应的图表示, 进而从几何知识库中搜索相关的几何定理. 我们的搜索方法不仅能搜索出与给定的几何图片完全一致的几何定理, 还可以按照用户的需要搜索出与之相似的定理, 同时, 可以依据所定义的相关度对这些搜索结果进行排序. 为了能够处理更加复杂的几何图片以及定理的搜索, 我们下一步将增加可识别的几何特征信息, 并改进相关度计算方法中的权重计算等.

致谢

在本文完成之际, 作者特别感谢导师王东明教授和陈肖宇博士. 王老师在选题和研究方面的指导对论文工作的顺利完成是决定性的. 陈老师在论文的组织、撰写和修改方面给予了关键性的帮助. 对两位老师的指导和帮助, 作者心中充满感激之情.

Searching for Theorems Based on Features Retrieved from Images of Geometric Diagrams

Wen-Ya An[1], Dan Song[1]

(1. Beihang University, LMIB - School of Mathematics and Systems Science, Beijing 100083, China)

Abstract Searching for theorems from large geometric knowledge bases is an essential problem in geometric knowledge management. As natural language representations of geometric theorems may not exactly reveal the features and structures of geometric objects, searching based on keywords is not satisfactory. In order to improve the quality of searching results, we propose a method which searches for theorems in plane Euclidean geometry based on images of diagrams. This method works as follows: first retrieve geometric features of a given image of diagram I, with formal representations, by using pattern recognition algorithms and numerical verification techniques; then construct a graph G corresponding to I from the retrieved features and reduce and simplify the graph to match graphs produced from theorems in the knowledge base; next calculate the degree of relevance between G and the graph of each theorem found from the knowledge base; finally rank the resulting theorems by the degree of relevance of their graphs. Our method takes into account the structures of geometric diagrams, is capable of figuring out theorems of high degree of relevance, and may have potential applications in geometric knowledge management and education.

参 考 文 献

[1] Chen X, Song D, Wang D. Automated generation of geometric theorems from images of diagrams. Annals of Mathematics and Artificial Intelligence, 2015, 74(3-4): 333-358.

[2] Chen X. Representation and automated transformation of geometric statements. Journal of Systems Science and Complexity, 2014, 27(2): 382-412.

[3] Chen T C, Chung K L. An efficient randomized algorithm for detecting circles. Computer Vision and Image Understanding, 2010, 83(2): 172-191.

[4] Duda R O, Hart P E. Use of the Hough transformation to detect lines and curves in pictures. Communications of the Association for Computing Machinery, 1972, 15(1): 11-15.

[5] Grottke S, Jeschke S, Natho N, et al. mArachna: A classification scheme for semantic retrieval in elearning environments in mathematics. Recent Research Developments in Learning Technologies, 2005.

[6] Giugno R, Shasha D. GraphGrep: A fast and universal method for querying graphs. International Conference on Pattern Recognition. IEEE, 2002, 2: 112-115.

[7] Galambos C, Kittler J, Matas J. Gradient based progressive probabilistic Hough transform. Vision, Image and Signal Processing, 2001, 148(3): 158-165.

[8] Haralambous Y, Quaresma P. Querying geometric figures using a controlled language, ontological graphs and dependency lattices. Intelligent Computer Mathematics, Springer International Publishing, 2014: 298-311.

[9] Kamali S, Tompa F W. A new mathematics retrieval system. ACM International Conference on Information and Knowledge Management, 2010: 1413-1416.

[10] Kamali S, Tompa F W. Improving mathematics retrieval. Towards a Digital Mathematics Library, 2009: 37-48.

[11] Lowe G D. Distinctive image features from scale-invariant keypoints. International Journal of Computer Vision, 2004, 60(2): 91-110.

[12] Mori S, Nishida H, Yamada H. Optical Character Recognition. New York: John Wiley & Sons, 1999.

[13] Song D, Wang D, Chen X. Discovering Geometric Theorems from Scanned and Photographed Images of Diagrams. Berlin: Springer-Verlag, 2014.

[14] Sojka P, Líška M. The art of mathematics retrieval. ACM Symposium on Document Engineering, 2011: 57-60.

[15] Singhal A. Modern information retrieval: A brief overview. IEEE Data Eng. Bull., 2001, 24(4): 35-43.

[16] Wang D, Chen X, An W, et al. OpenGeo: An Open Geometric Knowledge Base. Berlin: Springer, 2014: 240-245.

[17] Zanibbi R, Blostein D. Recognition and retrieval of mathematical expressions. International Journal on Document Analysis and Recognition (IJDAR), 2012, 15(4): 331-357.

[18] Zhang T Y, Suen C Y. A fast parallel algorithm for thinning digital patterns. Communications of the Association for Computing Machinery, 1984, 27(3): 236-239.

[19] http://code.google.com/p/tesseract-ocr/[2015-07-25].

利用非交换消元法证明特殊函数恒等式

靳海涛[1], 杜　康[2]

(1. 天津职业技术师范大学 理学院, 天津 300222;
2. 天津大学 电子信息工程学院, 天津 300072)
接收日期: 2015 年 8 月 17 日

20 世纪 90 年代初, Zeilberger 提出了证明超几何恒等式的 Zeilberger 算法. 之后, Schneider, Chyzak 和 Kauers 等从不同角度改进并推广了 Zeilberger 算法. 本文从算子代数角度研究非超几何恒等式, 给出了一类求和项的零化算子的构造方法. 在此基础上, 结合王天明等的消元方法来证明含有非 P- 递归序列 (如两类 Stirling 数) 的组合恒等式及 Abel 型恒等式. 针对定和与不定和等式, 分别给出了几个例子.

1 引言

组合恒等式是组合数学的重要研究对象, 对其系统化证明方法的研究一直是众多组合学家的关注热点. 20 世纪 90 年代初, Zeilberger 在文 [10] 中基于 Gosper 算法提出了证明超几何恒等式的机械化算法, 即著名的 Zeilberger 算法. 该算法几乎可以证明所有的超几何恒等式. 设 $F(n,k)$ 是关于 n,k 的超几何项, Zeilberger 算法在证明等式 $\sum_k F(n,k) = S(n)$ 的过程中, 核心步骤是求出与 k 无关的多项式序列 $a_0(n), a_1(n), \cdots, a_r(n)$ 及超几何项 $G(n,k)$, 使得

$$a_0(n)F(n,k) + a_1(n)F(n+1,k) + \cdots + a_r(n)F(n+r,k) = G(n,k+1) - G(n,k) \quad (1)$$

成立, 其中 $G(n,k)/F(n,k)$ 为有理函数. 一旦得到上述关系式, 只需在等式两边对 k 求和, 即可得到左边和式 $\sum_k F(n,k)$ 的一个递推关系. 通过验证 $S(n)$ 满足相同的递推关系和初值即可证明相应的恒等式.

Zeilberger 算法提出之初只适用于超几何恒等式, 随后的大量研究集中在如何改进和推广 Zeilberger 算法使之可以处理非超几何恒等式. 例如, Zeilberger 在文 [11] 中利用 P- 递归序列的算子性质证明了一系列非超几何恒等式. Majewicz 在文

作者简介: 靳海涛 (1982—), 男, 讲师, 研究方向: 组合数学.

[6] 中重新证明了 Abel 恒等式

$$\sum_{k=0}^{n} \binom{n}{k} r(k+r)^{k-1}(n-k+s)^{n-k} = (n+r+s)^n.$$

基于差分域理论, Schneider 在其博士论文 [8] 中对 Zeilberger 算法做出了极大的扩展, 并提供了优秀的 Mathematica 软件包 Sigma. Kauers 在文 [5] 中给出了可证明含有 Stirling 数和 Eulerian 数的 Zeilberger 型算法. 最近, Chyzak, Kauers 和 Salvy 在文 [2] 中基于 Ore 代数给出了非 P- 递归序列的 Zeilberger 型算法.

Petkovšek, Wilf 和 Zeilberger 在文 [7] 中从算子角度探讨了 Zeilberger 算法. 记 N 和 K 为移位算子, 即 $NF(n,k) = F(n+1,k), KF(n,k) = F(n,k+1)$, 则方程 (1) 可写作

$$\left(\sum_{i=0}^{r} a_i(n) N^i - (K-1) R(n,k) \right) F(n,k) = 0.$$

Zeilberger 最初所采用的基于结式的析配消元法效率比较低. 王天明等在文 [9] 中将吴方法推广到不可交换的 Weyl 代数上, 给出了含有 P- 递归序列恒等式的机械化消元算法.

组合数学中有大量的非 P- 递归序列, 常见的有两类 Stirling 数、两类 Euler 数和 Bernoulli 数. 本文主要考虑含有这些序列的组合恒等式. 特别地, 本文重点考虑求和项可分解为两项之积且其中一项为超几何项的组合恒等式, 给出了此类求和项的零化算子的构造方法. 在此基础上, 进一步可采用消元法证明含有非 P- 递归序列的组合恒等式及 Abel 型恒等式. 针对定和与不定和等式, 本文分别给出了几个例子.

2 算子代数

本节给出两项之积零化算子的构造方法. 首先回顾相关概念与性质, 具体可见文献 [2],[7],[9].

记 C 为一个特征为零的域, $F(n_1, \cdots, n_r, k) : \mathbb{Z}^{r+1} \to C$ 为一个多元函数. 对 $1 \leqslant i \leqslant r$, 记 N_i 和 K 分别为关于 n_i 和 k 的平移算子. 令 $\mathbf{i} = (i_1, \cdots, i_r), \mathbf{N} = (N_1, \cdots, N_r), \mathbf{n} = (n_1, \cdots, n_r)$. 算子

$$L(\mathbf{n}, k, \mathbf{N}, K) = \sum_{\mathbf{i} \in \mathbb{Z}^r, j \in \mathbb{Z}} p_{\mathbf{i},j}(\mathbf{n}, k) \mathbf{N}^{\mathbf{i}} K^j$$

对函数 $F(n_1, \cdots, n_r, k)$ 的作用定义为

$$L(\mathbf{n}, k, \mathbf{N}, K) F(n_1, \cdots, n_r, k) = \sum_{\mathbf{i} \in \mathbb{Z}^r, j \in \mathbb{Z}} p_{\mathbf{i},j}(\mathbf{n}, k) F(n_1+i_1, \cdots, n_r+i_r, k+j),$$

这里 $p_{i,j} \in C(\mathbf{n},k)$ 至多有限项非零.

算子 $L(\mathbf{n},k,\mathbf{N},K)$ 形成了一个非交换代数, 记为 $C(\mathbf{n},k)\langle\mathbf{N},K\rangle$. 显然可见, $C(\mathbf{n},k)\langle\mathbf{N},K\rangle$ 由满足如下性质的 $\mathbf{N},K,\mathbf{n},k$ 生成:

$$N_iK = KN_i, \qquad N_ik = kN_i, \qquad n_iK = Kn_i,$$
$$n_ik = kn_i, \qquad N_in_i = (n_i+1)N_i, \qquad Kk = (k+1)K.$$

注意, 这里允许出现 N_i 和 K 的负次幂.

首先, 我们给出两个关于 $C(\mathbf{n},k)\langle\mathbf{N},K\rangle$ 的基本定理, 其证明过程及算法描述可见文献 [9].

定理 1 对任意的 $P,Q \in C(\mathbf{n},k)\langle\mathbf{N},K\rangle$, 必有多项式 $U,V \in C(\mathbf{n},k)\langle\mathbf{N},K\rangle$ 使得 $UP = VQ$.

这样的多项式 UP (即 VQ) 称为 P 和 Q 的左公倍.

定理 2 对任意的 $P,Q \in C(\mathbf{n},k)\langle\mathbf{N},K\rangle$, 必有多项式 $U,V,R \in C(\mathbf{n},k)\langle\mathbf{N},K\rangle$ 使得

$$UP = VQ + R, \qquad \deg_k R < \deg_k Q.$$

这里的 R 称为 P 关于 Q 作除法的余数.

下面介绍零化子与零化算子的概念.

定义 3 给定函数 $F(n_1,\cdots,n_r,k)$, 称集合

$$\mathrm{Ann}(F) = \{Q \in C(\mathbf{n},k)\langle\mathbf{N},K\rangle : Q\cdot F = 0\}$$

为 F 的零化子. 显然, 零化子是环 $C(\mathbf{n},k)\langle\mathbf{N},K\rangle$ 的一个左理想. 零化子中的任一元素称为函数 F 的零化算子.

例 4 对超几何项 $F(\mathbf{n},k)$, 利用 N_iF/F 和 KF/F 均为有理函数可知, 存在 $P_i,Q_i \in C[\mathbf{n},k]$, 使得

$$\mathrm{Ann}(F(\mathbf{n},k)) = \langle P_0K - Q_0, P_1N_1 - Q_1, \cdots, P_rN_r - Q_r\rangle.$$

例 5 对常见的非超几何项, 我们仅列出所需结果. 对调和数 H_k, 有 $(k+2)K^2 - (2k+3)K + (k+1) \in \mathrm{Ann}(H_k)$. 对第一类 Stirling 数 $S_1(\mathbf{n},k)$, 有 $NK + nK - 1 \in \mathrm{Ann}(S_1(\mathbf{n},k))$. 对第二类 Stirling 数 $S_2(\mathbf{n},k)$, 有 $NK - (k+1)K - 1 \in \mathrm{Ann}(S_2(\mathbf{n},k))$. 对第一类 Euler 数, 有 $NK - (k+2)K - (n-k) \in \mathrm{Ann}(E_1(\mathbf{n},k))$. 对第二类 Euler 数, 有 $NK - (k+2)K - (2n+2-k) \in \mathrm{Ann}(E_2(\mathbf{n},k))$.

给定函数 $F_1(\mathbf{n},k), F_2(\mathbf{n},k)$, 且 $L_1 \in \mathrm{Ann}(F_1(\mathbf{n},k)), L_2 \in \mathrm{Ann}(F_2(\mathbf{n},k))$. 容易看出, 算子 L_1 与 L_2 的左公倍即为 $F_1(\mathbf{n},k) + F_2(\mathbf{n},k)$ 的一个零化算子. 对于乘积 $F_1(\mathbf{n},k)F_2(\mathbf{n},k)$, 我们可利用如下定理得到一个零化算子.

定理 6 已知 $F_1(\mathbf{n},k)$ 为一个超几何项, 且 $F_2(\mathbf{n},k)$ 的一个零化算子为

$$L_0 = \sum_{\mathbf{i}\in\mathbb{Z}^r, j\in\mathbb{Z}} p_{\mathbf{i},j}(\mathbf{n},k) N^{\mathbf{i}} K^j,$$

这里 $p_{i,j}(\mathbf{n},k) \in C(\mathbf{n},k)$. 则算子

$$L = \operatorname{num}\left(\sum_{\mathbf{i}\in\mathbb{Z}^r, j\in\mathbb{Z}} \frac{F_1(\mathbf{n},k)}{N^{\mathbf{i}} K^j F_1(\mathbf{n},k)} p_{\mathbf{i},j}(\mathbf{n},k) N^{\mathbf{i}} K^j\right)$$

为 $F_1(\mathbf{n},k)F_2(\mathbf{n},k)$ 的一个零化算子, 这里 $\operatorname{num}(R)$ 表示 R 的分子.

证明 记算子 L^* 为

$$L^* = \sum_{\mathbf{i}\in\mathbb{Z}^r, j\in\mathbb{Z}} \frac{F_1(\mathbf{n},k)}{N^{\mathbf{i}} K^j F_1(\mathbf{n},k)} p_{\mathbf{i},j}(\mathbf{n},k) N^{\mathbf{i}} K^j.$$

显然, 只需证明 $L^*(F_1(\mathbf{n},k)F_2(\mathbf{n},k)) = 0$. 事实上, 有

$$L^*(F_1(\mathbf{n},k)F_2(\mathbf{n},k)) = \sum_{\mathbf{i}\in\mathbb{Z}^r, j\in\mathbb{Z}} \frac{F_1(\mathbf{n},k)}{N^{\mathbf{i}} K^j F_1(\mathbf{n},k)} p_{\mathbf{i},j}(\mathbf{n},k) N^{\mathbf{i}} K^j (F_1(\mathbf{n},k)F_2(\mathbf{n},k))$$

$$= \sum_{\mathbf{i}\in\mathbb{Z}^r, j\in\mathbb{Z}} \frac{F_1(\mathbf{n},k)}{N^{\mathbf{i}} K^j F_1(\mathbf{n},k)} p_{\mathbf{i},j}(\mathbf{n},k) \left(N^{\mathbf{i}} K^j F_1(\mathbf{n},k)\right)$$

$$\left(N^{\mathbf{i}} K^j F_2(\mathbf{n},k)\right)$$

$$= F_1(\mathbf{n},k) L_0 F_2(\mathbf{n},k)$$

$$= 0.$$

消去 L^* 的分母, 即得 L 为 $F_1(\mathbf{n},k)F_2(\mathbf{n},k)$ 的一个零化算子. □

例 7 考虑函数 $F(n,m,k) = \binom{m+n}{m+k} S_2(m+k,n)$. 对第二类 Stirling 数 $S_2(m_k, n)$, 我们有如下两个零化算子 $L_{01} = M - K, L_{02} = NK - (n+1)N - 1$. 利用定理 6, 可以得到 $F(n,m,k)$ 的两个零化算子

$$L_1 = (m+k+1)(n-k)M - (m+k+1)(m+n+1)K,$$
$$L_2 = (m+k+1)NK - (n+1)(n+1-k)N - (m+n+1).$$

备注 在定理 6 中, 我们假定 $F_2(\mathbf{n},k)$ 的一个零化算子是已知的. 一般地, 若 $F_1(\mathbf{n},k)$ 和 $F_2(\mathbf{n},k)$ 均为非超几何项, 其乘积的零化算子是不易得到的.

例 8 考虑函数 $F(n,k,x,y,z) = \binom{n}{k}(x-kz)^{k-1}(y-(n-k)z)^{n-k-1}$. 观察可得

$$\frac{F(n+1,k,x,y,z)}{F(n,k,x,y-z,z)} = -\frac{y(n+1)(y-nz+kz-z)}{(-n+k-1)(y-z)},$$

$$\frac{F(n,k+1,x+z,y-z,z)}{F(n,k,x,y,z)} = \frac{(x+z)(y-z)(-n+k)(-x+kz)}{xy(k+1)(y-nz+kz)}.$$

若定义算子 X^z 和 Y^{-z} 为

$$X^z F(n,k,x,y,z) = F(n,k,x+z,y,z),$$
$$Y^{-z} F(n,k,x,y,z) = F(n,k,x,y-z,z),$$

则可得 $F(n,k,x,y,z)$ 的两个零化算子为

$$L_1 = (-n+k-1)(y-z)N - y(n+1)(y-nz+kz-z)Y^{-z},$$
$$L_2 = xy(k+1)(y-nz+kz)KX^zY^{-z} - (x+z)(y-z)(-n+k)(-x+kz).$$

3 算子代数中的消元算法

给定超几何求和项 $F(\mathbf{n},k)$, Zeilberger 算法本质上是对 $\mathrm{Ann}(F(\mathbf{n},k))$ 中的多个元素进行消元, 消去 k 得到与 k 无关的算子 $L(\mathbf{n},K,N)$, 满足 $L(\mathbf{n},\mathbf{N},K) \in \mathrm{Ann}(F(\mathbf{n},k))$. 通过将算子 L 在 $K=1$ 处展开得到

$$L(\mathbf{n},\mathbf{N},K) = S(\mathbf{n},\mathbf{N}) + (K-1)R(\mathbf{n},\mathbf{N},K).$$

事实上, 我们有如下定理 9.

定理 9 设 $L \in C(\mathbf{n},k)\langle \mathbf{N},K\rangle \cap \mathrm{Ann}(F(\mathbf{n},k))$ 且已知算子 L 在 $K=1$ 处的展开为 $L = (K-1)L_1 + L_2$. 若 $L_2 \in C(\mathbf{n})\langle \mathbf{N},K\rangle$ 与 k 无关, 则必有 $L_2 \in \mathrm{Ann}(f(\mathbf{n}))$.

证明 由 $LF(\mathbf{n},k) = 0$ 可得

$$\sum_k LF(\mathbf{n},k) = 0.$$

这表明

$$\sum_k ((S_k - 1)L_1 + L_2)F(\mathbf{n},k) = 0.$$

由于 L_2 与 k 无关, 算子 $\sum_k$ 与 L_2 可交换, 故必有

$$L_2 \sum_k F(\mathbf{n}, k) = 0.$$

这表明 $L_2 f(\mathbf{n}) = 0$, □

该定理提供了一个构造求和式 $\sum_k F(\mathbf{n}, k)$ 递推关系的消元算法, 现总结为算法 1.

输入 求和项 $F(\mathbf{n}, k)$

输出 和式 $\sum_k F(\mathbf{n}, k)$ 的一个零化算子 L.

(1) 计算 $F(\mathbf{n}, k)$ 的两个零化子 P, Q.
(2) 如果 $\deg_k P < \deg_k Q$, 交换 P 和 Q.
(3) 利用除法算法得到 $R \in C(\mathbf{n}, k)\langle \mathbf{N}, K \rangle$. 它们满足

$$uP = vQ + R, \quad \deg_k R < \deg_k Q.$$

(4) 如果 $R = 0$ 返回 "错误", 需要重新选取 P, Q. 否则将 R 在 $K = 1$ 处展开得

$$R = (K-1)L_1 + L_2.$$

(5) 如果 $\deg_k L_2 > 0$, 令 $P = Q, Q = R$ 并返回 (3).
(6) 如果 $L_2 = 0$, 则令 $L_2 = L_2/(K-1)$, 重复 (6) 直至 $L_2 \neq 0$.
(7) 返回算子 $L = L_2(\mathbf{n}, \mathbf{N})$.

算法 1 Elli($F(\mathbf{n}, k)$)

4 消元法的应用

本节我们利用消元法证明含有非超几何项的组合恒等式, 包括定和等式与不定和等式. 我们主要以经典文献 [4] 中的一些等式为例进行说明.

4.1 定和等式

考虑形如 $\sum_k F(\mathbf{n}, k) = f(\mathbf{n})$ 的定和等式. 证明的基本思路是: 首先找到算子 $L_1, L_2 \in \text{Ann}(F(\mathbf{n}, k))$. 接下来, 利用第 3 节的消元算法得到左端和式的一个与 k 无关的零化算子 L. 最后, 验证 $L(f(\mathbf{n}))$ 是否为零, 并验证左右两端是否有相同的初值 (初值个数需大于 L 的阶数).

下面分别给出含有 Stirling 数、Euler 数、Bernoulli 数和 Abel 型等式的几个例子.

例 10 证明恒等式 $\sum_{k=0}^{m}(-1)^{m-k}k!\binom{n-k}{m-k}S_2(n+1, k+1) = E_1(n, m)$.

证明 记左端为 $f(m,n)$ 且 $F(m,n,k) = (-1)^{m-k} k! \binom{n-k}{m-k} S_2(n+1, k+1)$, 则 $F(m,n,k)$ 是 Stirling 数与超几何项之积. 利用定理 6, 我们可得 $F(m,n,k)$ 的如下两个零化算子

$$L_1 = (m-k+1)M + n - m,$$
$$L_2 = (n-m+1)NK - (n-k)(k+2)K - (m-k)(k+1).$$

对 L_1 和 L_2 采用消元算法, 消去 k 得到 $f(m,n)$ 的一个零化算子 $L = M(NM - (m+2)M + (m-n))$. 可以验证 $NM - (m+2)M + (m-n) \in \mathrm{Ann}(E_1(n,m))$. 最后, 通过验证初值即可证明该等式. □

例 11 证明恒等式 $\sum_{k=l}^{n-m} \binom{n}{k} S_1(k,l) S_1(n-k, m) = \binom{l+m}{l} S_1(n, l+m)$.

证明 记左端为 $f(l,m,n)$ 且 $F(l,m,n,k) = \binom{n}{k} S_1(k,l) S_1(n-k, m)$. 利用第一类 Stirling 的零化算子和定理 6, 可得如下三个 $F(l,m,n,k)$ 的零化算子

$$L_1 = (n-k+1)MN + (n+1)(n-k)M - n - 1,$$
$$L_2 = (k+1)NKL + k(n+1)L - n - 1,$$
$$L_3 = (k+1)(n-k-1)NKL - (k+1)KL - k(n-k)ML + (n-k)M.$$

对 L_1 和 L_2 采用消元算法, 消去 k 得到 $f(l,m,n)$ 的一个零化子 $L_{12} = (n+2)(N+n+1)(LMN + nLM - L - M)$. 相似地, 对 L_2 和 L_3 进行消元可得 $f(l,m,n)$ 的另一零化子 L_{23}. 而对 L_1 和 L_3 进行消元也得到 $f(l,m,n)$ 的一个零化子 L_{13}. 我们发现 $L_{23} = L_{12}, L_{13} = NL_{12}$. 令 $L = LMN + nLM - L - M$, 则有 $Lf(l,m,n) = 0$. 可以验证 $L \in \mathrm{Ann}\left(\binom{l+m}{l} S_1(n, l+m)\right)$. 最后, 通过验证初值即可证明该等式. □

例 12 证明恒等式 $\sum_{k=n-m}^{n} \binom{k}{n-m} E_1(n,k) = m! S_2(n,m)$.

证明 记左端为 $f(m,n)$ 且 $F(m,n,k) = \binom{k}{n-m} E_1(n,k)$. $M - 1$ 和 $NK - (k+2)K - (n-k)$ 为 $E_1(n,k)$ 的两个零化算子, $\binom{k}{n-m}$ 为超几何项. 利用定理 6, 可以得到 $F(m,n,k)$ 的两个零化算子:

$$L_1 = (n-k-m-1)M + n - m,$$
$$L_2 = (n-m+1)NK + (k+2)(n-m-k-1)K - (k+1)(n-k).$$

对 L_1 和 L_2 采用消元算法, 消去 k 得到 $f(m,n)$ 的一个零化算子 $L = (n-m-1)M(MN - mM - M - m - 1)$. 可以验证 $MN - mM - M - m - 1 \in \mathrm{Ann}(m! S_2(n,m))$. 最后, 通过验证初值即可证明该等式. □

由于 Bernoulli 数的递推关系阶数为无穷, 因此相关等式的证明较为困难. 陈永川和孙慧在文 [1] 中首先利用积分表示将其转换为超几何项, 然后利用扩展的 Zeilberger 算法来推导相关和式的递推关系.

例 13 证明恒等式 $\sum_{k=0}^{m}\binom{m}{k}B_{n+k} = (-1)^{m+n}\sum_{k=0}^{n}\binom{n}{k}B_{m+k}$.

证明 记左端为 $f(n,m)$ 且 $F(n,m,k) = \binom{m}{k}B_{n+k}$. 易见, $M-1$ 和 $N-K$ 都是 B_{n+k} 的零化算子. 利用定理 6 可得 $F(n,m,k)$ 的两个零化算子为

$$L_{11} = (m-k)N - (k+1)K,$$
$$L_{12} = (m-k+1)M - (m+1).$$

对 L_{11} 和 L_{12} 采用消元算法, 消去 k 得到 $f(n,m)$ 的一个零化算子 $L = M - N - 1$. 相似地, 记右端为 $g(n,m)$, 其求和项 $G(n,m,k) = (-1)^{m+n}\binom{n}{k}B_{m+k}$. 易见, $L_{21} = (n-k)M + (k+1)K$ 和 $L_{22} = (n-k+1)N + (n+1)$ 均为 $G(m,n,k)$ 的零化算子. 对其采用消元算法, 消去 k 得到 $g(n,m)$ 的零化算子也为 $L = M - N - 1$. 最后, 通过验证初值即可证明该等式. □

例 14 证明 Abel 恒等式 $\sum_{k=0}^{n}\binom{n}{k}x(x-kz)^{k-1}(y+kz)^{n-k} = (x+y)^n$.

证明 记左端为 $f(n,x,y,z)$ 且 $F(n,k,x,y,z) = \binom{n}{k}x(x-kz)^{k-1}(y+kz)^{n-k}$. 我们首先得到 $F(n,k,x,y,z)$ 的两个零化算子

$$L_1 = (n+1)(y+kz) - (n-k+1)N,$$
$$L_2 = (k+1)x(y+kz)X^z Y^{-z} K - (x+z)(n-k)(x-kz),$$

L_1 和 L_2 采用消元算法, 消去 k 得到 $f(n,x,y,z)$ 的一个零化算子为

$$L = xX^z Y^{-z} N^2 - x(y-z)X^z Y^{-z} N - (x+z)(x-z-zn)N - z(x+z)(x+y)(n+1).$$

可以验证 $L \in \text{Ann}((x+y)^n)$. 最后, 通过验证初值即可证明 Abel 等式. □

4.2 不定和等式

给定函数 $F(k)$, 求其不定和即为寻找一个 $G(k)$ 使得 $F(k) = \Delta_k G(k)$. Gosper 在文 [3] 中提出的 Gosper 算法完全解决了超几何的不定和问题. 对超几何项 $F(k)$, Gosper 算法希望寻求一个有理函数 $R(k)$, 使得

$$\Delta_k (R(k)F(k)) - F(k) = 0.$$

可见, $G(k) = R(k)F(k)$ 即为 $F(k)$ 的不定和. Gosper 算法的算子描述为: 寻找有理函数 $R(k)$ 使得
$$(K-1)R - 1 \in \mathrm{Ann}(F).$$

如下定理 15 是易见的, 这里略去证明.

定理 15 记 $L \in C(\mathbf{n}, k)\langle \mathbf{N}, K\rangle \cap \mathrm{Ann}(F(\mathbf{n}, k))$. 如果存在算子 $P \in C(\mathbf{n}, k)\langle \mathbf{N}, K\rangle$ 且其在 $K = 1$ 时有如下展开
$$PL = (K-1)Q - 1,$$
这里 $Q \in C(\mathbf{n}, k)\langle \mathbf{N}, K\rangle$, 那么必有
$$F(\mathbf{n}, k) = \Delta_k(QF(\mathbf{n}, k)),$$
即 $QF(\mathbf{n}, k)$ 为 $F(\mathbf{n}, k)$ 的一个不定和.

可见, 这里相当于对零化算子 L 的某个左倍式 PL 和 $K-1$ 作除法运算. 这提供了一种求不定和的算子方法. 下面我们给出几个例子.

例 16 证明不定和等式 $\sum_{k=0}^{n} \dfrac{(-1)^k}{k!} S_1(k, m) = \dfrac{(-1)^n}{n!} S_1(n+1, m+1)$.

证明 记求和项为 $F(m, k) = \dfrac{(-1)^k}{k!} S_1(k, m)$. 易见, $F(n, k)$ 为超几何项与 Stirling 数 $S_1(k, m)$ 之积. 由定理 6 可得 $F(n, k)$ 的一个零化算子为 $L = (k+1)KM - kM + 1$, 对 $K - 1$ 作除法运算得到
$$L = (K-1)kM + 1.$$
这表明
$$\frac{(-1)^k}{k!} S_1(k, m) = \Delta_k\left(\frac{(-1)^{k-1}}{(k-1)!} S_1(k, m+1)\right).$$
两边对 k 从 0 到 n 求和即可证明该等式. □

例 17 证明不定和等式 $\sum_{k=0}^{n}(m+1)^{n-k} S_2(k, m) = S_2(n+1, m+1)$.

证明 记求和项为 $F(m, n, k) = (m+1)^{n-k} S_2(k, m)$. 相似地, 由 $S_2(k, m)$ 的零化算子 $L_1 = KM - (m+1)M - 1$ 和定理 6 可得 $F(m, n, k)$ 的一个零化算子为
$$L = \frac{(m+1)^{n-k}}{(m+2)^{n-k-1}} KM - \frac{(m+1)^{n-k}}{(m+2)^{n-k}}(m+1)M - 1.$$
对 $K - 1$ 作除法运算得到
$$L = (K-1)\left(\frac{(m+1)^{n-k+1}}{(m+2)^{n-k}} M\right) - 1.$$

这表明
$$(m+1)^{n-k}S_2(k,m) = \Delta_k\left((m+1)^{n-k+1}S_2(k,m+1)\right),$$
两边对 k 从 0 到 n 求和即可证明该等式. □

最后，我们给出一个计算含有调和数的不定和例子.

例 18 对非负整数 $m \leqslant n$, 计算和式 $\sum_{k=0}^{m} \binom{n}{k}^{-1} (-1)^k H_k$.

解 记求和项为 $F(n,k) = \binom{n}{k}^{-1} (-1)^k H_k$. 可见，$N-1$ 和 $(k+2)K^2 - (2k+3)K + (k+1)$ 都是 H_k 的零化算子. 利用定理 6, 我们可以得到 $F(n,k)$ 的如下两个零化算子.

$$L_1 = (n+1)N - (n-k+1),$$
$$L_2 = (n-k)(n-k-1)K^2 + (n-k)(2k+3)K + (k+1)^2.$$

这两个算子对 $K-1$ 作除法得不到不定和. 因此我们对 L_1 和 L_2 采用消元法消去 k, 得到 $F(n,k)$ 的如下零化算子

$$L = (K-1)\left((n+1)(n+2)(1-K)N^2 - (n+1)(2n+5)N\right) - (n+2)^2.$$

不难看出
$$\frac{L}{(n+2)^2} = (K-1)\left(\frac{n+1}{n+2}(1-K)N^2 - \frac{(n+1)(2n+5)}{(n+2)^2}N\right) - 1.$$

于是，$F(n,k)$ 的一个不定和为
$$G(n,k) = \left(\frac{n+1}{n+2}(1-K)N^2 - \frac{(n+1)(2n+5)}{(n+2)^2}N\right)(F(m,n,k))$$
$$= \frac{(-1)^{k-1}(n+1)}{(n+2)^2 \binom{n+1}{k}}\left((n+k+3)H_k - (k+1)H_{k+1}\right).$$

对 k 从 0 到 m 求和得到
$$\sum_{k=0}^{m} F(n,k) = G(n,m+1) - G(n,0)$$
$$= \frac{n+1}{(n+2)^2}\left(\frac{(-1)^m}{\binom{n+1}{m+1}}((n+2)H_{m+1} - 1) - 1\right). \quad \square$$

5 结论

本文给出了超几何项与一个非超几何项乘积的零化算子的构造方法,并利用非交换代数中的消元法来证明含有非完整序列的定和与不定和等式. 在后续工作中,我们将对不定和问题进行更深入的研究,同时进一步扩展算子消元法在组合数学研究的应用.

Proving Special Function Identities by Non-commutative Elimination

Hai-Tao Jin[1], Daniel K. Du[2]

(1. Tianjin University of Technology and Education, School of Science, Tianjin 300222, China; 2. Tianjin University, School of Electronic Information Engineering, Tianjin 300072, China)

Abstract In the early 1990s, Zeilberger proposed the Zeilberger algorithm, which could be used to prove hypergeometric identities. From then on, some scholars such as Schneider, Chyzak and Kauers greatly improved and extended the original Zeilberger algorithm. In this paper, we study non-hypergeometric identities from the operator algebra point of view. For a given class of summands, we provide a method to construct their annihilators. Then we employ the elimination method developed by Tianming Wang and his coauthors to prove combinatorial identities on non-holonomic sequences, such as Stirling numbers of both kinds. The method also applies to the Abel-type identities. Some examples on definite as well as indefinite sums are also presented.

参 考 文 献

[1] Chen W Y C, Sun L H. Extended Zeilberger's algorithm for identities on Bernoulli and Euler polynomials. Journal of Number Theory, 2009, 129: 2111-2132.
[2] Chyzak F, Kauers M, Salvy B. A non-holonomic systems approach to special function identities. International Symposium on Symbolic and Algebraic Computation, 2009: 111-118.
[3] Gosper R W. Decision procedures for indefinite hypergeometric summation. Proceedings of the National Academy of Sciences of the United States of America, 1978. 75: 40-42.

[4] Graham R L, Knuth D E, Patashnik O. Concrete Mathematics: A Foundation for Computer Science. Addison-Wesley, Reading. Massachusetts, 1989.

[5] Kauers M. Summation algorithms for Stirling number identities. Journal of Symbolic Computation, 2007, 42(10): 948-970.

[6] Majewicz J E. WZ-style certification and Sister Celine's technique for Abel-type identities. Journal of Difference Equations and Applications, 1996, 2: 55-65.

[7] Petkovšek M, Wilf H S, Zeilberger D. $A = B$. A.K. Peters, Wellesley, MA, 1996.

[8] Schneider C. Symbolic summation in difference fields. J. Kepler University PhD Thesis, 2001.

[9] Wang T M, Wang W P, Xu Y X. Eliminations in Weyl algebras and identities. Advances in Applied Mathematics, 2005, 35: 254-270.

[10] Zeilberger D. A fast algorithm for proving terminating hypergeometric identities. Discrete Mathematics, 1990, 80: 207-211.

[11] Zeilberger D. A holonomic systems approach to special functions identities. Journal of Computational and Applied Mathematics, 1990, 32(3): 321-368.

微分差分模上 Gröbner 基与维数多项式

黄冠利 [1,2], 周 梦 [1]

(1. 北京航空航天大学 数学与系统科学学院, 北京 100191;
2. 北京电子科技职业学院, 北京 100176)

接收日期: 2015 年 8 月 17 日

> 本文综述微分差分模上 Gröbner 基与维数多项式的基本概念、性质、近年来的主要研究成果和进展.

1 引言

随着计算机技术的飞速发展,计算机与数学的交叉正在成为数学研究新的增长点. 符号与代数计算是数学和计算机结合的一个新的发展方向, 是正在蓬勃发展的研究领域, 也是数学机械化的主要工具. 二十世纪八十年代以来, 符号计算的研究在国内外发展非常迅速, 涉及的数学领域不断扩大, 它与构造性和算法化的数学有密切的关系. 在几何定理机械证明、方程组求解、微分几何、理论物理、机器人学、计算机图形学等数学和高科技领域相继获得了广泛的应用.

微分差分系统 (微分差分混合方程系统) 是一类在各科学分支中有广泛应用的数学对象. 对微分差分系统的机械化算法的研究, 包括解的性质和求解方法的机械化算法研究, 已成为数学机械化研究的重点和热点之一. 鉴于微分差分系统的复杂性, 把多项式系统符号计算理论的各种方法和概念推广到微分或微分差分系统上面临许多实质上的困难. 如有限生成微分多项式理想中的成员判定问题及理想包含问题、微分 Gröbner 基的有限性问题等基本问题. 各种各样的特征集、三角列工具和算法均局限于某些特定类型. 目前研究的热点集中在线性差分微分系统和常差分微分系统 (只含一个导子和一个差分算子).

与多项式系统的符号计算类似, 微分差分系统符号计算的关键步骤是在各种微分差分代数系统 (环、模、代数) 上建立特征集理论、Gröbner 基理论和算法. Gröbner 基理论和算法由于其广泛的应用一直持续地成为符号计算、代数和计算代数领域的中心研究对象之一. 我国学者李子明、吴敏等在线性微分差分系统的构造性理论和算法、线性函数可积系 (一种较具体的微分差分系统) 的 PV 扩张、

作者简介: 黄冠利 (1975—), 女, 博士研究生, 研究方向: 计算机代数.

形式解模分解理论方面有很好的研究和成果; 我国学者高小山、袁春明等研究了常微分差分系统的特征列方法, 给出了完整的理论和可行的算法; 还有我国学者王定康、王明生、陈裕群、刘金旺等在 Gröbner 基理论和算法及其在各种代数构造和计算机代数方面的应用均作出了突出的成果.

在国际上, Gröbner 基理论和算法的研究已经成为计算机代数领域的前沿增长点之一. 微分差分代数系统的 Gröbner 基理论在 2000 年后得到很大发展. 2000 年 Levin 研究了系数为域的微分差分模上一种特征集方法, 具有许多类似于约化 Gröbner 基的性质, 但其构造方式基于典型的特征集方法, 构造复杂且未有可实现的算法. 2007 年 Levin 研究了 Laurent 代数上一种特殊约化的 Gröbner 基方法. 2005—2008 年, Zhou 和奥地利学者 Winkler 建立了系数为域的微分差分模上 Gröbner 基的基本理论并给出可实现的算法. 2009 年奥地利符号计算研究所 (RISC) 的 Dönch 博士把 Zhou 和 Winkler 的算法编制成了可供实际应用的 Maple 软件包.

线性微分差分系统的维数理论及算法是线性微分差分系统研究的一个重要方面. 它起源于多项式系统的维数理论. 微分维数多项式由 Kolchin 作为微分代数维数理论的基础引入. Johnson 证明了它与某个适当的微分滤模的 Hilbert 多项式是一致的. 这使得 Gröbner 基工具可以用于计算微分维数多项式. Mikhalev 和 Pankratev 证明了偏微分系统的强度方程与适当的微分维数多项式一致, 并建立了一些常见微分系统的强度理论. 1980 年以来, Hilbert 多项式方法被推广到差分代数尤其是线性差分系统. 线性微分差分混合系统的微分差分维数多项式由 Levin 用特征集方法建立. 2008 年后, Zhou 和 Winkler 利用微分差分系统的 Gröbner 基理论给出了基本的维数多项式算法. Zhou 和 Winkler 更进一步把它推广为微分差分系统的相对 Gröbner 基理论, 应用于双变量微分差分维数多项式的计算.

本文对微分差分模上 Gröbner 基与维数多项式的基本概念、性质、近年来的主要研究成果和进展作一综述. 内容主要取材于 Zhou 和 Winkler 及其研究团队近年来的工作 [1–8].

2 系数集为域的微分差分模 Gröbner 基理论与算法

2.1 域 K 上有限生成微分差分模

以下 $\mathbb{Z}, \mathbb{N}, \mathbb{Z}_-$ 和 $\mathbb{Q}$ 分别表示整数集、非负整数集、非正整数集和有理数集. 环 R 指有单位元的结合环. 环 R 上的模 M 指幺作用左 R 模.

定义 1 设 R 为交换 Noetherian 环,

$$\Delta = \{\delta_1, \cdots, \delta_m\}, \quad \Sigma = \{\sigma_1, \cdots, \sigma_n\}$$

分别是 R 上的一个导子集和一个自同构集, 使得 $\beta(x) \in R$ 和 $\beta(\gamma(x)) = \gamma(\beta(x))$ 对一切 $\beta, \gamma \in \Delta \bigcup \Sigma$ 和 $x \in R$ 成立, 则称 R 为一个微分差分环. 若 R 为域 K, 则称 K 为一个微分差分域.

R 上的一个导子指 R 上一个加法群同态 $\delta\colon R \longrightarrow R$ 满足

$$\delta(ab) = \delta(a)b + a\delta(b), \quad \forall a,b \in R.$$

设 K 是一个微分差分域, 以 Λ 记所有形如

$$\lambda = \delta_1^{k_1} \cdots \delta_m^{k_m} \sigma_1^{l_1} \cdots \sigma_n^{l_n} \tag{1}$$

的元素组成的交换半群, 其中 $(k_1, \cdots, k_m) \in \mathbb{N}^m$, $(l_1, \cdots, l_n) \in \mathbb{Z}^n$. 这个半群包含了由集合 Δ 生成的自由交换半群 Θ 和由集合 Σ 生成的自由交换半群 Γ. Λ 的子集 $\{\sigma_1, \cdots, \sigma_n, \sigma_1^{-1}, \cdots, \sigma_n^{-1}\}$ 记为 Σ^*.

定义 2 设 K 为一个微分差分域. 形如

$$\sum_{\lambda \in \Lambda} a_\lambda \lambda \tag{2}$$

的元素称为 K 上的微分差分算子, 其中 $a_\lambda \in K$ 对所有 $\lambda \in \Lambda$ 成立, 且只有有限多个 a_λ 异于零. 两个微分差分算子 $\sum_{\lambda \in \Lambda} a_\lambda \lambda$ 和 $\sum_{\lambda \in \Lambda} b_\lambda \lambda$ 相等当且仅当 $a_\lambda = b_\lambda$ 对所有 $\lambda \in \Lambda$ 成立.

K 上的所有微分差分算子所成集合是一个环, 基本算律为

$$\sum_{\lambda \in \Lambda} a_\lambda \lambda + \sum_{\lambda \in \Lambda} b_\lambda \lambda = \sum_{\lambda \in \Lambda} (a_\lambda + b_\lambda)\lambda,$$

$$a\left(\sum_{\lambda \in \Lambda} a_\lambda \lambda\right) = \sum_{\lambda \in \Lambda} (aa_\lambda)\lambda,$$

$$\left(\sum_{\lambda \in \Lambda} a_\lambda \lambda\right)\mu = \sum_{\lambda \in \Lambda} a_\lambda (\lambda\mu),$$

$$\delta a = a\delta + \delta(a), \quad \tau a = \tau(a)\tau, \tag{3}$$

其中 $a_\lambda, b_\lambda \in K$, $\lambda, \mu \in \Lambda$, $a \in K$, $\delta \in \Delta$, $\tau \in \Sigma^*$.

注意其中的 "项" $\lambda \in \Lambda$ 不能与系数 $a_\lambda \in K$ 交换.

定义 3 K 上所有微分差分算子所成的环记为 D, 称为 K 上的微分差分算子环. 一个左 D 模 M 称为一个 K 上的微分差分模. 若 M 作为 D 模是有限生成的, 则称为 K 上的有限生成微分差分模.

例子 4 设 $K = \mathbb{Q}(x_1, x_2)$ 是 $\mathbb{Q}$ 上的有理函数域. $\Delta = \{\delta_1, \delta_2\}$ 是 K 上的导子集, 其中 δ_i 为通常的对 x_i 的偏微分算子 $\dfrac{\partial}{\partial x_i}$; $\Sigma = \{\sigma_1, \sigma_2\}$ 是 K 上的自同构集, 其中 σ_i 为 K 上的自同构

$$\sigma_1(f(x_1, x_2)) = (f(x_1) + \sigma_1(f(x_1, x_2)) = f(x_1+1, x_2), \sigma_2(f(x_1, x_2)) = f(x_1, x_2+1).$$

则 K 称为一个微分差分域. $D = K[\delta_1, \delta_2, \sigma_1, \sigma_2]$ 是 K 上一个微分差分算子环.

令 $h_1, h_2 \in K$ 满足

$$\begin{aligned} \delta_1\sigma_2 h_1 - \frac{2x_1}{1-x_2^2}\sigma_1^{-2}h_2 &= 0, \\ \delta_2^2\sigma_1 h_1 + \frac{x_2(x_2+1)}{1-x_1^2}\delta_1 h_2 &= 0, \end{aligned} \tag{4}$$

则 $M = Dh_1 + Dh_2$ 是一个 K 上的微分差分模, 令 F 为自由生成元 $\{e_1, e_2\}$ 生成的自由 D 模, 则 M 同构于 F 的商模 F/W, 其中 W 是 F 的由

$$\begin{aligned} f_1 &= \delta_1\sigma_2 e_1 - \frac{2x_1}{1-x_2^2}\sigma_1^{-2}e_2, \\ f_2 &= \delta_2^2\sigma_1 e_1 + \frac{x_2(x_2+1)}{1-x_1^2}\delta_1 e_2 \end{aligned}$$

生成的子模.

注意 (4) 式可写作 K 上的微分差分方程系统

$$\begin{aligned} \frac{\partial}{\partial x_1}P(x_1, x_2+1) - \frac{2x_1}{1-x_2^2}Q(x_1-2, x_2) &= 0, \\ \frac{\partial^2}{\partial x_2^2}P(x_1+1, x_2) + \frac{x_2(x_2+1)}{1-x_1^2}\frac{\partial}{\partial x_1}Q(x_1, x_2) &= 0. \end{aligned}$$

由此可看出微分差分模与线性微分差分方程系统的关系.

若 $\Sigma = \varnothing$, 则 D 是微分算子环 $K[\delta_1, \cdots, \delta_m]$. 若系数环 $R = K[x_1, \cdots, x_m]$ 是域上的多项式环, 则 $D = R[\delta_1, \cdots, \delta_m]$ 是 Weyl 代数 A_m. 故微分差分模是微分算子环上模的推广. 但在微分差分算子环中, "单项式" 形如 (1) 式, 其中 $\sigma_1, \cdots, \sigma_n$ 的指数为 $(l_1, \cdots, l_n) \in \mathbb{Z}^n$, 从而经典的单项式序不再可用. 下面的广义单项式序是它的推广.

2.2 $\mathbb{N}^m \times \mathbb{Z}^n$ 上的广义单项式序

我们先给出 $\mathbb{N}^m \times \mathbb{Z}^n$ 上的广义单项式序的概念和一些例子, 然后移植为微分差分模上的广义单项式序, 并说明它起着单项式序类似的作用: 保证了基于该序的算法能够在有限步后终止.

定义 5 设 $\mathbb{Z}^n$ 是有限多个子集 $\mathbb{Z}_j^{(n)}$ 的并:

$$\mathbb{Z}^n = \bigcup_{j=1}^{k} \mathbb{Z}_j^{(n)},$$

其中 $\mathbb{Z}_j^{(n)}$, $j = 1, \cdots, k$ 满足下列条件:

(i) $(0, \cdots, 0) \in \mathbb{Z}_j^{(n)}$, 且 $\mathbb{Z}_j^{(n)}$ 不包含任何一对可逆元 $c = (c_1, \cdots, c_n) \neq 0$ 和 $c^{-1} = (-c_1, \cdots, -c_n)$;

(ii) $\mathbb{Z}_j^{(n)}$ 是有限生成的 $\mathbb{Z}^n$ 子半群;

(iii) $\mathbb{Z}_j^{(n)}$ 生成的群是整个 $\mathbb{Z}^n$,

则称 $\{\mathbb{Z}_j^{(n)},\ j = 1, \cdots, k\}$ 是 $\mathbb{Z}^n$ 的一个轨道分解, $\mathbb{Z}_j^{(n)}$ 称为这个分解的第 j 轨道.

例子 6 取 $\{\mathbb{Z}_1^{(n)}, \cdots, \mathbb{Z}_{2^n}^{(n)}\}$ 为所有不同的由 n 个集合作成的笛卡儿积, 这些集合的每一个或者是 $\mathbb{N}$, 或者是 $\mathbb{Z}_-$. 则 $\{\mathbb{Z}_1^{(n)}, \cdots, \mathbb{Z}_{2^n}^{(n)}\}$ 是 $\mathbb{Z}^n$ 的一个轨道分解. 每个轨道作为半群的生成元集是

$$\{(c_1, 0, \cdots, 0), (0, c_2, 0, \cdots, 0), \cdots, (0, \cdots, 0, c_n)\},$$

其中 c_i 是 1 或 -1, $i = 1, \cdots, n$. 我们称这个分解为 $\mathbb{Z}^n$ 的正则轨道分解.

例子 7 取 $\mathbb{Z}_0^{(n)}$ 为由

$$\{(1, 0, \cdots, 0), (0, 1, 0, \cdots, 0), \cdots, (0, \cdots, 0, 1)\}$$

生成的 $\mathbb{Z}^n$ 的子半群, $\mathbb{Z}_j^{(n)}$ 为由

$$\{(-1, \cdots, -1)\} \bigcup \{(1, 0, \cdots, 0), (0, 1, 0, \cdots, 0), \cdots, (0, \cdots, 0, 1)\}$$

$$\setminus \{(\underbrace{0, \cdots, 0, 1}_{j}, 0, \cdots, 0)\}, \quad j = 1, 2, \cdots, n$$

生成的 $\mathbb{Z}^n$ 的子半群, 则 $\{\mathbb{Z}_0^{(n)}, \mathbb{Z}_1^{(n)}, \cdots, \mathbb{Z}_n^{(n)}\}$ 是 $\mathbb{Z}^n$ 的一个轨道分解. 当 $n = 2$ 时, 这个轨道分解为

$$\mathbb{Z}_0^{(n)} = \{(a, b) | a \geqslant 0, b \geqslant 0, a, b \in \mathbb{Z}\},$$

$$\mathbb{Z}_1^{(n)} = \{(a, b) | a \leqslant 0, b \geqslant a, a, b \in \mathbb{Z}\},$$

$$\mathbb{Z}_2^{(n)} = \{(a, b) | b \leqslant 0, a \geqslant b, a, b \in \mathbb{Z}\}.$$

定义 8 设 $\{\mathbb{Z}_j^{(n)}, j=1,\cdots,k\}$ 是 $\mathbb{Z}^n$ 的轨道分解. $\mathbb{N}^m \times \mathbb{Z}^n$ 中两个元素

$$a=(k_1,\cdots,k_m,l_1,\cdots,l_n), \quad b=(r_1,\cdots,r_m,s_1,\cdots,s_n)$$

称为是相似的, 如果 $(l_1,\cdots,l_n)$ 和 $(s_1,\cdots,s_n)$ 在同一个轨道中.

定义 9 设 $\{\mathbb{Z}_j^{(n)}, j=1,\cdots,k\}$ 是 $\mathbb{Z}^n$ 的一个轨道分解. $\mathbb{N}^m \times \mathbb{Z}^n$ 上的一个全序 $\prec$ 称为相对于这个轨道分解的广义单项式序, 如果

(i) $(0,\cdots,0)$ 是 $\mathbb{N}^m \times \mathbb{Z}^n$ 的最小元;

(ii) 若 $a \prec b$, 则对任何与 b 相似的 c, 有 $a+c \prec b+c$. 其中 $a,b,c \in \mathbb{N}^m \times \mathbb{Z}^n$.

注意条件 (ii) 意味着广义单项式序在每一个轨道内是单项式序.

例子 10 取 $\mathbb{Z}^n$ 的正则轨道分解如例子 6. 对每个

$$a=(k_1,\cdots,k_m,l_1,\cdots,l_n) \in \mathbb{N}^m \times \mathbb{Z}^n,$$

令

$$|a| = k_1 + \cdots + k_m + |l_1| + \cdots + |l_n|,$$

设

$$a=(k_1,\cdots,k_m,l_1,\cdots,l_n), \quad b=(r_1,\cdots,r_m,s_1,\cdots,s_n) \in \mathbb{N}^m \times \mathbb{Z}^n,$$

以 $\prec_{lex}$ 记字典序, 定义

$$a \prec b \Longleftrightarrow (|a|,k_1,\cdots,k_m,l_1,\cdots,l_n) \prec_{lex} (|b|,r_1,\cdots,r_m,s_1,\cdots,s_n),$$

则 $\prec$ 是 $\mathbb{N}^m \times \mathbb{Z}^n$ 上广义单项式序.

例子 11 取 $\mathbb{Z}^n$ 的正则轨道分解. 对每个

$$a=(k_1,\cdots,k_m,l_1,\cdots,l_n) \in \mathbb{N}^m \times \mathbb{Z}^n,$$

令

$$|a|_1 = \sum_{j=1}^m k_j, \quad |a|_2 = \sum_{j=1}^n |l_j|,$$

设

$$a=(k_1,\cdots,k_m,l_1,\cdots,l_n), \quad b=(r_1,\cdots,r_m,s_1,\cdots,s_n) \in \mathbb{N}^m \times \mathbb{Z}^n,$$

定义 $a \prec b$ 当

$$(|a|_1,|a|_2,k_1,\cdots,k_m,|l_1|,\cdots,|l_n|,l_1,\cdots,l_n)$$
$$\prec_{lex} (|b|_1,|b|_2,r_1,\cdots,r_m,|s_1|,\cdots,|s_n|,s_1,\cdots,s_n),$$

则 $\prec$ 是 $\mathbb{N}^m \times \mathbb{Z}^n$ 上广义单项式序.

例子 12 取 $\mathbb{Z}^n$ 的轨道分解如例子 7, 对每个

$$a = (k_1, \cdots, k_m, l_1, \cdots, l_n) \in \mathbb{N}^m \times \mathbb{Z}^n,$$

令

$$\|a\| = -\min\{0, l_1, \cdots, l_n\},$$

设

$$a = (k_1, \cdots, k_m, l_1, \cdots, l_n), b = (r_1, \cdots, r_m, s_1, \cdots, s_n) \in \mathbb{N}^m \times \mathbb{Z}^n,$$

定义

$$a \prec b \Longleftrightarrow (\|a\|, k_1, \cdots, k_m, l_1, \cdots, l_n) \prec_{lex} (\|b\|, r_1, \cdots, r_m, s_1, \cdots, s_n),$$

则 $\prec$ 是 $\mathbb{N}^m \times \mathbb{Z}^n$ 上广义单项式序.

为考察微分差分模 M, 需要把广义单项式序概念拓展到集合 $\mathbb{N}^m \times \mathbb{Z}^n \times E$ 上. 其中 $E = \{e_1, \cdots, e_q\}$ 是模 M 的生成元集.

定义 13 设 $\{\mathbb{Z}_j^{(n)}, j = 1, \cdots, 2^n\}$ 是 $\mathbb{Z}^n$ 的轨道分解, $E = \{e_1, \cdots, e_q\}$ 是 q 个不同元素的集合. $\mathbb{N}^m \times \mathbb{Z}^n \times E$ 上的一个全序 $\prec$ 称为 $\mathbb{N}^m \times \mathbb{Z}^n \times E$ 上的广义单项式序, 如果

(i) $(0, \cdots, 0)$ 是 $\mathbb{N}^m \times \mathbb{Z}^n \times \{e_i\}$, $e_i \in E$ 的最小元;

(ii) 若 $(a, e_i) \prec (b, e_j)$, 则对任何与 b 相似的 c, 有 $(a+c, e_i) \prec (b+c, e_j)$, 其中 $a, b, c \in \mathbb{N}^m \times \mathbb{Z}^n, e_i, e_j \in E$.

存在多种把 $\mathbb{N}^m \times \mathbb{Z}^n$ 上的广义单项式序拓展到集合 $\mathbb{N}^m \times \mathbb{Z}^n \times E$ 上的方法, 也可以在 $\mathbb{N}^m \times \mathbb{Z}^n \times E$ 上直接定义.

例子 14 取 $\mathbb{Z}^n$ 的轨道分解和广义单项式序 $\prec$ 如例子 12, 给定 $E = \{e_1, \cdots, e_q\}$ 上的一个序 $\prec'$. 设

$$(a, e_i) = (k_1, \cdots, k_m, l_1, \cdots, l_n, e_i) \in \mathbb{N}^m \times \mathbb{Z}^n \times E,$$

$$(b, e_j) = (r_1, \cdots, r_m, s_1, \cdots, s_n, e_j) \in \mathbb{N}^m \times \mathbb{Z}^n \times E,$$

定义

$$(a, e_i) \prec_1 (b, e_j) \Longleftrightarrow a \prec b \text{ 或 } (a = b \text{ 且 } e_i \prec' e_j);$$

$$(a, e_i) \prec_2 (b, e_j) \Longleftrightarrow e_i \prec' e_j \text{ 或 } (e_i = e_j \text{ 且 } a \prec b);$$

$$(a, e_i) \prec_3 (b, e_j) \Longleftrightarrow (|a|_1, |a|_2, e_i, k_1, \cdots, k_m, |l_1|, \cdots, |l_n|, l_1, \cdots, l_n)$$
$$\prec_{lex} (|b|_1, |b|_2, e_j, r_1, \cdots, r_m, |s_1|, \cdots, |s_n|, s_1, \cdots, s_n),$$

则 $\prec_1, \prec_2, \prec_3$ 都是 $\mathbb{N}^m \times \mathbb{Z}^n \times E$ 上广义单项式序.

$\prec_1$ 称为 $\prec$ 的 TOP 拓展, $\prec_2$ 称为 $\prec$ 的 POT 拓展. $\prec_3$ 在 $\mathbb{N}^m \times \mathbb{Z}^n \times E$ 上直接定义.

Zhou 和 Winkler 对微分差分模上广义单项式序及相关性质作了详细研究. 他们给出的下列引理说明, 类似于多项式代数中的单项式序, 广义单项式序保证了基于该序的算法能够在有限步后终止.

引理 15 ([1]Lemma 2.11) 设 $\{\mathbb{Z}_j^{(n)}, \ j = 1, \cdots, k\}$ 是 $\mathbb{Z}^n$ 的轨道分解, 每个轨道作为半群同构于 $\mathbb{N}^n$, "$\prec$" 是 $\mathbb{N}^m \times \mathbb{Z}^n$ 上相对于该轨道分解的广义单项式序. 则 $\mathbb{N}^m \times \mathbb{Z}^n$ 中每个严格下降序列是有限的. 特别地, $\mathbb{N}^m \times \mathbb{Z}^n$ 的每个非空子集含有最小元.

设 $\mathbb{Z}^n$ 上的轨道分解及 $\mathbb{N}^m \times \mathbb{Z}^n \times E$ 上的广义单项式序 "$\prec$" 已给定, 则 $\mathbb{N}^m \times \mathbb{Z}^n \times E$ 中每个严格下降序列是有限的. 特别地, $\mathbb{N}^m \times \mathbb{Z}^n \times E$ 的每个非空子集含有最小元.

设给定了 $\mathbb{Z}^n$ 上一个轨道分解 $\{\mathbb{Z}_j^{(n)}, \ j = 1, \cdots, k\}$ 及 $\mathbb{N}^m \times \mathbb{Z}^n$ 上一个广义单项式序 $\prec$. Λ 是所有形如 (1) 式的元所成半群. 由于 Λ 作为半群同构于 $\mathbb{N}^m \times \mathbb{Z}^n$, 故 $\prec$ 定义了 Λ 上一个序, 我们也称 $\prec$ 为 Λ 上的广义单项式序. 由上述引理, Λ 的每个非空子集含有对于 $\prec$ 的最小元 (Λ 中每个严格下降序列是有限的).

设 K 是微分差分域, D 是 K 上的微分差分算子环, F 是以 $E = \{e_1, \cdots, e_q\}$ 为生成元集的有限生成自由 D 模, 则 F 可看作由所有形如 λe_i ($i = 1, \cdots, q, \lambda \in \Lambda$) 的元素生成的 K-向量空间. 该生成元集记为 ΛE, 其中元素称为 F 的项. 特别地, Λ 中元素称为 D 的项. 若 $\prec$ 是 $\mathbb{N}^m \times \mathbb{Z}^n \times E$ 上广义单项式序, 则它也定义了 ΛE 上一个广义单项式序. 同样有: ΛE 的每个非空子集含有对于 $\prec$ 的最小元 (ΛE 中每个严格下降序列是有限的).

F 中每个元素 f 可唯一地表示为一些项的线性组合:

$$f = a_1 \lambda_1 e_{j_1} + \cdots + a_d \lambda_d e_{j_d}, \tag{5}$$

其中 $0 \neq a_i \in K$ ($i = 1, \cdots, d$), $\lambda_1 e_{j_1}, \cdots, \lambda_d e_{j_d} \in \Lambda E$ 是互不相同的项. 若

$$(k_1, \cdots, k_m, l_1, \cdots, l_n), \quad (r_1, \cdots, r_m, s_1, \cdots, s_n)$$

相似, 则称

$$\lambda_1 = \delta_1^{k_1} \cdots \delta_m^{k_m} \alpha_1^{l_1} \cdots \alpha_n^{l_n} \in \Lambda$$

与

$$\lambda_2 = \delta_1^{r_1} \cdots \delta_m^{r_m} \alpha_1^{s_1} \cdots \alpha_n^{s_n} \in \Lambda$$

相似, 以及 $u = \lambda_1 e_i$ 与 $v = \lambda_2 e_j \in \Lambda E$ 相似.

2.3 域 K 上有限生成微分差分模上的 Gröbner 基

本小节介绍由 Zhou 和 Winkler 给出的有限生成微分差分模的 Gröbner 基算法. 沿用 2.2 节的记号, 并设给定了 $\mathbb{Z}^n$ 上一个轨道分解 $\{\mathbb{Z}_j^{(n)},\ j=1,\cdots,k\}$.

定义 16 设 $\prec$ 是 ΛE 上广义单项式序, $f \in F$ 形如 (5) 式. 称

$$lt(f) = \max_{\prec}\{\lambda_i e_{j_i} | i = 1,\cdots,d\}$$

为 f 的首项. 当 $\lambda_i e_{j_i} = lt(f)$ 时, 称 $lc(f) = a_i$ 为 f 的首项系数.

定义 17 设 λ 如 (1) 式所示. 称

$$\Lambda_j = \{\lambda = \delta_1^{k_1}\cdots\delta_m^{k_m}\alpha_1^{l_1}\cdots\alpha_n^{l_n}\ |\ (l_1,\cdots,l_n) \in \mathbb{Z}_j^{(n)}\}$$

为 Λ 的第 j 轨道, 其中 $\mathbb{Z}_j^{(n)}$ 是 $\mathbb{Z}^n$ 的第 j 轨道. 若 F 是有限生成自由微分差分模, ΛE 是 F 的所有项所成集合, 则称

$$\Lambda_j E = \{\lambda e_i\ |\ \lambda \in \Lambda_j,\ e_i \in E\}$$

为 ΛE 的第 j 轨道.

为描述微分差分模的特殊运算性质, Zhou 和 Winkler [2] 给出了下面几个引理.

引理 18 设 $\lambda \in \Lambda, a \in K, \prec$ 是 $\Lambda \subseteq D$ 上广义单项式序, 则

$$\lambda a = a'\lambda + \xi,$$

其中 $a' = \sigma(a)$ 对某个 $\sigma \in \Gamma$. 若 $a \neq 0$ 则 $a' \neq 0$; $\xi \in D$ 满足 $lt(\xi) \prec \lambda$, 且 ξ 的每项都相似于 λ.

引理 19 设 F 是有限生成自由微分差分模, $0 \neq f \in F, \prec$ 是 ΛE 上广义单项式序, 则下列论断成立:

(i) 若 $\lambda \in \Lambda$, 则 $lt(\lambda f) = \max_{\prec}\{\lambda u_i\}$, 其中 u_i 是 f 的项, 且有 f 的唯一的项使 $lt(\lambda f) = \lambda u$;

(ii) 若 $lt(f) \in \Lambda_j E$, 则对任何 $\lambda \in \Lambda_j$ 有

$$lt(\lambda f) = \lambda lt(f) \in \Lambda_j E.$$

引理 20 设 F 是有限生成自由微分差分模, $0 \neq f \in F$. 则对每个 j, 存在 $\lambda \in \Lambda$ 及 f 的项 u_j 使得

$$lt(\lambda f) = \lambda u_j \in \Lambda_j E.$$

满足上式的 f 的项 u_j 还是唯一的: 若 $lt(\lambda_1 f) = \lambda_1 u_{j_1} \in \Lambda_j E$ 及 $lt(\lambda_2 f) = \lambda_2 u_{j_2} \in \Lambda_j E$, 则 $u_{j_1} = u_{j_2}$.

我们把这个唯一的项 u_j 记为 $lt_j(f)$, 则对任何使得 $lt(\lambda f) \in \Lambda_j E$ 的 $\lambda \in \Lambda$, 有 $lt(\lambda f) = \lambda lt_j(f)$.

引理 21 设 $0 \neq f \in F, 0 \neq h \in D$, 则 $lt(hf) = \max_{\prec}\{\lambda_i u_k\}$, 其中 λ_i 是 h 的项, u_k 是 f 的项. 且有 h 中唯一的项 λ 和 f 中唯一的项 u 使得 $lt(hf) = \lambda u$.

在以上引理的基础上, 可以给出微分差分模上的约化算法.

定理 22 ([2]Theorem 3.7) 设 $f_1, \cdots, f_p \in F\backslash\{0\}$, 则每个 $g \in F$ 可表示为

$$g = h_1 f_1 + \cdots + h_p f_p + r, \tag{6}$$

其中 $h_1, \cdots, h_p \in D, r \in F$, 满足:

(i) $h_i = 0$ 或 $lt(h_i f_i) \preceq lt(g), i = 1, \cdots, p$;

(ii) $r = 0$ 或 $lt(r) \preceq lt(g)$ 使得 $lt(r) \notin \{lt(\lambda f_i) | \lambda \in \Lambda, i = 1, \cdots, p\}$.

定义 23 设 $f_1, \cdots, f_p \in F\backslash\{0\}, g \in F$, 等式 (6) 成立且满足定理 22 的条件 (i), (ii). 若 $r \neq g$ 则称 g 可被 $\{f_1, \cdots, f_p\}$ 约化到 r. 此时必有 $lt(r) \prec lt(g)$. 若 $r = g$ 且 $h_i = 0, i = 1, \cdots, p$, 则称 g 对于 $\{f_1, \cdots, f_p\}$ 是约化的.

定义 24 设 W 是有限生成自由微分差分模 F 的子模, $\prec$ 是 ΛE 上的广义单项式序, $G = \{g_1, \cdots, g_p\} \in W\backslash\{0\}$. 称 G 为 W 的 Gröbner 基 (对于广义单项式序 $\prec$), 如果对任意 $f \in W\backslash\{0\}, lt(f) = lt(\lambda g_i), \lambda \in \Lambda, g_i \in G$. 若 G 的每个元素对于 G 的其他元素约化, 称 G 为 W 的约化 Gröbner 基.

与多项式代数的 Gröbner 基类似, 设 G 是 $W\backslash\{0\}$ 的有限集. 则下列论断成立:

(i) G 是 W 的 Gröbner 基当且仅当每个 $f \in W$ 可被 G 约化到 0. 从而 W 的 Gröbner 基生成 D 模 W;

(ii) 若 G 是 W 的 Gröbner 基, $f \in F$, 则 $f \in W$ 当且仅当 f 可被 G 约化到 0;

(iii) 若 G 是 W 的 Gröbner 基, 则 $f \in W$ 对于 G 约化当且仅当 $f = 0$.

定义 25 设 F 是有限生成自由 D 模, $f, g \in F\backslash\{0\}$. 对每个 Λ_j 记 $V(j, f, g)$ 为 $K[\Lambda_j]$- 模 $_{K[\Lambda_j]}\langle lt(\lambda f) \in \Lambda_j E \mid \lambda \in \Lambda \rangle \bigcap {}_{K[\Lambda_j]}\langle lt(\eta g) \in \Lambda_j E \mid \eta \in \Lambda \rangle$ 的有限生成元集. 则对每个生成元 $v \in V(j, f, g)$, 称

$$S(j, f, g, v) = \frac{v}{lt_j(f)} \frac{f}{lc_j(f)} - \frac{v}{lt_j(g)} \frac{g}{lc_j(g)}$$

为 f, g 的相对于 j, v 的 S-多项式.

$V(j, f, g)$ 的计算涉及所取的广义单项式序. Pauer 和 Unterkircher [9] 在 Laurent 多项式环的计算中研究了 $V(j, f, g)$, 并给出了一些重要情形下的算法. 这些算法对微分差分模仍适用.

例子 26 设 $F = D = K[\delta_1, \delta_2, \alpha_1, \alpha_1^{-1}, \alpha_2, \alpha_2^{-1}]$, $K = \mathbb{Q}(x_1, x_2)$. 其中 δ_1, δ_2 分别是对 x_1, x_2 的偏微分算子, α_1, α_2 是 K 上的两个自同构. 取 $\mathbb{N}^2 \times \mathbb{Z}^2$ 上的广

义单项式序如例子 7, 即

$$u = \delta_1^{k_1}\delta_2^{k_2}\alpha_1^{l_1}\alpha_2^{l_2} \prec v = \delta_1^{r_1}\delta_2^{r_2}\alpha_1^{s_1}\alpha_2^{s_2} \iff (\|u\|, k_1, k_2, l_1, l_2) \prec_{lex} (\|v\|, r_1, r_2, s_1, s_2),$$

其中 $\|u\| = -\min(0, l_1, l_2)$.

设 $f = \alpha_1^{-2} - \delta_2$, $g = \delta_1 + \alpha_2^4$, 下面计算 f, g 的相对于 j, v 的 S-多项式 $S(j, f, g, v)$.

由于 Λ 的轨道为 $\Lambda_0, \Lambda_1, \Lambda_2$(例子 7), 可得

$$\{\lambda \in \Lambda \mid lt(\lambda f) \in \Lambda_0\} = \Lambda_0 \alpha_1^2, \qquad \{\eta \in \Lambda \mid lt(\eta g) \in \Lambda_0\} = \Lambda_0,$$

$$\{lt(\lambda f) \in \Lambda_0 \mid \lambda \in \Lambda\} = \Lambda_0 \delta_2 \alpha_1^2, \qquad \{lt(\eta g) \in \Lambda_0 \mid \eta \in \Lambda\} = \Lambda_0 \delta_1.$$

从而 $V(0, f, g) = \{v_0\} = \{\delta_1 \delta_2 \alpha_1^2\}$. 再由定义 25 得

$$S(0, f, g, v_0) = \delta_1 \alpha_1^2 f + \delta_2 \alpha_1^2 g = \delta_1 + \delta_2 \alpha_1^2 \alpha_2^4.$$

类似可得

$$\{\lambda \in \Lambda \mid lt(\lambda f) \in \Lambda_1\} = \Lambda_1 \alpha_1, \qquad \{\eta \in \Lambda \mid lt(\eta g) \in \Lambda_1\} = \Lambda_1,$$

$$\{lt(\lambda f) \in \Lambda_1 \mid \lambda \in \Lambda\} = \Lambda_1 \alpha_1^{-1}, \qquad \{lt(\eta g) \in \Lambda_1 \mid \eta \in \Lambda\} = \Lambda_1 \delta_1.$$

从而 $V(1, f, g) = \{v_1\} = \{\delta_1 \alpha_1^{-1}\}$ 及

$$S(1, f, g, v_1) = \delta_1 \alpha_1 f - \alpha_1^{-1} g = -\delta_1 \delta_2 \alpha_1 - \alpha_1^{-1} \alpha_2^4.$$

最后,

$$\{\lambda \in \Lambda \mid lt(\lambda f) \in \Lambda_2\} = \Lambda_2 \alpha_1^2, \qquad \{\eta \in \Lambda \mid lt(\eta g) \in \Lambda_2\} = \Lambda_2,$$

$$\{lt(\lambda f) \in \Lambda_2 \mid \lambda \in \Lambda\} = \Lambda_2 \delta_2 \alpha_1^2, \qquad \{lt(\eta g) \in \Lambda_2 \mid \eta \in \Lambda\} = \Lambda_2 \delta_1.$$

故 $V(2, f, g) = \{v_2\} = \{\delta_1 \delta_2 \alpha_1^2\}$, 以及

$$S(2, f, g, v_2) = \delta_1 \alpha_1^2 f + \delta_2 \alpha_1^2 g = \delta_1 + \delta_2 \alpha_1^2 \alpha_2^4.$$

下列定理是微分差分模上 Gröbner 基算法构造的基础, 其详细证明可见 Zhou 和 Winkler 的文献 [2].

定理 27 ([2]Theorem 3.17) 设 F 是有限生成自由 D 模, $\prec$ 是 ΛE 上广义单项式序, G 是 $F\setminus\{0\}$ 的有限子集, W 是 F 的由 G 生成的子模, 则 G 是 W 的 Gröbner 基当且仅当对所有 Λ_j, 所有 $g_i, g_k \in G$, 以及所有 $v \in V(j, g_i, g_k)$, S-多项式 $S(j, g_i, g_k, v)$ 可被 G 约化到 0.

例子 28 设 F 和 Λ 上广义单项式序如例子 26. 设 $G = \{g_1, g_2, g_3\}$, 其中

$$g_1 = \alpha_2^4 + 1, \quad g_2 = \alpha_1^2 - 1, \quad g_3 = \alpha_1^2\alpha_2^4 + 1,$$

则 G 是它生成的子模 W 的 Gröbner 基. 要证明这点, 需要证明 G 的所有 S-多项式被 G 约化到 0.

用例子 26 中描述的方法, 可得

$$V(0, g_1, g_2) = \{\alpha_1^2\alpha_2^4\}, \quad V(1, g_1, g_2) = \{\alpha_1^{-1}\alpha_2^3\}, \quad V(2, g_1, g_2) = \{\alpha_1\alpha_2^{-1}\},$$

$$S(0, g_1, g_2, \alpha_1^2\alpha_2^4) = \alpha_1^2 g_1 - \alpha_2^4 g_2 = \alpha_1^2 + \alpha_2^4 = g_1 + g_2,$$

$$S(1, g_1, g_2, \alpha_1^{-1}\alpha_2^3) = \alpha_1^{-1}\alpha_2^{-1} g_1 + \alpha_1^{-1}\alpha_2^3 g_2 = \alpha_1^{-1}\alpha_2^{-1} + \alpha_1\alpha_2^3 = (\alpha_1^{-1}\alpha_2^{-1})g_3,$$

$$S(2, g_1, g_2, \alpha_1\alpha_2^{-1}) = \alpha_1\alpha_2^{-1} g_1 - \alpha_1^{-1}\alpha_2^{-1} g_2 = \alpha_1^{-1}\alpha_2^{-1} + \alpha_1\alpha_2^3 = (\alpha_1^{-1}\alpha_2^{-1})g_3.$$

以及

$$V(0, g_1, g_3) = \{\alpha_1^2\alpha_2^4\}, \quad V(1, g_1, g_3) = \{\alpha_1^{-1}\alpha_2^3\}, \quad V(2, g_1, g_3) = \{\alpha_2^{-1}\},$$

$$S(0, g_1, g_3, \alpha_1^2\alpha_2^4) = \alpha_1^2 g_1 - g_3 = \alpha_1^2 - 1 = g_2,$$

$$\begin{aligned}S(1, g_1, g_3, \alpha_1^{-1}\alpha_2^3) &= \alpha_1^{-1}\alpha_2^{-1} g_1 - \alpha_1^{-1}\alpha_2^3 g_3 = \alpha_1^{-1}\alpha_2^{-1} - \alpha_1\alpha_2^7 \\ &= (\alpha_1^{-1}\alpha_2^{-1})g_3 - \alpha_1\alpha_2^3 g_1,\end{aligned}$$

上式右边满足定理 22 (i), 即 $lt(h_i g_i) \preceq lt(S)$, 其中 $S = S(1, g_1, g_3, \alpha_1^{-1}\alpha_2^3), i = 1, 3$.

$$S(2, g_1, g_3, \alpha_2^{-1}) = \alpha_2^{-1} g_1 - \alpha_2^{-1} g_3 = \alpha_2^3 - \alpha_1^2\alpha_2^3 = -\alpha_2^3 g_2.$$

最后,

$$V(0, g_2, g_3) = \{\alpha_1^2\alpha_2^4\}, \quad V(1, g_2, g_3) = \{\alpha_1^{-1}\}, \quad V(2, g_2, g_3) = \{\alpha_1\alpha_2^{-1}\},$$

故

$$S(0, g_2, g_3, \alpha_1^2\alpha_2^4) = \alpha_2^4 g_2 - g_3 = -\alpha_2^4 - 1 = -g_1,$$

$$S(1, g_2, g_3, \alpha_1^{-1}) = \alpha_1^{-1} g_2 - \alpha_1^{-1} g_3 = \alpha_1\alpha_2^4 + \alpha_1 = \alpha_1 g_1,$$

$$\begin{aligned}S(2, g_2, g_3, \alpha_1\alpha_2^{-1}) &= \alpha_1^{-1}\alpha_2^{-1} g_2 - \alpha_1\alpha_2^{-1} g_3 = -\alpha_1^{-1}\alpha_2^{-1} - \alpha_1^3\alpha_2^3 \\ &= \alpha_1^{-1}\alpha_2^{-1} g_3 + \alpha_1\alpha_2^3 g_2.\end{aligned}$$

上式右边也满足定理 22 (i).

由定理 27, G 是 W 的一个 Gröbner 基.

定理 29 ([2]Theorem 3.19) 设 F 是有限生成自由 D 模, $\prec$ 是 ΛE 上广义单项式序, G 是 $F\backslash\{0\}$ 的有限子集, W 是 F 的由 G 生成的子模, 对 Λ_j 及 $f,g \in F\backslash\{0\}$, 令 $V(j,f,g)$ 和 $S(j,f,g,v)$ 如定义 25, 则由下列算法可得到 W 的一个 Gröbner 基:

Input $G = \{g_1, \cdots, g_\mu\}$, W 的生成元集
output $G' = \{g'_1, \cdots, g'_\nu\}$, W 的一个 Gröbner 基
Begin
$G_0 := G$
While 存在 $f,g \in G_i$ 及 $v \in V(j,f,g)$ 使得 $S(j,f,g,v)$ 被 G_i 约化到 $r \neq 0$
Do $G_{i+1} := G_i \bigcup \{r\}$
End

2.4 微分差分维数多项式算法

本小节介绍基于微分差分模 Gröbner 基的微分差分维数多项式算法. 这一算法于 2008 年由 Zhou 和 Winkler[1] 给出.

设 K 是微分差分域, D 是 K 上的微分差分算子环, M 是有限生成微分差分模, F 是有限生成自由微分差分模. 对形如 (1) 式的 $\lambda \in \Lambda$, 令

$$ord\ \lambda = k_1 + \cdots + k_m + |l_1| + \cdots + |l_n|.$$

对 F 中的项 $w = \lambda e_i \in \Lambda E$, 令 $ord\ w = ord\ \lambda$.

若 $u = \sum_{\lambda \in \Lambda} a_\lambda \lambda \in D$, 令

$$ord\ u = \max\{ord\ \lambda \mid a_\lambda \neq 0\}.$$

D 可看作滤环, 其上的滤 $(D_\mu)_{\mu \in \mathbb{Z}}$ 满足

$$D_\mu = \{u \in D \mid ord\ u \leqslant \mu\}, \quad \mu \in \mathbb{N},$$

且有

$$\bigcup\{D_\mu \mid \mu \in \mathbb{Z}\} = D, \quad D_\mu \subseteq D_{\mu+1}, \quad 当 \mu \in \mathbb{Z},$$
$$D_\nu D_\mu = D_{\mu+\nu}, \quad 当 \mu,\nu \in \mathbb{Z},$$
$$D_\mu = 0, \quad 当 \mu < 0.$$

定义 30 设 K, M 如上. 模 M 的一个 K-线性子空间序列 $(M_\mu)_{\mu \in \mathbb{Z}}$ 称为 M 上的一个滤, 如果
(i) $M_\mu \subseteq M_{\mu+1}, \mu \in \mathbb{Z}$, 以及存在 $\mu_0 \in \mathbb{Z}$ 使得 $M_\mu = 0$ 对一切 $\mu \leqslant \mu_0$ 成立;
(ii) $\bigcup\{M_\mu \mid \mu \in \mathbb{Z}\} = M$;

(iii) $D_\nu M_\mu \subseteq M_{\mu+\nu}$, $\mu \in \mathbb{Z}, \nu \in \mathbb{N}$.

若每个 K-线性子空间 M_μ 有有限维数, 并存在 $\mu_0 \in \mathbb{Z}$ 使得 $D_\nu M_\mu = M_{\mu+\nu}$ 对一切 $\mu \geqslant \mu_0, \nu \in \mathbb{N}$ 成立, 则称滤 $(M_\mu)_{\mu \in \mathbb{Z}}$ 为 M 上的良滤.

例子 31 设 M 有生成元 $h_1, \cdots, h_q$. 作

$$M_\mu = D_\mu h_1 + \cdots + D_\mu h_q,$$

$\mu \in \mathbb{Z}$, 则 $(M_\mu)_{\mu \in \mathbb{Z}}$ 是 M 上的良滤.

设 M, N 是两个微分差分模. 一个 K-模同态 $f: M \longrightarrow N$ 称为微分差分同态, 如果 $f(\beta x) = \beta f(x)$, $x \in M$, $\beta \in \Delta \cup \Sigma^*$. 满的 (单的或双的) 微分差分同态称为微分差分满同态 (微分差分单同态或微分差分同构).

取 $\mathbb{Z}^n$ 的正则轨道分解如例子 6, 并定义 ΛE 上广义单项式序 "$\prec$" 如下: 设 $u = \delta_1^{k_1} \cdots \delta_m^{k_m} \alpha_1^{l_1} \cdots \alpha_n^{l_n} e_i$, $v = \delta_1^{r_1} \cdots \delta_m^{r_m} \alpha_1^{s_1} \cdots \alpha_n^{s_n} e_j$, 定义

$$u \prec v \iff (\text{ord } u, e_i, k_1, \cdots, k_m, |l_1|, \cdots, |l_n|, l_1, \cdots, l_n)$$
$$\prec_{lex} (\text{ord } v, e_j, r_1, \cdots, r_m, |s_1|, \cdots, |s_n|, s_1, \cdots, s_n).$$

下列定理是基于微分差分模上的 Gröbner 基的微分差分维数多项式算法的基础.

定理 32 ([2] Theorem 4.4) 设 M 有生成元 $h_1, \cdots, h_q$, F 是以 $e_1, \cdots, e_q$ 为基的自由微分差分模, $\pi: F \longrightarrow M$ 是 F 到 M 的自然微分差分满同态 ($\pi(e_i) = h_i$, $i = 1, \cdots, q$).

设 M_μ 是如例子 31 的 K-线性子空间. $G = \{g_1, \cdots, g_d\}$ 是 $N = \ker \pi$ 的对于如上定义的广义单项式序 "$\prec$" 的 Gröbner 基, U_μ 是所有满足 ord $w \leqslant \mu$ 和 $w \neq lt(\lambda g_i)$, $\lambda \in \Lambda$, $i = 1, \cdots, d$ 的项 $w \in \Lambda E$ 所成集合. 则 $\pi(U_\mu)$ 是 K-线性空间 M_μ 的基.

定理 33 ([2] Theorem 4.8) 设 M 为有限生成微分差分模, $(M_\mu)_{\mu \in \mathbb{Z}}$ 是 M 上的良滤. 则存在有理系数多项式 $\phi(t)$ 使得 $deg(\phi(t)) \leqslant m + n$, 且 $\phi(\mu) = \dim_K M_\mu$ 对充分大的 $\mu \in \mathbb{N}$ 成立. $\phi(t)$ 有形式

$$\phi(t) = \frac{2^n a}{(m+n)!} t^{m+n} + o(t^{m+n}), \quad a \in \mathbb{Z}.$$

其中 $o(t^{m+n})$ 表示次数小于 $m+n$ 的有理系数多项式. 整数 $d = deg \phi(t)$, a 及 $\Delta^d \phi(t)$ 不依赖于模 M 的生成元组的选择 ($\Delta^d \phi(t)$ 表示 $\phi(t)$ 的 t 次有限差分: $\Delta \phi(t) = \phi(t+1) - \phi(t)$, $\Delta^2 \phi(t) = \Delta(\Delta \phi(t))$ 等).

上述定理中的有理系数多项式 $\phi(t)$ 称为微分差分模 M 的微分差分维数多项式.

例子 34 设 K 是微分差分域, 其导子集 Δ 和自同构集 Σ 分别由一个导子 δ 和一个自同构 σ 构成. 设 D 是 K 上微分差分算子环. $M = Dh$ 是循环微分差分模, 其生成元 h 满足定义方程

$$(\delta^a\sigma^b + \delta^a\sigma^{-b} + \delta^{a+b})h = 0.$$

换言之, M 同构于商模 F/N, 其中 F 是只有一个生成元 e 的自由微分差分模,

$$N = D(\delta^a\sigma^b + \delta^a\sigma^{-b} + \delta^{a+b})e$$

是 F 的子模. 取 ΛE 上广义单项式序 $\prec$ 如定理 32. 则

$$\{g = (\delta^a\sigma^b + \delta^a\sigma^{-b} + \delta^{a+b})e\}$$

是 N 的 Gröbner 基. 因 $lt(g) = (\delta^{a+b})e$ 在 ΛE 的任意轨道中, 由引理 19 (ii) 知对任意 $\lambda \in \Lambda$ 有 $lt(\lambda g) = \lambda(\delta^{a+b})e$. 故由定理 32,

$$\dim_K M_t = \operatorname{card}(U_t) = \operatorname{card}\{u \in \Lambda \mid ord\ u \leqslant t; u \neq \lambda\delta^{a+b}, \lambda \in \Lambda\}.$$

从而 M 的微分差分维数多项式

$$\begin{aligned}\phi(t) &= \dim_K M_t = \operatorname{card}\{\delta^c\alpha^d \mid c \in \mathbb{N}, d \in \mathbb{Z}, c + |d| \leqslant t, (c, |d|) \notin \{(a+b, 0) + \mathbb{N}^2\}\} \\ &= \operatorname{card}\{\delta^c\alpha^d \mid c \in \mathbb{N}, d \in \mathbb{Z}, c + |d| \leqslant t\} \\ &\quad - \operatorname{card}\{\delta^c\alpha^d \mid c \in \mathbb{N}, d \in \mathbb{Z}, c + |d| \leqslant t - (a+b)\} \\ &= [(t+2)(t+1) - (t+1)] - [(t-a-b+2)(t-a-b+1) - (t-a-b+1)] \\ &= 2(a+b)t + (a+b)(2-a-b).\end{aligned}$$

3 系数集为交换环的微分差分模 Gröbner 基算法

微分差分模 Gröbner 基方法可如经典的 Gröbner 基那样推广到系数集为交换环的情形, 如 1998 年 Insa 和 Pauer[10] 研究了系数为交换环的微分模上 Gröbner 基理论, 2007 年 Zhou 和 Winkler[3], 2011 年 Ma, Sun 和 Wang[11] 进一步改进和发展了 Insa 的结果. 2012 年 Zhou 和 Huang[4] 对系数为交换环的微分差分混合代数系统, 推广了 Insa 和 Pauer[10], Zhou 和 Winkler [2] 的工作, 给出了相应的微分差分模 Gröbner 基理论和算法.

3.1 系数集为交换环 R 的微分算子环及模

本小节设 R 为交换 Noetherian 整环, $D = R[\delta_1, \cdots, \delta_n]$ 是 R 上的微分算子环, 一个左 D 模 M 称为 R 上的微分模. 当 R 不为域时, R 上的微分模的 Gröbner 基

算法与域上微分模的 Gröbner 基算法有很大的不同. 而在实际应用中, 这种环 R 上的微分模有其重要性. 例如, 令 $R = K[x_1, \cdots, x_n]$ 为特征 0 的域 K 上的多项式环, 则 R 上的微分算子环

$$D = R[\delta_1, \cdots, \delta_n] = K[x_1, \cdots, x_n][\delta_1, \cdots, \delta_n]$$

就是 Weyl 代数, 而 R 上的微分模就是 Weyl 代数上的模. 另一个重要的例子是局部环

$$R = K[x_1, \cdots, x_n]_M = \left\{ \frac{f}{g} \in K(x_1, \cdots, x_n) \,\bigg|\, f \in K[x_1, \cdots, x_n], g \in M \right\}$$

上的微分算子环

$$D = R[\delta_1, \cdots, \delta_n] = K[x_1, \cdots, x_n]_M[\delta_1, \cdots, \delta_n]$$

及其上的模, 其中 M 是 $K[x_1, \cdots, x_n] \backslash \{0\}$ 的乘闭子集.

设 R 上的线性方程可解, 即:

(1) 对任意 $g \in R$ 和任意有限子集 $B \subset R$, 可确定 g 是否在 B 生成的左 R-模 $_R\langle B \rangle$ 中, 如果是, 则可确定一族元素 $(d_f)_{f \in B} \in R$ 使得 $g = \sum_{f \in B} d_f f$;

(2) 对任意有限子集 $B \subset R$, 可确定 R-模

$$\left\{ (s_f)_{f \in B} \,\bigg|\, \sum_{f \in B} s_f f = 0, s_f \in R \right\}$$

的有限生成元集.

设 K 为特征 0 的域, $K(x_1, \cdots, x_n)$ 是 K 上的有理函数域, R 是 $K(x_1, \cdots, x_n)$ 的一个 Noetherian K-子代数, 则 R 是满足上述条件的交换环的一类具有重要应用意义的范例.

在 R 上的微分算子环 $D = R[\delta_1, \cdots, \delta_n]$ 中,

$$\delta^k = \delta_1^{k_1} \cdots \delta_n^{k_n},$$

其中 $k = (k_1, \cdots, k_n) \in \mathbb{N}^n$, 称为 D 的项. 所有 D 的项所成集合记为 T.

D 中元素形如

$$f = \sum_{k \in \mathbb{N}^n} a_k \delta^k, \tag{7}$$

其中 $a_k \in R$ 对所有 $\delta^k \in T$ 成立, 且只有有限多个 a_k 异于零. 称为 D 中的多项式.

设 $\prec$ 是 $\mathbb{N}^n$ 上的一个项序, 即 $\prec$ 是一个全序满足: $0 = (0, \cdots, 0) \prec k$ 对所有 $k \in \mathbb{N}^n \backslash \{0\}$, 以及 $s + k \prec t + k$ 当 $s \prec t$, $k, s, t \in \mathbb{N}^n \backslash \{0\}$. 则 $\prec$ 也定义了 D 的单项式集 T 上的一个项序. 有时我们简单地称它为 D 上的一个项序.

D 中非 0 多项式 f (如 (7) 所示) 的首项指数、首项和首项系数分别记为 $deg(f)$, $lt(f)$, $lc(f)$, 其意义如下.

$$deg(f) = \max_{\prec}\{k | a_k \neq 0\} \in \mathbb{N}^n,$$

$$lt(f) = \delta^{deg(f)},$$

$$lc(f) = a_{deg(f)}.$$

下列关于 D 中约化算法的定理由 Insa 和 Pauer 给出. 其证明可参见文献 [4]. 注意在基环 R 不为域时, $D = R[\delta_1, \cdots, \delta_n]$ 中的约化算法与 R 为域的情形有很大区别.

定理 35 ([10] Proposition 1) 设 $B = \{f_1, \cdots, f_p\}$ 为 $D\backslash\{0\}$ 的有限子集, $g \in D$. 则存在 $r \in D$ 及 D 中多项式 $\{h_i, i = 1, \cdots, p\}$ 使得

$$g = \sum_{i=1}^{p} h_i f_i + r,$$

满足:

(i) $h_i = 0$ 或 $lt(h_i f_i) \preceq lt(g), i = 1, \cdots, p$;

(ii) $r = 0$ 或 $lc(r) \notin {}_R\langle lc(f); deg(r) \in deg(f) + \mathbb{N}^n \rangle$.

满足以上定理条件的 r 称为 g 被 B 约化的余式 (也称 g 被 B 约化到 r).

定义 36 设 J 是 D 的 (左) 理想, $\prec$ 是 D 上一个项序, G 是 $J\backslash\{0\}$ 的有限子集, 如果对任意的 $f \in J$,

$$lc(f) \in {}_R\langle lc(g); g \in G, deg(f) \in deg(g) + \mathbb{N}^n \rangle$$

成立, 则称 G 为 J 的一个对于项序 $\prec$ 的 Gröbner 基.

由 Insa 和 Pauer 给出的下列定理 (证明参见文献 [10]) 显示, 定义 36 的 Gröbner 基具有与通常多项式代数 Gröbner 基类似的基本性质.

定理 37 ([10] Proposition 2) 设 J 是 D 的 (左) 理想, $\prec$ 是 D 上一个项序, G 是 $J\backslash\{0\}$ 的有限子集,

(i) 设 G 为 J 的一个对于项序 $\prec$ 的 Gröbner 基, 若 $f \in J$, 则 f 被 G 约化的余式为 0;

(ii) 设 G 为 J 的一个对于项序 $\prec$ 的 Gröbner 基, $f \in D$, 则 $f \in J$ 当且仅当 f 被 G 约化的余式为 0;

(iii) G 为 J 的一个对于项序 $\prec$ 的 Gröbner 基当且仅当对一切 $f \in J$, f 被 G 约化的余式为 0.

$D = R[\delta_1, \cdots, \delta_n]$ 上的一个左模 M 称为一个 R 上的微分模. 设 F 是一个 R 上的有限生成自由微分模, 以 $E = \{e_1, \cdots, e_q\}$ 为生成元集. 则 D 上的项序 $\prec$ 可扩展为 F 上的项序. 上述约化算法、Gröbner 基的定义和性质可以很容易地扩展到 R 上有限生成自由微分模 F 的子模 W 上.

3.2 广义 S-多项式与 D 上 (左) 理想的 Gröbner 基算法

定义 38 设 J 是 D 的由有限集 G 生成的 (左) 理想, 对 $B \subseteq G$, 令 S_B 为 R-模

$$\left\{ (c_e)_{e \in B} \,\bigg|\, \sum_{e \in B} c_e lc(e) = 0 \right\} \subseteq_R (R^B) \tag{8}$$

的有限生成元集, $s = (c_e)_{e \in B} \in S_B$, 则称

$$f_s = \sum_{e \in B} c_e \delta^{m(B) - deg(e)} e$$

为对于 s 的广义 S-多项式 (G-S-多项式), 其中

$$m(B) = (\max_{e \in B} deg(e)_1, \cdots, \max_{e \in B} deg(e)_n) \in \mathbb{N}^n.$$

当 $B = \{g, h\} \subseteq G$ 只含两个元素时, 选择 $c, d \in R$ 使得

$$c \cdot lc(g) = d \cdot lc(h) = lcm(lc(g), lc(h)) \in R,$$

则 $S_B = \{(c, d)\}$ 是 R-模 (8) 的有限生成元集, 对于 $s = (c, d)$ 的广义 S-多项式为

$$f_{(c,d)} = c\delta^{m(\{g,h\}) - deg(g)} g - d\delta^{m(\{g,h\}) - deg(h)} h.$$

它就是通常的 S-多项式, 记为 $S(g, h)$.

下列定理 (Insa 和 Pauer[10]) 通过广义 S-多项式把多项式代数中关于 Gröbner 基的 Buchberger 定理拓广到一类交换 Noetherian 环 R 上的微分算子环 $D = R[\delta_1, \cdots, \delta_n]$ 的左理想上.

定理 39([10]Proposition 3) 设 J 是 D 的由有限集 G 生成的 (左) 理想, 则 G 是 J 的一个 Gröbner 基当且仅当对一切 $B \subseteq G$, 以及一切 $s = (c_e)_{e \in B} \in S_B$, 对于 s 的广义 S-多项式 f_s 被 G 约化的余式为 0.

如果 R 是一个理想整环 (PID), 则 G 是 J 的一个 Gröbner 基当且仅当对一切 $\{g, h\} \in G$, S-多项式 $S(g, h)$ 被 G 约化的余式为 0.

由此得到计算 Gröbner 基的 Buchberger 算法: 如果存在某个广义 S-多项式 f_s 被 G 约化的余式为 $r \neq 0$, 则以 $G \bigcup \{r\}$ 代替 G.

例子 40 设 $R = \mathbb{Q}[x_1, \cdots, x_6]$,$D = R[\delta_1, \cdots, \delta_6]$, J 是 D 的由有限集 $G = \{f_1, f_2, f_3\}$ 生成的 (左) 理想, 其中

$$f_1 = x_1\delta_4 + 1, \quad f_2 = x_2\delta_5, \quad f_3 = (x_1 + x_2)\delta_6.$$

设 $\prec$ 是 D 上分次字典序使得

$$(1, 0, \cdots, 0) \prec (0, 1, \cdots, 0) \prec (0, \cdots, 0, 1).$$

可验证 G 中所有 S-多项式 $S(g, h)$ 被 G 约化的余式为 0:

$$S(f_1, f_2) = x_2\delta_5 f_1 - x_1\delta_4 f_2 = x_2\delta_5(x_1\delta_4 + 1) - x_1\delta_4 x_2\delta_5 = x_2\delta_5 = 0(\mathrm{mod} G),$$

$$\begin{aligned}S(f_1, f_3) &= (x_1 + x_2)\delta_6 f_1 - x_1\delta_4 f_3 = (x_1 + x_2)\delta_6(x_1\delta_4 + 1) - x_1\delta_4(x_1 + x_2)\delta_6\\ &= (x_1 + x_2)\delta_6 = 0(\mathrm{mod} G),\end{aligned}$$

$$S(f_2, f_3) = (x_1 + x_2)\delta_6 f_2 - x_2\delta_5 f_3 = (x_1 + x_2)\delta_6 x_2\delta_5 - x_2\delta_5(x_1 + x_2)\delta_6 = 0(\mathrm{mod} G).$$

然而对于 $B = G \subseteq G$, 有

$$\left\{(c_e)_{e\in B} \,\bigg|\, \sum_{e\in B} c_e lc(e) = 0\right\} = \{(c_1, c_2, c_3) \mid c_1 x_1 + c_2 x_2 + c_3(x_1 + x_2) = 0\},$$

以及 $s = (1, 1, -1) \in S_B$. 于是下列广义 S-多项式

$$\begin{aligned}f_s &= c_1\delta_5\delta_6 f_1 + c_2\delta_4\delta_6 f_2 + c_3\delta_4\delta_5 f_3 \\ &= \delta_5\delta_6(x_1\delta_4 + 1) + \delta_4\delta_6(x_2\delta_5) - \delta_4\delta_5[(x_1 + x_2)\delta_6] = \delta_5\delta_6.\end{aligned}$$

由于 f_s 被 G 约化的余式非 0, G 不是 J 的 Gröbner 基. 为得到 J 的 Gröbner 基, 记 f_s 为 f_4, 以 $G_1 = \{f_1, f_2, f_3, f_4\}$ 代替 G, 再对所有的 $B \subseteq G_1$ 和 $s = (c_e)_{e\in B} \in S_B$ 计算广义 S-多项式.

根据 Zhou 和 Winkler[3] 给出的技巧, 由于 $S(f_i, f_4)$ ($i = 1, 2, 3$) 被 G_1 约化的余式为 0, 我们可断言 G_1 是 J 的 Gröbner 基, 而不必再计算所有的广义 S-多项式.

3.3 系数集为交换环的微分差分模 Gröbner 基算法

设 $D = R[\delta_1, \cdots, \delta_m, \sigma_1, \cdots, \sigma_n]$ 是 R 上的微分差分算子环, F 是以 $E = \{e_1, \cdots, e_q\}$ 为生成元集的有限生成自由微分差分模 (D 模), $\prec$ 是 ΛE 上广义单项式序, 对 F 中多项式 $f = a_1\lambda_1 e_{j_1} + \cdots + a_d\lambda_d e_{j_d}$((5) 式) 仍以 $lt(f)$, $lc(f)$ 分别记 f 的首项和首项系数. 以 $\Lambda_j E$ 记 ΛE 的第 j 轨道 (定义 17).

当微分差分算子的系数集 R 不为域时, R 上有限生成自由微分差分模中的约化算法与系数为域时大不相同. Zhou 和 Huang[4] 构造了 R 上有限生成自由微分

差分模 F 中的约化算法. 以下总设已给定 $\mathbb{Z}^n$ 上的一个轨道分解及相应的 F 上广义项序 "$\prec$". 为描述微分差分算子的性质, 我们需要第 2 节中的引理 18—引理 21. 尽管在给出这些引理时是对于微分差分算子的系数集为域 K 的情形, 然而证明中并不需要系数为域的条件, 从而这些引理对系数集 R 为交换 Noetherian 整环仍成立. 其中的引理 18 描述的性质就是在 Ma 等[11]中对于微分算子环 $R[\delta_1,\cdots,\delta_m]$ 被称为 "拟交换"("Quasi-Commutativity") 的性质. 我们把它重新叙述如下.

引理 41 设 $\lambda \in \Lambda$, $a \in R$, "$\prec$" 是 $\Lambda E \subseteq D$ 上的广义项序. 则

$$\lambda a = a^{(\lambda)}\lambda + \xi,$$

其中, $a^{(\lambda)} = (\sigma_1^{l_1} \cdots \sigma_n^{l_n})(a)$, 当 $\lambda = \delta_1^{k_1}\cdots\delta_m^{k_m}\sigma_1^{l_1}\cdots\sigma_n^{l_n}$, 且若 $a \neq 0$, 则 $a^{(\lambda)} \neq 0$; $\xi \in D$ 使得 $lt(\xi) \prec \lambda$, ξ 的每项均在与 λ 相同的轨道中.

以下论述中保留引理 41 中的记号 $a^{(\lambda)}$ 及其含义.

定理 42 ([4]Theorem 3.6) 设 F 是以 $E = \{e_1,\cdots,e_q\}$ 为生成元集的有限生成自由微分差分模, "$\prec$" 是 ΛE 上广义项序, $g_1,\cdots,g_p \in F\setminus\{0\}$, $f \in F$, 则有 $h_1,\cdots,h_p \in D$ 及 $r \in F$ 使

$$f = h_1 g_1 + \cdots + h_p g_p + r, \tag{9}$$

且满足:

(i) 对 $i = 1,\cdots,p$ 有 $h_i = 0$ 或 $lt(h_i g_i) \preceq lt(f)$;

(ii) $r = 0$ 或 $lc(r) \notin_R \langle lc(\lambda g_i); lt(r) = lt(\lambda g_i), \lambda \in \Lambda, i = 1,\cdots,p\rangle$ (由 $\{lc(\lambda g_i); lt(r) = lt(\lambda g_i), \lambda \in \Lambda, i = 1,\cdots,p\}$ 生成的左 R-模).

定义 43 令 $g_1,\cdots,g_p \in F\setminus\{0\}$, $f \in F$, 设式 (9) 成立且满足定理 42 的条件 (i), (ii). 若 $r \neq f$, 则称 f 模 $\{g_1,\cdots,g_p\}$ 约化到 r. 若 $r = f$, $h_i = 0, i = 1,\cdots,p$, 则称 f 模 $\{g_1,\cdots,g_p\}$ 是约化的.

定义 44 设 D 是 R 上的微分差分算子环, F 是以 $E = \{e_1,\cdots,e_q\}$ 为生成元集的有限生成自由微分差分模 (D 模), $\prec$ 是 ΛE 上广义单项式序, W 是 F 的子模, $G = \{g_1,\cdots,g_p\}$ 是 $W\setminus\{0\}$ 的子集. 称 G 为 W 的一个 Gröbner 基, 如果每个 $f \in W\setminus\{0\}$ 可模 G 约化到 0.

显然, $G = \{g_1,\cdots,g_p\} \subset W\setminus\{0\}$ 是 W 的一个 Gröbner 基当且仅当对每个 $f \in W\setminus\{0\}$, 存在 $\lambda_i \in \Lambda, i = 1,\cdots,p$ 使得

$$lc(f) \in_R \langle lc(\lambda_i g_i); lt(f) = lt(\lambda_i g_i)\rangle.$$

当微分差分算子的系数集 R 为域时, 定理 42 中的条件 (ii) 成为

$$r = 0 \quad \text{或} \quad lt(r) \notin \{lt(\lambda g_i) | \lambda \in \Lambda, i = 1,\cdots,p\}.$$

从而定理 42 中的约化就成为 Zhou 和 Winkler[2] 给出的域上微分差分模的约化. 这样定义 44 中的 Gröbner 基就成为 Zhou 和 Winkler 在文献 [2] 中引入的通常的域上微分差分模的 Gröbner 基. 可见定义 44 给出的 Gröbner 基概念是 Zhou 和 Winkler 在文献 [2] 中引入的域上微分差分模的 Gröbner 基概念的推广.

另一方面, 如果环 R 上的自同态集 $\Sigma = \{\sigma_1, \cdots, \sigma_n\}$ 为空集 $\varnothing$, 则 ΛE 只有一个轨道, 由引理 19(ii), 有 $lt(\lambda f) = \lambda lt(f)$ 对任意 $f \in F$ 成立. 且由于此时引理 41 中的 $a^{(\lambda)} = (\sigma_1^{l_1} \cdots \sigma_n^{l_n})(a) = a$, 故 $lc(\lambda g_i) = lc(g_i)$. 这样定理 42 中的条件 (ii) 成为
$$r = 0 \text{ 或 } lc(r) \notin {}_R\langle\, lc(g_i); lt(r) = \lambda lt(g_i)\rangle, \quad \lambda \in \Lambda, i = 1, \cdots, p,$$
这意味着
$$lc(r) \notin {}_R\langle lc(g_i);\ deg(r) \in deg(g_i) + \mathbb{N}^m\rangle.$$

从而定理 42 中的约化及定义 44 中的 Gröbner 基就成为 Insa 和 Pauer [10] 及 Ma 等 [11] 引入的系数集为环 R 的微分算子上的约化及 Gröbner 基, 故定义 44 给出的 Gröbner 基概念也是 Insa 和 Pauer[10] 和 Ma 等 [11] 引入的交换环上微分算子 Gröbner 基概念的推广.

定义 44 的 Gröbner 基具有与多项式代数中通常 Gröbner 基类似的性质.

定理 45 ([4]Proposition 3.10) 设 F 是有限生成自由微分差分模, "$\prec$" 是 ΛE 上广义单项式序, W 是 F 的子模, $G \subset W \setminus \{0\}$ 是 W 的一个 Gröbner 基, $f \in F$, 则下列论断成立:

(i) G 生成 D 模 W;

(ii) $f \in W$ 当且仅当 f 模 G 约化到 0;

(iii) $f \in W$ 模 G 是约化的当且仅当 $f = 0$.

例子 46 设 F 是有限生成自由微分差分模, $\prec$ 是 ΛE 上广义单项式序, W 是 F 的子模. 若 W 仅由一个元素 $g \in F\setminus\{0\}$ 生成, 则任何包含 g 的有限集 $G \subseteq W\setminus\{0\}$ 是 W 的一个 Gröbner 基. 事实上, 对任意 $0 \neq f \in W$ 将有 $0 \neq h \in D$ 使得 $f = hg$. 由定理 42, f 模 G 约化到 0. 从而 G 是 W 的一个 Gröbner 基.

Zhou 和 Huang[4] 对环 R 上的微分差分算子引入了广义 S-多项式概念, 并由此构作了 Gröbner 基算法. 由于对 $\lambda \in \Lambda, g \in F$, 有 $lc(\lambda g) = (lc(g))^{(\lambda)}$(引理 41), 当 $\Sigma \neq \varnothing$ 时它一般地并不等于 $lc(g)$, 这是与 Insa 和 Pauer[10] 给出的环 R 上微分算子的广义 S-多项式完全不同的.

定义 47 设 F 是以 $E = \{e_1, \cdots, e_q\}$ 为生成元集的有限生成自由微分差分模, $g_1, \cdots, g_k \in F\setminus\{0\}, k \geqslant 2, \prec$ 是 ΛE 上广义单项式序. 对每个轨道 Λ_j 令 $V(j, g_1, \cdots, g_k)$ 是 $R[\Lambda_j]$-模

$$U(j, g_1, \cdots, g_k) = \bigcap_{i=1}^{k} {}_{R[\Lambda_j]}\langle lt(\lambda g_i) \in \Lambda_j E \mid \lambda \in \Lambda\rangle$$

的有限单项式生成元集.

对每个 $u \in U(j, g_1, \cdots, g_k) \subseteq \Lambda_j E$ (或每个生成元 $v \in V(j, g_1, \cdots, g_k)$), 称

$$S(j; g_1, \cdots, g_k; u; s) = \sum_{i=1}^{k} s_i \frac{u}{lt_j(g_i)} g_i,$$

其中 $s = (s_1, \cdots, s_k) \in R^k$ 满足

$$\sum_{i=1}^{k} s_i c_i = 0, \quad c_i = (lc_j(g_i))^{\left(\frac{u}{lt_j(g_i)}\right)}$$

为 $g_1, \cdots, g_k$ 对于 j, u 和 s 的广义 S-多项式（或 G-S-多项式). 其中记号 $(lc_j(g_i))^{\left(\frac{u}{lt_j(g_i)}\right)}$ 的意义如同引理 41 中的记号 $a^{(\lambda)}$.

引理 48 ([4]Lemma 3.13) 设 G 是 $F \backslash \{0\}$ 的有限子集, $\{g_1, \cdots, g_k\} \subseteq G$, $u \in U(j, g_1, \cdots, g_k)$ 是 $\Lambda_j E$ 中的项, 则存在 $\zeta \in \Lambda_j$ 及 $v \in V(j, g_1, \cdots, g_k)$, 使得 $u = \zeta v$. 如果所有的广义 S-多项式 $S(j; g_1, \cdots, g_k; v; s)$ 都模 G 约化到 0, 则任一个广义 S-多项式 $S(j; g_1, \cdots, g_k; u; s) = \sum_{g \in G} h_g g$, 其中 $lt(h_g g) \prec u$ 对 $g \in G$ 成立.

定理 49 ([4]Theorem 3.14) 设 D 是 R 上的微分差分算子环, F 是以 $E = \{e_1, \cdots, e_q\}$ 为生成元集的有限生成自由微分差分模, $\prec$ 是 ΛE 上广义单项式序, G 是 $F \backslash \{0\}$ 的有限子集, W 是 F 的由 G 生成的子模. 对 Λ_j, $H = \{g_1, \cdots, g_k\} \subseteq G$ 及 $v \in V(j, g_1, \cdots, g_k)$, 令 $S_H(j, v)$ 为 R-模

$$\left\{ (s_1, \cdots, s_k) \in R^k \,\middle|\, \sum_{i=1}^{k} s_i c_i = 0 \right\}$$

的有限生成元集, 其中 $c_i = (lc_j(g_i))^{\left(\frac{u}{lt_j(g_i)}\right)}$.

则以下论断等价:

(i) G 是 W 的一个 Gröbner 基;

(ii) 对所有 Λ_j, 所有 $H = \{g_1, \cdots, g_k\} \subseteq G$, 所有 $v \in V(j, g_1, \cdots, g_k)$, 以及所有 $s = (s_1, \cdots, s_k) \in S_H(j, v)$, 广义 S-多项式 $S(j; g_1, \cdots, g_k; v; s)$ 模 G 约化到 0.

定理 50 设 $D, F, \prec$ 如定理 36 G 是 $F \backslash \{0\}$ 的有限子集, W 是 F 的由 G 生成的子模. 令 Λ_j, $H = \{g_1, \cdots, g_k\} \subseteq G$, $v \in V(j, g_1, \cdots, g_k)$, $s = (s_1, \cdots, s_k) \in S_H(j, v)$, 以及广义S-多项式 $S(j; g_1, \cdots, g_k; v; s)$ 如定理 36(ii). 则由下列算法可得到 W 的一个Gröbner基:

Input: $G = \{g_1, \cdots, g_\mu\}$, W 的生成元集

output: $G' = \{g'_1, \cdots, g'_\nu\}$, W 的一个Gröbner基

Begin

$G_0 := G$

While 存在 Λ_j, $H = \{g_1, \cdots, g_k\} \subseteq G$, $v \in V(j, g_1, \cdots, g_k)$, 以及 $s = (s_1, \cdots, s_k) \in S_H(j, v)$, 使得广义S-多项式 $S(j; g_1, \cdots, g_k; v; s)$ 模 G 约化到 $r \neq 0$

Do $G_{i+1} := G_i \bigcup \{r\}$

End

与多项式代数中通常的 Gröbner 基不同, 当 W 是 F 的由 G 生成的子模, 而每个 $g \in G$ 均为单项式 (即只含一项) 时, G 可能不是 W 的 Gröbner 基. 见下面例子 51.

例子 51 设 $R = K[x,y]$, $D = R[\delta_1, \delta_2, \sigma_1, \sigma_2]$, 其中 δ_1, δ_2 是分别对于 x, y 的通常偏微分算子, 而自同构 σ_1, σ_2 满足

$$\sigma_1 h(x,y) = h(x+1, y), \sigma_2 h(x,y) = h(x, y+1), \quad 对任意 h(x,y) \in R.$$

令 $W = \langle f, g \rangle$ 是由 f, g 生成的 D 的左理想 (即 D 看作自身上的自由模 F 的子模), 其中 $f = x\delta_1\sigma_2^2$, $g = y\delta_1^2\sigma_2$. 则 $G = \{f, g\}$ 不是 W 的 Gröbner 基:

$$S = s_1\delta_1 f + s_2\sigma_2 g = s_1(x\delta_1 + 1)\delta_1\sigma_2^2 + s_2(y+1)\sigma_2\delta_1^2\sigma_2$$
$$= (s_1 x + s_2(y+1))\delta_1^2\sigma_2^2 + s_1\delta_1\sigma_2^2.$$

若取 $s_1 = (y+1)$, $s_2 = -x$, 则 $S = (y+1)\delta_1\sigma_2^2$, 得 $lt(S) = lt(f)$, 但

$$lc(S) \notin_R \langle lc(\lambda f); \lambda \in \Lambda \rangle.$$

由定理 42, S 模 G 不能约化到 0. 再根据定理 49, 可知 G 不是 W 的 Gröbner 基. 易验证若令 $f_1 = S = (y+1)\delta_1\sigma_2^2$, $G_1 = \{f, g, f_1\}$, 则 G_1 是 W 的 Gröbner 基.

4 相对 Gröbner 基与双变量微分差分维数多项式算法

相对 Gröbner 基算法的构作, 是以微分差分代数上两个广义序的相对约化概念和算法为基础的. 其特点是仅对某些项进行 (一个序) 约化, 而对满足另一个序规定的某些条件的项不予约化, 它是针对微分差分系统分别差分部分和微分部分的维数理论的特殊要求而设计的. 关键问题是探明这些特殊要求与相对约化的关系, 给出适当的广义序和约化条件. 基于相对约化的相对 Gröbner 基概念、性质, 相对 S-多项式概念与算法, 以及建立这种相对 Gröbner 基的 Buchberger 算法, 相对 Gröbner 基算法的设计 (涉及两个序) 及分析, 由 Zhou 和 Winkler[1] 于 2008 年建立. 2009 年奥地利 RISC 的 Dönch 博士 [5] 把 Zhou 和 Winkler 的算法编制成了可供实际应用的 Maple 软件包. 并且 Dönch[6] 继续研究了相对 Gröbner 基的许多性质, 如对于两个序的对称性.

本节论述域 K 上微分差分模 M 的基于两个广义项序的相对约化和相对 Gröbner 基理论. 利用它可以给出双变量微分差分维数多项式的算法. 本节沿用第 2 节中给出的关于域 K 上微分差分模 M 的概念、记号和一些性质. 包括轨道分解、广义项序、微分差分模的运算性质、约化性质等.

4.1 相对约化与相对 Gröbner 基

设 K 为一个微分差分域, $D = K[\delta_1, \cdots, \delta_m, \sigma_1, \cdots, \sigma_n]$ 是 K 上的微分差分算子环, F 是 K 上有限生成自由微分差分模 (即左 D 模), $E = \{e_1, \cdots, e_q\}$ 是其自由生成元集. F 也可看作一个 K-模, 由形如 λe_i $(i = 1, \cdots, q)$ 的元素生成, 其中 $\lambda \in \Lambda$. 记此集合为 ΛE. 其中的元素称为 F 的项. 特别地, Λ 的元素为 D 的项.

下面给出微分差分模 F 上的相对约化概念. 以下总设给定了 $\mathbb{Z}^n$ 的一个轨道分解, 以及对于此分解的一个广义项序. 设 $\prec$ 是 ΛE 上一个广义项序. 相对于 ΛE 上另一个广义项序 $\prec'$ 的相对约化算法由下列定理 52 给出.

定理 52 ([1]Theorem 3.1) 设 $\prec$ 和 $\prec'$ 是 ΛE 上两个广义项序. 若 $g_1, \cdots, g_p \in F \setminus \{0\}, f \in F$, 则有 $h_1, \cdots, h_p \in D$ 和 $r \in F$ 使得

$$f = h_1 g_1 + \cdots + h_p g_p + r, \tag{10}$$

满足:

(i) $h_i = 0$ 或 $lt_\prec(h_i g_i) \preceq lt_\prec(f), i = 1, \cdots, p$;

(ii) $r = 0$ 或 $lt_\prec(r) \preceq lt_\prec(f)$ 使得

$$lt_\prec(r) \notin \{lt_\prec(\lambda g_i) \mid lt_{\prec'}(\lambda g_i) \preceq' lt_{\prec'}(r), \lambda \in \Lambda, i = 1, \cdots, p\}.$$

定义 53 设 $\prec$ 和 $\prec'$ 是 ΛE 上两个广义项序, $g_1, \cdots, g_p \in F \setminus \{0\}, f \in F$. 设 (10) 式成立且满足定理 52 的条件 (i), (ii). 若 $r \neq f$, 称 f 相对于 $\prec'$ 模 $\{g_1, \cdots, g_p\}$ $\prec$- 约化到 r. 在不引起混淆时简称为 f 模 $\{g_1, \cdots, g_p\}$ 相对约化到 r. 若 $r = f$ 且 $h_i = 0, i = 1, \cdots, p$, 称 f 相对于 $\prec'$ 模 $\{g_1, \cdots, g_p\}$ 是 $\prec$- 既约的. 在不引起混淆时简称为 f 模 $\{g_1, \cdots, g_p\}$ 是相对既约的.

不同于第 2 节中微分差分模上对一个广义项序的普通约化 (定理 22), 在相对约化的每一步中我们仅当 $lt_{\prec'}(\lambda_i g_i) \preceq' lt_{\prec'}(r)$ 时才对项 $lt_\prec(r) = lt_\prec(\lambda_i g_i)$ 进行约化.

例子 54 设 K 上导子集 Δ 和自同构集 Σ 只含一个导子 δ 和一个自同构 σ, $D = K[\delta, \sigma]$ 是 K 上微分差分算子环. 取 $\mathbb{Z}$ 上正则轨道分解如例子 6 并定义 D 上广义项序 $\prec$ 和 $\prec'$ 如下:

$$\delta^k \sigma^l \prec \delta^r \sigma^s \iff (|l|, k, l) \prec_{lex} (|s|, r, s),$$

$$\delta^k\sigma^l \prec' \delta^r\sigma^s \Longleftrightarrow (k,|l|,l) \prec_{lex} (r,|s|,s).$$

令

$$f = \delta^3\sigma - \sigma^{-1}, \quad g = \delta^2 + \sigma,$$

则有

$$lt_\prec(f) = \delta^3\sigma = lt_\prec(\delta^3 g) = lt_\prec(\delta^5 + \delta^3\sigma).$$

但 $lt_{\prec'}(\delta^3 g) = \delta^5 \succ' lt_{\prec'}(f) = \delta^3\sigma$, 故 f 在对 $\prec$ 的普通约化时不是模 g 既约的, 而 f 是相对于 $\prec'$ 模 g $\prec$- 既约的.

定义 55 设 W 是有限生成自由微分差分模 F 的子模, $\prec$ 和 $\prec'$ 是 ΛE 上两个广义项序, $G = \{g_1, \cdots, g_p\}$ 是 $W\backslash\{0\}$ 的子集. 称 G 为相对于 $\prec'$ 的 W 的一个 $\prec$-Gröbner 基, 如果对任意 $f \in W\backslash\{0\}$, f 可被相对于 $\prec'$ 模 G $\prec$- 约化到 0. 在不引起混淆时简称 G 为 W 的一个相对 Gröbner 基.

显然, $G = \{g_1, \cdots, g_p\} \subset W\backslash\{0\}$ 是 W 的一个相对 Gröbner 基当且仅当对任意 $f \in W\backslash\{0\}$ 有

$$lt_\prec(f) \in \{lt_\prec(\lambda g_i) \mid lt_{\prec'}(\lambda g_i) \preceq' lt_{\prec'}(f), \lambda \in \Lambda, i = 1, \cdots, p\}.$$

易见当两个广义项序 $\prec$ 和 $\prec'$ 相等时, 微分差分模上相对约化就成为微分差分模上普通约化, 而微分差分模上相对 Gröbner 基就是微分差分模上 Gröbner 基. 从而微分差分模上相对 Gröbner 基是微分差分模上 Gröbner 基概念的推广.

定理 56 ([1]Proposition 3.1) 设 $\prec$ 和 $\prec'$ 是 ΛE 上两个广义项序, W 是有限生成自由微分差分模 F 的子模, $G \subset W \backslash \{0\}$ 是 W 的一个相对于 $\prec'$ 的 $\prec$-Gröbner 基, $f \in F$. 则有

(i) G 是 W 的 $\prec$-Gröbner 基, 也是 W 的 $\prec'$-Gröbner 基, 从而 G 生成 D 模 W;

(ii) $f \in W$ 当且仅当 $f = 0$ 或 f 可被相对于 $\prec'$ 模 G $\prec$- 约化到 0;

(iii) $f \in W$ 是相对于 $\prec'$ 模 g $\prec$- 既约的当且仅当 $f = 0$.

上述定理断言微分差分模 W 的相对 Gröbner 基对于两个项序都是通常意义上的 Gröbner 基. 但反之不然. 例如, 取 $\{g_1, \cdots, g_p\}$ 和 $\{g'_1, \cdots, g'_q\}$ 是 W 的分别对两个项序 $\prec$ 及 $\prec'$ 的 Gröbner 基, 则 $\{g_1, \cdots, g_p, g'_1, \cdots, g'_q\}$ 对于两个项序都是 W 的 Gröbner 基. 但它未必是 W 的相对 Gröbner 基.

定理 57 ([1]Theorem 3.3) 设 F 为有限生成自由微分差分模, $\prec$ 和 $\prec'$ 是 ΛE 上两个广义项序, G 是 $F\backslash\{0\}$ 的有限子集, W 是 F 的由 G 生成的子模. 则 G 是 W 的一个相对于 $\prec'$ 的 $\prec$-Gröbner 基当且仅当 G 是 W 的一个 $\prec'$-Gröbner 基, 而且对任意 $\Lambda_j, g_i, g_k \in G, v \in V(j, g_i, g_k)$, 对于 $\prec$ 的 S-多项式 $S(j, g_i, g_k, v)$ 可相对于 $\prec'$ 模 G $\prec$- 约化到 0.

换言之，G 是 W 的一个相对于 $\prec'$ 的 $\prec$-Gröbner 基当且仅当所有对于 $\prec'$ 的 S-多项式 $S'(j,g_i,g_k,v)$ 可模 G $\prec'$- 约化到 0，同时所有对于 $\prec$ 的 S-多项式 $S(j,g_i,g_k,v)$ 可相对于 $\prec'$ 模 G $\prec$- 约化到 0。

Dönch[6] 进一步研究了相对 Gröbner 基的一些性质，如对于两个广义项序的对称性。

定理 58 ([6]Lemma 6) 设 F 为有限生成自由微分差分模，$\prec$ 和 $\prec'$ 是 ΛE 上两个广义项序，G 是 $F\backslash\{0\}$ 的有限子集，W 是 F 的由 G 生成的子模。则 G 是 W 的一个相对于 $\prec'$ 的 $\prec$-Gröbner 基当且仅当 G 是 W 的一个相对于 $\prec$ 的 $\prec'$-Gröbner 基。

4.2 双变量微分差分维数多项式

利用微分差分模 W 的相对 Gröbner 基可以给出具有两个变量 t_1, t_2 的双变量微分差分维数多项式 $\psi_A(t_1,t_2)$ 的算法。

设 K 为一个微分差分域，$D = K[\delta_1,\cdots,\delta_m,\sigma_1,\cdots,\sigma_n]$ 是 K 上的微分差分算子环，F 是 K 上有限生成自由微分差分模 (即左 D 模)，$E = \{e_1,\cdots,e_q\}$ 是其自由生成元集。取 $\mathbb{Z}^n$ 上的正则轨道分解如例子 6 并定义 ΛE 上广义项序 $\prec$ 和 $\prec'$ 如下。

定义 59 对 $\lambda = \delta_1^{k_1}\cdots\delta_m^{k_m}\sigma_1^{l_1}\cdots\sigma_n^{l_n}$ 令

$$|\lambda|_1 = k_1+\cdots+k_m, \quad |\lambda|_2 = |l_1|+\cdots+|l_n|;$$

对 $\lambda e_i \in \Lambda E$ 令

$$|\lambda e_i|_1 = |\lambda|_1, \quad |\lambda e_i|_2 = |\lambda|_2.$$

对于

$$\lambda e_i = \delta_1^{k_1}\cdots\delta_m^{k_m}\sigma_1^{l_1}\cdots\sigma_n^{l_n}e_i$$

和

$$\mu e_j = \delta_1^{r_1}\cdots\delta_m^{r_m}\sigma_1^{s_1}\cdots\sigma_n^{s_n}e_j,$$

定义

$$\lambda e_i \prec \mu e_j \iff (|\lambda|_2,|\lambda|_1,e_i,k_1,\cdots,k_m,|l_1|,\cdots,|l_n|,l_1,\cdots,l_n)$$
$$\prec_{lex}(|\mu|_2,|\mu|_1,e_j,r_1,\cdots,r_m,|s_1|,\cdots,|s_n|,s_1,\cdots,s_n),$$

以及

$$\lambda e_i \prec' \mu e_j \iff (|\lambda|_1,|\lambda|_2,e_i,k_1,\cdots,k_m,|l_1|,\cdots,|l_n|,l_1,\cdots,l_n)$$
$$\prec_{lex}(|\mu|_1,|\mu|_2,e_j,r_1,\cdots,r_m,|s_1|,\cdots,|s_n|,s_1,\cdots,s_n).$$

对于 $u = \sum_{\lambda\in\Lambda}a_\lambda\lambda \in D$ 定义

$$|u|_1 = \max\{|\lambda|_1 \mid a_\lambda \neq 0\}, \quad |u|_2 = \max\{|\lambda|_2 \mid a_\lambda \neq 0\}.$$

域 K 上的微分差分算子环 D 可看作配备双滤的双滤环. 其中双滤 $(D_{rs})_{r,s\in\mathbb{Z}}$, 满足

$$D_{rs} = \{u \in D \mid |u|_1 \leqslant r, |u|_2 \leqslant s\}, \quad r, s \in \mathbb{N}.$$

显见有

$\bigcup\{D_{rs} \mid r, s \in \mathbb{Z}\} = D, D_{rs} \subseteq D_{r+1,s}, D_{rs} \subseteq D_{r,s+1}$ 对任意 $r, s \in \mathbb{Z}$ 成立,
$D_{kl}D_{rs} = D_{r+k,s+l}$ 对任意 $r, s, k, l \in \mathbb{N}$ 成立,
$D_{rs} = \{0\}$ 当 r, s 至少有一个为负整数时.

设 M 是由 $h_1, \cdots, h_q$ 生成的左 D 模 (即 K 上的有限生成微分差分模). 令

$$M_{rs} = D_{rs}h_1 + \cdots + D_{rs}h_q, \quad r, s \in \mathbb{Z},$$

则 $(M_{rs})_{r,s\in\mathbb{Z}}$ 是 M 上的一个良双滤, 即: 每个 (M_{rs}) 是有限生成 K 模且 $D_{kl}M_{rs} = M_{r+k,s+l}$ 对充分大的 $r, s, k, l \in \mathbb{Z}$ 成立.

定义 60 一个多项式 $\psi(t_1, t_2) \in \mathbb{Q}[t_1, t_2]$ 称为一个双变量 numerical 多项式, 如果 $\psi(t_1, t_2) \in \mathbb{Z}$ 对所有足够大的 $(r_1, r_2) \in \mathbb{Z}^2$ 成立, 即: 存在 $(s_1, s_2) \in \mathbb{Z}^2$ 使得 $\psi(r_1, r_2) \in \mathbb{Z}$ 对所有满足 $r_i \geqslant s_i$ $(1 \leqslant i \leqslant 2)$ 的整数 $r_1, r_2 \in \mathbb{Z}$ 成立.

一个双变量 numerical 多项式 $\psi(t_1, t_2)$ 称为一个对于微分差分模 M 的双变量微分差分维数多项式, 如果

(i) $\deg \psi \leqslant m + n$, $\deg_{t_1} \psi \leqslant m$, 以及 $\deg_{t_2} \psi \leqslant n$;

(ii) $\psi(t_1, t_2) = \dim_K M_{t_1, t_2}$ 对所有足够大的 $t_1, t_2 \in \mathbb{N}$ 成立. 此处 $\dim_K M_{t_1, t_2}$ 指 M 上的良双滤 $(M_{rs})_{r,s\in\mathbb{Z}}$ 中每个 M_{t_1, t_2} 作为 K- 线性空间的维数.

定理 61 ([1]Theorem 4.1) 设 K 为一个微分差分域, $D = K[\delta_1, \cdots, \delta_m, \sigma_1, \cdots, \sigma_n]$ 是 K 上的微分差分算子环, M 是由 $h_1, \cdots, h_q$ 生成的左 D 模 (K 上的有限生成微分差分模). 取 F 为由基 $e_1, \cdots, e_q$ 生成的自由微分差分模, $\pi: F \longrightarrow M$ 是 F 到 M 的微分差分同态使得 $\pi(e_i) = h_i$, $i = 1, \cdots, q$.

设 $\prec$ 和 $\prec'$ 是 ΛE 上如定义 59 的两个广义项序, $N = \ker \pi$ 是 F 的子模, $G = \{g_1, \cdots, g_p\}$ 是 N 的一个相对于 $\prec'$ 的 $\prec$-Gröbner 基. 令

$$\begin{aligned} U_{r,s} = &\{w \in \Lambda E \mid |w|_1 \leqslant r, |w|_2 \leqslant s, \quad w \neq lt_\prec(\lambda g_i), \text{ 其中 } \lambda \in \Lambda, g_i \in G\} \\ &\cup \{w \in \Lambda E \mid |w|_1 \leqslant r, |w|_2 \leqslant s, \\ &|lt_{\prec'}(\lambda g_i)|_1 > r, \text{ 其中 } \lambda \in \Lambda, g_i \in G \text{ s.t. } w = lt_\prec(\lambda g_i)\}. \end{aligned}$$

则微分差分模 M 的双变量微分差分维数多项式 $\psi(r, s)$ 可由 $U_{r,s}$ 的元素个数 $|U_{r,s}|$ 得到, 即

$$\psi(r, s) = |U_{r,s}|.$$

例子 62 设 K 为一个微分差分域，K 上导子集 Δ 和自同构集 Σ 只含一个导子 δ 和一个自同构 σ，$D = K[\delta, \sigma]$ 是 K 上微分差分算子环. 取广义项序 $\prec$ 和 $\prec'$ 如定义 59. $M = Dh$ 是由 h 生成的 K 上微分差分模，其中生成元 h 满足：

$$(\delta\sigma + \sigma^{-2})h = 0.$$

换言之，M 同构于自由微分差分模 F (由一个自由生成元 e 生成) 与它的一个子模 N 的商模，N 是具有一个生成元 $\{g = \delta\sigma + \sigma^{-2}\}$ 的循环子模. 下面计算 M 的双变量微分差分维数多项式 $\psi(r, s)$. 根据定理 61, 需要得出 N 的一个相对于 $\prec'$ 的 $\prec$-Gröbner 基，再由 $\psi(r, s) = |U_{r,s}|$ 得到 $\psi(r, s)$.

显然 N 的一个相对 Gröbner 基就是 $\{g = \delta\sigma + \sigma^{-2}\}$. 由于 $lt(g) = \sigma^{-2} \in \Lambda_2$，以及 $\sigma g = \delta\sigma^2 + \sigma^{-1}$ 的首项为 $\delta\sigma^2 \in \Lambda_1$，故

$$lt(\lambda g) = \Lambda_1 \delta\sigma^2 \bigcup \Lambda_2 \sigma^{-2}.$$

令

$$U'_{r,s} := \{w \in \Lambda \mid |w|_1 \leqslant r, |w|_2 \leqslant s, \ w \neq lt_\prec(\lambda g), \text{ 其中 } \lambda \in \Lambda\},$$

$$U''_{r,s} := \{w \in \Lambda \mid |w|_1 \leqslant r, |w|_2 \leqslant s, \ |lt_{\prec'}(\lambda g)|_1 > r, \text{ 其中 } \lambda \in \Lambda \text{ s.t. } w = lt_\prec(\lambda g)\}.$$

得到

$$|U_{r,s}| = |U'_{r,s}| + |U''_{r,s}|$$

及

$$\psi(r, s) = \dim_R M_{r,s} = |U_{r,s}| = (3r + s + 2) + (s - 1) = 3r + 2s + 1.$$

Gröbner basis and dimension polynomial theory on differential-difference modules

Huang Guan-li[1,2], Zhou Meng[1]

(1. Beihang University, School of Mathematics and Systems Science, Beijing 100191, China; 2. Beijing Polytechnic, Beijing 100176, China)

Abstract In this paper, the basic concepts, properties, and development of Gröbner basis and dimension polynomial theory on differential-difference modules are summarized.

参 考 文 献

[1] Zhou M, Winkler F. Computing difference-differential dimension polynomials by relative Gröbner bases in difference-differential modules. J. Symb. Comput., 2008, 43: 726-745.

[2] Zhou M, Winkler F. Gröbner bases in difference-differential modules and difference-differential dimension polynomials. Science China Math, 2008, 51(9): 1731-1752.

[3] Zhou M, Winkler F. On computing Gröbner bases in rings of differential operators with coeffients in a ring. Math. Comput. Sci., 2007, 1: 211-223.

[4] Zhou M, Huang G. Gröbner bases in difference-differential modules with coefficients in a commutative ring. Science China Mathematics, 2012, 55(9): 1961-1970.

[5] Dönch C. Bivariate difference-differential dimension polynomials and their application in Maple[A]. Proceedings of the 8th International Conference on Applied Informatics[A], Attila Egri-Nagy, 2010: 211-218.

[6] Dönch C. Characterization of relative Gröbner bases. J. Symb. Comput., 2013, 55: 19-29.

[7] Zhou M, Winkler F. Gröbner bases in difference-differential modules[A]. Proceedings ISSAC 2006[C]. New York: ACM Press, 2006: 353-360.

[8] Huang G, Zhou M. Termination of algorithm for computing relative Gröbner bases and difference differential dimension polynomials. Front. Math. China, 2015, 10(3): 635-648.

[9] Pauer F, Unterkircher A. Gröbner bases for ideals in Laurent polynomial rings and their applications to systems of difference equations. AAECC, 1999, 9: 271-291.

[10] Insa M, Pauer F. Gröbner Bases in Rings of Differential Operators[A]. Gröbner Bases and Applications[C], New York: Cambridge University Press, 1998, 367-380.

[11] Ma X, Sun Y, Wang D. On computing Gröbner bases in rings of differential operator. Science China Mathematics, 2011, 54 (6): 1077-1087.

面向单项式的 F4 算法实现

李 婷, 孙 瑶, 林东岱

(中国科学院信息工程研究所信息安全国家重点实验室, 北京 100093)

接收日期: 2015 年 8 月 17 日

> Faugère 在 1999 年提出了简洁高效的 F4 算法, 随后 F4 算法成为当前计算 Gröbner 基的主要算法. 本文提出了一个新的面向单项式的 F4 算法 (Monomial-Oriented F4 Algorithm), 简称 mo-F4 算法. mo-F4 算法不再直接构造 Critical-pair, 而是采用提升的方式构造 Critical-pair. 此外, 该算法框架隐含了 Buchberger 第二标准的判定, 并采用了新的技术实现快速查找 reducer(能约化其他多项式的多项式) 的操作, 从而极大程度地提升了算法效率. 新算法在实现中结合了 Faugère 提出的矩阵分块和并行的想法, 并采用了稀疏存储技术. 实验数据表明面向单项式的 F4 算法是一种高效的计算 Gröbner 基的算法.

1 引言

Buchberger 在 1965 年提出 Gröbner 基的概念[3], 随后 Gröbner 基在很多代数领域发挥了重要作用. 在过去五十多年中, 很多学者对如何快速计算 Gröbner 基进行了研究. 其中, Lazard 发现了 Gröbner 基和线性代数具有极高的相关性[10], 这为之后的研究开拓了新的思路. Faugère 实现的 F4 算法[6] 以及 Courtois 等提出的 XL 算法[4]、Ding 等提出的 MutantXL 算法[5] 都是基于这种 Gröbner 基和线性代数强关联性. 在 F4 算法提出之后, Faugère 又提出一种基于签名的 F5 算法[7]. 此后, 陆续有很多学者对这类基于签名的算法进行研究, 提出 GVW [9], matrix-F5 [2] 等算法.

F4 算法具有简洁高效且易于并行的特点, 因此本文选择研究 F4 算法并对其进行优化. 首先, 我们自己实现了 Faugère 提出的 F4 算法框架, 在实现过程中发现以下几个环节十分耗时: 生成 Critical-pair(下文简称为 C-pair), 对 C-pair 进行 Buchberger 标准判定以及查找能约化其他多项式的多项式 (后文称这种多项式为 reducer).

作者简介: 李婷, 女, 实习研究员, 研究方向: 符号计算.
 孙瑶, 男, 副研究员, 研究方向: 符号计算与密码学.
 林东岱, 男, 研究员, 研究方向: 密码学、安全协议等.

为了提升 F4 算法的实现效率, 本文提出了一种新的 F4 算法, 即面向单项式的 F4 算法 (Monomial-Oriented F4 Algorithm), 简称 mo-F4 算法. "面向单项式" 是相对原始 F4 算法框架而言的. 原始 F4 算法的基本操作单元是多项式, 而 mo-F4 算法以标记单项式为基本操作单元. 标记单项式作为一类特殊的单项式, 除了记录单项式信息外, 还记录了首项能整除该单项式的多项式信息. 标记单项式可以保证通过单项式能够找到对应的多项式.

除了引入标记单项式的概念, mo-F4 算法还做了以下几点改进: ① mo-F4 算法中不再直接生成 C-pair, 取而代之的是采用类似 XL 和 matrix-F5 的方式提升单项式和多项式; ② mo-F4 算法避免了部分对 C-pair 进行 Buchberger 第二标准判断的操作, 从而减少了大量的构造 C-pair 的操作; ③ mo-F4 算法使用 hash 表查找 reducer, 这使整个算法效率得到很大程度的提升.

我们在布尔多项式环上实现了 mo-F4 算法, 其中矩阵的高斯约化操作借鉴了 Faugère 提出的矩阵分块的想法, 在程序实现时还使用了 M4RI [1] 软件包. 在 Faugère 给出的并行计算的想法上我们还实现了算法的 8 线程的并行版本. 我们测试了单线程和 8 线程的 mo-F4 算法计算多种系统 Gröbner 基的时间, 同时也在其他主流计算平台上测试了这些系统实例. 我们发现 mo-F4 算法是一种十分高效的计算 Gröbner 基的算法.

本文在第二部分介绍 mo-F4 算法的相关理论. 第三部分对 mo-F4 算法的实现细节进行说明. 第四部分将展示 mo-F4 算法的实验数据. 最后对研究结论进行说明.

2 算法理论

本节首先介绍 Faugère 的原始 F4 算法, 然后阐述在实现原始 F4 算法中发现的有待改进的部分, 并提出了改进方法, 最后给出具体的面向单项式的 F4 算法.

2.1 原始 F4 算法

在介绍原始 F4 算法之前需要先对后文算法中出现的概念给出解释.

令 $R := K[x_1, \cdots, x_n]$ 是一个 K 域上的多项式环, 变量为 $x_1, \cdots, x_n$. 给定一组多项式, 也可看做多项式组成的向量 $f := (f_1, \cdots, f_l) \in R^l$, 本文给出的算法都是用来计算这组多项式的理想 $I = \langle f_1, \cdots, f_l \rangle$ 在给定的单项式序下的 Gröbner 基. $\mathrm{Mon}(R)$ 为所有 R 上单项式的集合. 对于一个单项式 $m = x_1^{\alpha_1} \cdots x_n^{\alpha_n}$, 可以定义它的次数: $\deg(m) := \sum_{i=1}^{n} \alpha_i$.

多项式 f 定义如下: $f := \sum c(\alpha_1, \cdots, \alpha_n) x_1^{\alpha_1} \cdots x_n^{\alpha_n}$, 其中 $c(\alpha_1, \cdots, \alpha_n)$ 是 K 中的元素, 即单项式的系数. 多项式 f 中出现的单项式可以定义为 $M(f) :=$

$\{x_1^{\alpha_1}\cdots x_n^{\alpha_n} \mid c(\alpha_1,\cdots,\alpha_n) \neq 0\}$. 给定 R 上的单项式序 $\prec$, 就可以定义多项式 f 的首项 $\mathrm{lm}(f) = \max(M(f))$, 即在该单项式序下最大的单项式, 首项系数 $\mathrm{lc}(f)$ 即为 $\mathrm{lm}(f)$ 的系数.

多项式 $f, g, p \in R$ 且 $p \neq 0$, P 为 R 的有限子集, 给出以下几个有用概念:

(1) 如果存在 $t \subset M(f)$, $s \subset \mathrm{Mon}(R)$ 使得 $s\mathrm{lm}(p) = t$, $g = f - \dfrac{a}{\mathrm{lc}(p)}sp$, 其中 a 是 t 在 p 中的系数, 那么称 f 模 p 约化为 g, 记为 $f \to_p g$.

(2) 如果对于 P 中的元素 p 有 $f \to_p g$, 那么称 f 模 P 约化为 g, 记为 $f \to_P g$.

(3) 如果存在 $g \subset R$ 使得 $f \to_p g$, 那么称 f 是模 p 可约化的; 同样地, 如果存在 $g \subset R$ 使得 $f \to_P g$, 则称 f 是模 P 可约的.

(4) 如果存在 $g \subset R$ 使得 $f \to_P g$ 并且 $\mathrm{lm}(g) \prec \mathrm{lm}(f)$, 那么称 f 模 P 首项可约.

(5) f 和 g 的 Critical-pair 是一个 $\mathrm{Mon}(R) \times \mathrm{Mon}(R) \times R \times \mathrm{Mon}(R) \times R$ 中的元素, 记为 $\mathrm{Pair}(f, g) = (\gamma, t_1, f, t_2, g)$, 其中 t_1, t_2 满足 $\mathrm{lcm}(\mathrm{Pair}(f, g)) = \gamma = \mathrm{lm}(t_1 f) = \mathrm{lm}(t_2 g) = \mathrm{lcm}(\mathrm{lm}(f), \mathrm{lm}(g))$. 为了表述简单, 下文中使用简称 C-pair 代替 Critical-pair. Left 和 Right 是 C-pair 的左右投影, 令 $p = \mathrm{Pair}(f, g) = (\gamma, t_1, f, t_2, g)$, $\mathrm{Left}(p) = \{t_1, f\}$, $\mathrm{Right}(p) = \{t_2, g\}$.

(6) f 和 g 的 S 多项式定义如下:

$$\mathrm{spol}(f, g) = \mathrm{lc}(g)\frac{\mathrm{lcm}(\mathrm{lm}(f), \mathrm{lm}(g))}{\mathrm{lm}(f)}f - \mathrm{lc}(f)\frac{\mathrm{lcm}(\mathrm{lm}(f), \mathrm{lm}(g))}{\mathrm{lm}(g)}g.$$

下面给出我们使用上述符号重写的 Faugère 的 F4 算法.

算法 1: The F4 Algorithm

    Input $F \subset R, F = \{f_1, f_2, \cdots, f_l\}$ 是生成理想的多项式集合
    Output $G \subset R$ 是 Gröbner 基的集合
1 **begin**
2      $G \leftarrow F, \tilde{F} \leftarrow F, d \leftarrow 0$
3      $P \leftarrow \{\mathrm{Pair}(f, g) \mid f, g \in G, f \neq g\}$
4   **while** $P \neq \varnothing$ **do**
5          $d \leftarrow \min\{\deg(p) \mid p \in P\}$
6          $P_d \leftarrow \{p \mid \deg(p) = d\}$
7          $P \leftarrow P \setminus P_d$
8          $L_d \leftarrow \mathrm{Left}(P_d) \cup \mathrm{Right}(P_d)$
9          $F' \leftarrow$ Symbolic Preprocessing(L, G)
10         $\tilde{F} \leftarrow$ Eliminate(F')
11         $\tilde{F}^+ \leftarrow \{f \in \tilde{F} \mid \mathrm{lm}(f) \notin \mathrm{lm}(F)\}$

```
12       for f ∈ F̃ do
13           P ← P ∪ {Pair(f, g), g ∈ G}
14           G ← G ∪ {f}
15       return G
```

原始的 F4 算法的输入是一个多项式集合 F，输出的多项式集合 G 即为理想 $\langle F \rangle$ 的 Gröbner 基. 其中第 3 行是构造所有 G 中多项式的 C-pair，第 4—14 行为计算 S 多项式并将约化后的余项加入到 G 中. 第 9 行中 Symbolic Preprocessing(L, G) 这个子函数是 F4 算法的主要函数. 下面给出该函数的伪代码.

Function Symbolic Preprocessing(L, G)

    Input $L \subset \text{Mon}(R) \times R$ 是 C-pair 左右投影的集合，$G \subset R$ 是要计算的 Gröbner 基的集合

    Output $F \subset R$ 是参与约化的多项式集合

```
1  begin
2      F ← {m * f | (m, f) ∈ L}
3      Done ← lm(F)
4      while Mon(F) ≠ Done do
5          m ← an element of Mon(F) \ Done
6          Done ← Done ∪ {m}
7          if ∃g ⊂ R s.t. f →_G g and lm(g) ≺ lm(f) then
8              find f' s.t. m = m' * lm(f') and m', f' ∈ G, m' ∈ Mon(R)
9              F ← F ∪ {m' * f'}
10     return F
```

Symbolic Preprocessing 函数的作用是构造 "矩阵" F'，输入为 C-pair 左右投影的集合，输出是所有参与本次约化的多项式，其中第 2 行将被约化的多项式赋值给 F，第 4—10 行查找所有约化多项式，其中第 7—9 行是寻找 reducer 的过程. 我们称首项能够整除 Done 集合中的单项式的那些多项式为 reducer. 下文中出现的 reducer 均是指代这类多项式.

上述给出的 F4 算法是原始版本，即没有 Simplify 函数的版本. 原始版本下的 F4 算法使用的是 Buchberger 标准. 下面给出这两个标准：

Buchberger 第一标准 给定集合 $G \subset R$，若有 f, g 满足 $\text{lcm}(\text{lm}(f), \text{lm}(g)) = \text{lm}(f)\text{lm}(g)$，即 f, g 的首项互素，则有 $\text{spol}(f, g)$ 能被 G 约化为 0.

Buchberger 第二标准 给定集合 $G = \{g_1, \cdots, g_t\} \subset R, \bar{S} \subset \{\text{spol}(g_i, g_j) | 1 \leqslant i < j \leqslant t\}$ 是 $\text{spol}(G)$ 的基. 另外，若有不同的多项式 $g_i, g_j, g_k \in G$ 满足 $\text{lm}(g_k)$ 整除 $\text{lcm}(\text{lm}(g_i)\text{lm}(g_j))$. 当 $\text{spol}(g_i, g_k), \text{spol}(g_j, g_k) \in \bar{S}$，则有 $\bar{S} - \{\text{spol}(g_i, g_j)\}$ 也是 $\text{spol}(G)$ 的基.

2.2 面向单项式的 F4 算法基本思想

我们实现了原始 F4 算法, 发现计算 Gröbner 基时间较长, 因此我们对原始算法的耗时环节进行分析, 进而针对这几部分提出相应的改进方法.

我们在实现算法的过程中发现原始算法框架存在以下不足:

(1) 算法中生成 C-pair 的操作效率不高. G 集合规模较大, 每次 G 集合更新后都要执行大量直接构造 C-pair 的操作.

(2) 对 C-pair 执行 Buchberger 第二标准判定操作耗时较长. 由于 C-pair 中的元素数量极大, 而 Buchberger 第二标准验证多项式首项是否能整除 C-pair 中的 $\mathrm{lcm}(\mathrm{lm}(f), \mathrm{lm}(g))$, 这项操作需要遍历所有的 C-pair 和单项式组合, 尽管有研究给出了快速计算整除的方法, 但是在这样的大规模对象上进行标准判定仍然耗时较长.

(3) 查找 reducer 操作时间花费较多. 原始框架中采用遍历的方式查找约化多项式 reducer, 而这种方式进行查找效率是很低的.

基于以上几点原因, 我们对原始 F4 算法进行了优化, 给出了新的面向单项式的 F4 算法 (Monomial-Oriented F4 Algothrim), 下文简称为 mo-F4算法. mo-F4算法的核心思想是通过单项式寻找多项式. 避免了直接生成 C-pair 以及对 C-pair 单独进行 Buchberger 第二标准判断的过程, 并且不再使用遍历这种低效率的方式查找约化多项式 reducer.

新的算法不再直接对多项式两两构造 C-pair, 取而代之采用提升的方法构造 C-pair. 此处的 "提升" 具体指标记单项式 $p = (m, f)$ 乘一个变量 x_i 得到更高次单项式 $x_i p = (x_i m, f)$ 的过程. 当出现两个标记单项式的单项式部分一样而多项式不同时, 就称这两个单项式发生了 "碰撞". 需要说明的是, 两个多项式可以在多次提升后发生碰撞, 图 1 用实例对 "提升–碰撞" 过程进行说明. 标记单项式 $p_1 = (x_1 x_2, x_1 x_2 + x_1)$ 通过两次提升得到 $p_1'' = (x_1 x_2 x_3 x_4, x_1 x_2 + x_1)$, $p_2 = (x_1 x_3 x_4, x_1 x_3 x_4 + x_4)$ 提升一次得到 $p_2' = (x_1 x_2 x_3 x_4, x_1 x_3 x_4 + x_4)$. 此时 p_1'' 和 p_2' 的首项都是 $x_1 x_2 x_3 x_4$, 这种情况下称 p_1, p_2 (或称 p_1'', p_2') 发生了碰撞. 假设 p_2' 先于 p_1'' 生成, 所以集合中只保存 p_2', 此时我们称 p_1 中的多项式被 p_2 中的多项式替换. 这样就相当于构造了 p_1, p_2 的 C-pair.

这种 "提升–碰撞" 构造 C-pair 的方式已经隐含了对 Buchberger 第二标准的判定, 因此 mo-F4算法节省了大量标准判断的时间, 效率得到显著提升. 图 2 用实例说明这种情况.

例如, 有标记多项式 $p_1 = (x_1 x_2, x_1 x_2 + x_1), p_2 = (x_2 x_3, x_2 x_3 + x_2), p_3 = (x_1 x_3 x_4, x_1 x_3 x_4 + x_4)$, 对 p_1, p_2 进行一次提升发生碰撞, 相当于考虑了 $x_1 x_2 + x_1, x_2 x_3 + x_2$ 的 C-pair, 而此时只有 $p_1'' = (x_1 x_2 x_3, x_1 x_2 + x_1)$ 记入集合 G 中, 也就是只保留了原

始 p_1 的多项式信息, 提升到 4 次时 x_4p_1' 的单项式和 x_2p_3 的单项式发生碰撞, 也就是只考虑了 p_1, p_3 的多项式构造的 C-pair, 并没有考虑 p_2, p_3 对应的 C-pair 和 S 多项式. 但根据 Buchberger 第二标准, 在这种情况下忽略 p_2, p_3 的 S 多项式也不会对 Gröbner 基计算的结果的正确性产生影响. 因此面向单项式的 F4 算法本身就包含了 Buchberger 第二标准的判定, 避免了大量构造 C-pair 等重复操作.

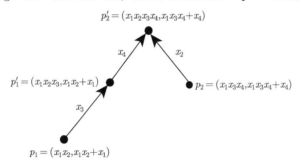

图 1 提升-碰撞示例图

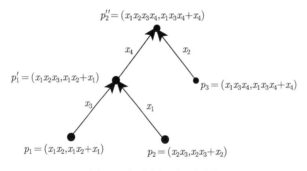

图 2 多项式提升示例图

mo-F4 算法使用 hash 表查找 reducer. 在构造约化多项式, 查找 reducer 的操作不再遍历集合, 而是针对当前 G 集合中的标记单项式构造了一个 hash 表, 表中存储单项式及其对应的多项式. 这样在查找时就可以通过 hash 函数直接找到对应的标记单项式, 不需要再遍历整个集合.

2.3 面向单项式的 F4 算法

本小节首先给出 mo-F4 算法, 算法中的符号使用 2.1 节中定义的符号. 在给出 mo-F4 算法的伪代码后, 我们对算法的终止性和正确性进行证明.

首先介绍 mo-F4 算法中出现的新的操作对象——标记单项式.

定义 1 形如 (m, f) 的单项式和多项式组成的对, 其中 $m \in \mathrm{Mon}(R), f \in R$ 并且满足 $\mathrm{lm}(f) \mid m$, 我们称之为**标记单项式**. $p = (m, f)$ 是标记单项式, p 的次数

就是其中单项式的次数, $\deg(p) = \deg(m)$.

算法中还出现了一类特殊的标记单项式, 称之为原生标记单项式.

定义 2　标记单项式 $p = (m, f)$ 是原生的 (Primitive), 如果 $m = \mathrm{lm}(f)$.

原生标记单项式有两种: 一种是原始的多项式经一步约化确保首项各不相同后得到的标记单项式, 另一种是约化后生成的具有新首项的标记单项式. 每次循环中需要提升的正是这两种原生标记单项式, 由原生标记单项式提升后得到的标记单项式不再是原生标记单项式.

说明了相关概念后, 给出具体的 mo-F4 算法框架.

算法 2: The mo-F4 Algorithm

Input　$F \subset R$, $F = \{f_1, f_2, \cdots, f_l\}$ 是生成理想的多项式集合
Output　$G \subset \mathrm{Mon}(R) \times R$ 是包含 Gröbner 基的标记单项式集合

1　**begin**
2　　$G \longleftarrow \{(\mathrm{lm}(f_i), f_i) | 1 \leqslant i \leqslant l\}$
3　　**while** $\exists p \in G, p$ is primitive and has not been lifted **do**
4　　　curdeg $\longleftarrow \min\{\deg(p) | p \in G,\ p$ has not been lifted$\}$
5　　　todo $\longleftarrow \{p \in G | \deg(p) = $ curdeg$,\ p$ has not been lifted$\}$
6　　　$H \longleftarrow$ Lift(todo, G)
7　　　$H^+ \longleftarrow$ Append(H, G)
8　　　$P \longleftarrow$ Eliminate(H^+, H)
9　　　$G \longleftarrow G \cup \{(\mathrm{lm}(f'), f') | \mathrm{lm}(f') \notin \mathrm{lm}(G), \mathrm{lm}(f') \notin \mathrm{lm}(H)\}$
10　supdeg is the max value of curdeg in while-loop
11　cpmaxdeg $\longleftarrow \max\{\deg(\mathrm{lcm}(m_1, m_2)), (m_1, f_1), (m_2, f_2) \in G\}$
12　**if** cpmaxdeg $>$ supdeg **then**
13　　curdeg $\longleftarrow$ cpmaxdeg $- 1$
14　　**goto** Step 2
15　**return** G

本文给出的 mo-F4 算法中, 输入是多项式集合 F, 输出是标记单项式的集合 G. 算法第 2 行将初始集合中的原生标记单项式赋值给 G, 第 3—9 行是逐次提升碰撞约化的过程, 直到当前集合中所有原生标记单项式都被提升过. 第 10—14 行用于检验是否 G 中的 S 多项式都被约化过. mo-F4 算法中的约化函数 Eliminate 和原始 F4 算法中的 Eliminate 函数类似, 都是通过线性代数的方式对多项式进行约化, 约化后的多项式集合为 P. Lift(todo, G) 函数和 Append(H, G) 函数相当于原始 F4 算法框架中的 Symbolic Preprocessing(L, G) 函数, 下面给出 Lift(todo, G) 函数的伪代码.

Function Lift(todo, G)

    Input todo $\subset$ Mon(R) $\times$ R 是待提升的标记单项式集合, $G \subset$ Mon(R) $\times$ R 是要计算的 Gröbner 基集合

    Output $H \subset R$ 是被约化的多项式集合

1   begin
2   while todo $\neq \varnothing$ do
3         $p \longleftarrow$ an element (m, f) in todo
4   for i from 1 to n do
5            $p_l \longleftarrow x_i p = (x_i m, f)$
6   if $\exists p' = (m', f')$ in G s.t. $m' = x_i m$ and PRIME_CRITERION $(x_i f, f')$,
7   LCM_CRITERION $(x_i f, f')$ then
8                  $H \longleftarrow H \cup \{f\}$
           else
9                  $G \longleftarrow G \cup p_l$
10   return H

Lift(todo, G) 函数是对 todo 集合中的标记单项式进行提升, 输入为 todo 集合和标记单项式集合 G, 输出为被约化的多项式集合 H. 其中第 3 行取出 todo 中的任一标记单项式, 第 4—9 行判断多项式是否能被约化. 其中 PRIME_CRITERION($x_i f, f'$) 和 LCM_CRITERION($x_i f, f'$) 为 Buchberger 标准判定. 当 todo 集合中的元素都判断过后循环终止.

Append(H, G) 函数是通过查找 reducer, 并将 reducer 记入集合 H^+. 下面是 Append(H, G) 函数的伪代码.

Function Append(H, G)

    Input $H \subset R$ 是被约化的多项式集合, $G \subset$ Mon(R) $\times$ R 是要计算的 Gröbner 基集合

    Output $H^+ \subset R$ 是约化多项式集合

1   begin
2      $H^+ = \varnothing$
3   Done $\longleftarrow \varnothing$
4   while Done $\neq$ Mon($H \cup H^+$) do
5         $m \longleftarrow$ an element in Mon($H \cup H^+$) $-$ Done
6   find $p = (m_0, f_0) \in G$ s.t. $m_0 = m$
7         $H^+ \longleftarrow H^+ \cup \dfrac{m_0}{\text{lm}(f_0)} f_0$

```
8    │   Done ⟵ Done ∪ {m}
9    └   return H⁺
```

Append(H, G) 函数的输入是被约化多项式集合 H 和标记单项式集合 G, 输出 H^+ 是约化多项式集合, 其中第 5 行是取任一未处理过的多项式, 第 6—8 行查找 reducer 并更新集合 H^+, 第 8 行标记处理过的多项式. 当所有 H^+ 和 H 集合中出现过的单项式都处理过后, 循环终止.

下面我们给出 mo-F4 算法的终止性和正确性的证明.

定理 3 面向单项式的 F4 算法可以在有限步内终止.

证明 证明思路是首先说明 G 集合在有限步内是递增的, 然后证明 G 中的元素个数是有限的, 因此 G 在有限次循环后元素个数不会再增加, 最后说明每次循环 G 中都会减去部分未提升过的原生标记单项式, 因此能在有限步内达到循环终止条件.

G 中的原生标记单项式数量并非不变, 可能会向 G 中添加新的原生标记单项式, 并且 G 集合一定是在有限步内递增的, 即不存在 $\cdots G_i = G_{i+1} = G_{i+2} = \cdots$. 假设从 i 次循环开始不再向 G 中添加新的原生标记单项式, 说明第 i 次循环中约化没有生成新首项的多项式, 如果此时小于等于 n 次的单项式都被提升过, 那么下次循环中就需要对 G 中所有 $n+1$ 次的未被提升过的标记单项式进行提升. 而 G 中的单项式次数一定是有限的, 设最大次数为 supdeg, 如果一直提升至 supdeg 次仍没有新的原生标记单项式添加到 G 中, 此时满足算法终止条件. 因此集合 G 是在有限步内递增的.

但 G 集合不会因此无限递增下去, 因为 G 中原生标记单项式是有限的. 下面对 G 中原生标记单项式的有限性进行说明. 记第 i 次循环中的 G 集合为 G_i, 显然 $G_1 \subset G_{i1} \subset G_{i2}, \cdots, G_{ij} \subset \cdots, I_1 \subset I_{i1} \subset I_{i2}, \cdots, I_{ij} \subset \cdots$, 其中 $I_i = \langle G_i \rangle$, 根据升链条件, 存在 $N \geqslant 1$ 使得 $I_N = I_{N+1} = I_{N+2} = \cdots$. 因此当 $i \geqslant N$ 时, 因为理想不会再继续增大, 所以约化后不会再有具有新首项的多项式生成, 也就是不再向 G 中添加新的原生标记单项式.

每次循环中 G 集合都有一部分未被提升过的标记单项式得到提升, 即每次循环中 todo 集合都不为空. 因为如果 todo 集合为空, 说明没有次数为 curdeg 的未被提升过的标记单项式, 根据 curdeg 的定义, 这说明当前 G 集合中的标记单项式 (包括原生标记单项式) 都已经被提升过, 满足循环终止条件. 因此每次循环中的 todo 集合都不为空, 也就是每次循环都有一些 G 中的标记单项式得到提升, 当 G 中的原生标记单项式都被提升过之后, 循环终止.

由于 G 集合中原生标记单项式是有限个, 而每次循环都会从中选取部分进行提升, 当所有原生标记单项式都被提升后, 算法一定会终止.

在证明算法正确性时, 需要考虑多项式 g,h 在提升构造 C-pair 的过程中可能发生 g 被 g_1 替换, 之后 g_1 再被 g_2 替换的情况 (图 3), 在这样的情况下 $\mathrm{spol}(g,h)$, $\mathrm{spol}(g_1,h)$ 并没有直接构造和约化, 这给算法正确性证明增加了很大的难度. 下面给出算法正确性的证明.

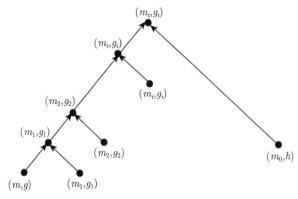

图 3　多项式替换示例图

定理 4　面向单项式的 F4 算法终止时输出的集合 G 是理想的 Gröbner 基.

证明　根据 Buchberger 标准, 判断一组多项式是否是 Gröbner 基, 只需要判断这组多项式构成所有的 S 多项式是否能被这组多项式约化成 0 即可. 证明的思路是首先说明这种通过提升寻找碰撞的方式确实涵盖了所有可能的 C-pair, 进而说明对于这些可能的 C-pair, 它们对应的 S 多项式都能够被 G 约化为 0.

算法中 supdeg 为提升次数的上界, 因为提升是从低到高逐次提升的, 而且算法中对 C-pair 的最大次数进行了检验, 所以可以确保所有可能的 C-pair 都被考虑过.

下面证明对于集合 G 中的任意两个多项式, 不论它们最终是否被写入到矩阵中, 它们的 S 多项式也一定能被约化为 0.

设提升次数为 n, 当 $n=\text{mindeg}+2$ 时 (mindeg 为未提升的标记单项式的次数最小值), 所有提升至 mindeg+1 次时发生碰撞的多项式构造的 S 多项式都能被 G 约化成 0, 这是因为提升前没有多项式替换发生. 如果多项式 g_0 在提升至 $n=\text{mindeg}+1$ 次碰撞时被 g_0' 替换, 导致提升至 $n=\text{mindeg}+2$ 时任意多项式 h_0 和 g_0 没有发生碰撞, 但根据 Buchberger 第二标准, $\mathrm{spol}(g_0,h_0)$ 也能够被 G 约化成 0, 因此所有次数为 mindeg+2 的 C-pair 都已经被考虑了.

假设 $n=N, N>\text{mindeg}+2$, 此时所有次数满足 $\deg(\mathrm{lcm}(\mathrm{lm}(f_N),\mathrm{lm}(g_N)))\leqslant n$ 的多项式的 S 多项式 $\mathrm{spol}(f_N,g_N)$ 都能被 G 约化为 0. 我们要证在 $n=N+1$ 时, 所有碰撞时单项式次数等于 n 的 S 多项式都能被 G 约化为 0.

令 g,h 为未提升过的原生标记单项式中对应的多项式, 并且当它们提升至 $n=N+1$ 次时, 首项发生碰撞. 如果提升过程中 g,h 没有发生替换, 那么一定

有 $\mathrm{spol}(g,h)$ 被约化为 0.

如果所有次数在提升至 n 次前 g 就已被替换,考虑 g,h 首项最小公倍式的次数,分以下两种情况分别讨论:

如果 $\deg(\mathrm{lcm}(\mathrm{lm}(g),\mathrm{lm}(h))) = n$,那么根据 Buchberger 第二标准 $\mathrm{spol}(g,h)$ 能被 G 约化成 0.

如果 $\deg(\mathrm{lcm}(\mathrm{lm}(g),\mathrm{lm}(h))) < n$,采用归纳法证明此时也有 $\mathrm{spol}(g,h)$ 被 G 约化为 0.

由于算法在对标记单项式进行提升时是将单项式和所有变量相乘,因此 (m,g) 和 (m',h) 一定能被提升到 (γ,f),$\gamma = \mathrm{lcm}(\mathrm{lm}(g),\mathrm{lm}(h))$. 并且在提升到 (γ,f) 的过程中存在如下两支长度有限的提升序列 $(m,g) \to (m_1,g_1) \to (m_2,g_2) \to \cdots \to (\gamma,f)$,$(m',h) \to (m'_1,h_1) \to (m'_2,h_2) \to \cdots \to (\gamma,f)$. 如果提升过程中没有替换发生,即 $g_1 = g_2 = \cdots = g$,$h_1 = h_2 = \cdots = h$,也就是 h,g 都被写入矩阵中进行约化,那么 $\mathrm{spol}(g,h)$ 一定能被 G 约化为 0. 如果只发生一次替换,即 $g_1 = g_2 = \cdots \neq g$,$g$ 在提升过程中被 g_1 替换,并且 g_1 在后续提升过程中没有被替换,那么 $\mathrm{spol}(g,g_1)$ 和 $\mathrm{spol}(g_1,h)$ 一定被 G 约化为 0. 因为 $\mathrm{lm}(g_1) \mid m_1$ 并且 $m_1 \mid \gamma$,所以有 $\mathrm{lm}(g_1) \mid \gamma$,根据 Buchberger 第二标准可知 $\mathrm{spol}(g,h)$ 也一定能被 G 约化为 0. 如果发生多次替换,假设在 g 的提升序列中有 $g_i \neq g_j, g_j = g_{j+1} = \cdots, g_i \neq g$,其中 $i < j$,即在提升过程中 g 已被替换为 g_i,随后 g_i 被 g_j 替换,g_j 最终和 h 发生碰撞,即 $\mathrm{spol}(g_j,h),\mathrm{spol}(g_i,g_j)$ 一定能被 G 约化为 0. 根据假设当 $\deg(\gamma) > \deg(\mathrm{lcm}(\mathrm{lm}(g_i),\mathrm{lm}(h)))$ 时,$\mathrm{spol}(g_i,h)$ 也能够被 G 约化为 0. 对于 g 的提升序列中任意一次替换(此处为 g_j 替换 g_i),只要 $\mathrm{spol}(g_j,h)$ 能够被 G 约化成 0,那么 $\mathrm{spol}(g_i,h)$ 一定能被 G 约化成 0. 假设最后一次替换后保存的多项式为 g_k,g_k 和 h 都被加入到矩阵中,$\mathrm{spol}(g_k,h)$ 一定能被 G 约化成 0. 因此在 g 的提升序列中之前被替换的任意多项式 g_i,都有 $\mathrm{spol}(g_i,h)$ 被 G 约化成 0. 显然有 $\mathrm{spol}(g,h)$ 也一定能够被 G 约化成 0. h 的提升序列替换情况与 g 类似,不再累述. 因此所有 G 中的单项式两两构造的 S 多项式都能被约化为 0.

综上,算法在有限步计算出的 G 能够约化所有的 S 多项式为 0,G 是 Gröbner 基.

3 算法实现细节

本节主要介绍了 mo-F4 算法中矩阵稀疏存储技术的实现思想和并行算法的设计思路.

3.1 矩阵稀疏存储

矩阵的稀疏存储技术是在矩阵分块约化的基础上实现的. Faugère 在介绍并行

F4 算法时曾提出了一种矩阵分块计算的想法, 即根据矩阵具有准三角形的特点, 将矩阵分为 $ABCD$ 四块后再进行约化.

在实际的算法中, 在按上述的方法分块的基础上, 考虑到内存局部化的优势, 我们还在每块的内部分成小块. 小块的结构顺序如图 4 所示, A 块中小块从下向上, 从右向左; B 块中从下向上, 从左向右; C 块中从上向下, 从右向左; D 中从上向下, 从左向右. 其中, B 和 D 先按列分为大块, 再在大块中按小块进行存储, 这主要是考虑到算法的并行实现. 算法并行方案的设计主要是基于矩阵乘法的可并行性. 算法的并行设计在 3.2 节有较详细介绍.

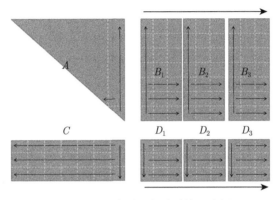

图 4 F4 矩阵稀疏存储结构示意图

矩阵元素在小块中的组织结构和小块的顺序是一致的. A 矩阵小块中的元素顺序是从下向上, 从右向左稀疏存储; B 矩阵中小块里元素的顺序是从下向上, 从左向右; C 矩阵中小块元素的顺序是从上向下, 从右向左稀疏存储; D 矩阵中小块里元素的顺序是从上向下, 从左向右. 其中, BD 矩阵中采取了混合存储的方式, 即根据一行的非零元素个数判断该行稠密度是否超过设定的稠密度临界值, 若超过按稠密行进行存储, 否则按稀疏方式存储.

这样设计存储顺序的好处是可以保证在计算 $A^{-1}B$ 和 $CA^{-1}B$ 时只要按存储顺序依次读取矩阵中的元素即可, 不需要重复读取, 提高了计算效率. 以计算 $A^{-1}B$ 为例进行说明, 如图 5 所示, A 中小块的存储顺序为 $A_{00} \to A_{10} \to A_{11} \to A_{20} \to A_{21} \to A_{22} \to \cdots$, B 中小块的存储顺序为 $B_{00} \to B_{01} \to B_{10} \to B_{11} \to B_{20} \to B_{21} \to \cdots$. 在计算 $A^{-1}B$ 时, 首先计算 $B_{00} = A_{00}^{-1}B_{00}$ 和 $B_{01} = A_{00}^{-1}B_{01}$, 然后将 A_{10} 中元素全部约化为 0, 读取 A_{10}, 计算 $B_{10} = B_{10} + A_{10}B_{00}$ 和 $B_{11} = B_{11} + A_{10}B_{01}$. 按顺序读取 A_{11}, 计算 $B_{10} = A_{11}^{-1}B_{10}$ 和 $B_{11} = A_{11}^{-1}B_{11}$. 同样的继续读取 A_{20}, 计算 $B_{20} = B_{20} + A_{20}B_{00}$ 和 $B_{21} = B_{21} + A_{20}B_{01}$, 读取 A_{21}, 计算 $B_{20} = B_{20} + A_{21}B_{10}$ 和 $B_{21} = B_{21} + A_{21}B_{11}$, 读取 A_{22}, 计算 $B_{20} = A_{22}^{-1}B_{20}$ 和 $B_{21} = A_{22}^{-1}B_{21}$. 这样, 只要一次遍历 A 矩阵和 C 矩阵中的小块就可以完成计算, 这种组织结构很大程度上

提高了算法的约化效率.

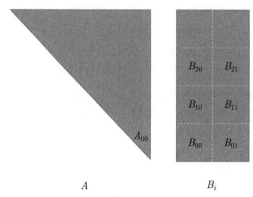

图 5　AB 矩阵稀疏存储结构示意图

3.2　算法并行设计

Faugère 在 2010 年的一篇文章 [8] 中提出了基于矩阵的 Gröbner 基算法并行方案. 在我们分析研究后发现 Faugère 的方案对我们的程序也是可行的, 因此我们直接借鉴了此方案.

因为 F4 算法中 95% 以上的时间是在高斯消去矩阵, 因此程序并行的主体部分也在高斯消去环节. 如前文所述, 新的 F4 算法中, 我们采用的高斯消去方法是将矩阵分割为四个子矩阵的方法. 在四个子矩阵的运算中, 会涉及大量的矩阵运算, 这也构成了并行化的基础.

算法基本的并行思想是基于矩阵乘法的并行. 比如矩阵 M 和矩阵 N 的积可以通过计算 M 乘以 N 的列向量实现, 具体来说就是设 $N = [N_1, N_2, \cdots, N_s]$, 其中 N_i 都是矩阵. 那么 $MN = [MN_1, MN_2, \cdots, MN_s]$. 因为 AB_i 的运算相互独立, 于是可以分配到各个计算节点独立进行, 从而实现矩阵乘法的并行计算.

4　实验数据

我们实现了 mo-F4 算法, 为了测试算法的效率, 我们使用 mo-F4 算法针对一些实例计算其 Gröbner 基, 并记录计算用时. 实验平台为 Mac Pro 笔记本 (2.6 GHz Intel Core i7 处理器, 16GB 内存).

我们选取了随机系统 (MQ 系统)、HFE 系统、Serpent 系统和 Present 系统实例进行计算, 并将计算结果和一些主流 Gröbner 基计算平台 (Maple, Singular, Magma 以及 Polybori) 的计算时间进行对比, 结果见表 1.

表 1　不同计算平台下小规模实例计算时间对比　　　　　　(单位: 秒)

	Maple (ver.18 FGb)	Singular (ver.4-0-1)	PolyBori (ver.6.4.1)	Magma (ver.2.20-3)	mo-F4 (单线程)	mo-F4 (8 线程)
MQ16	4.088	4.520	2.227	0.130	0.059	0.042
MQ17	10.06	11.39	8.906	0.230	0.108	0.082
MQ18	22.35	28.48	9.563	0.950	0.186	0.116
MQ19	48.68	77.05	18.40	0.860	0.318	0.202
MQ20	106.5	247.5	27.56	1.000	0.545	0.371
MQ21	216.2	679.6	35.42	2.670	0.947	0.713
MQ22	851.9	>1h	96.91	7.410	2.965	1.797
HFE_25_96	121.8	>1h	34.76	1.160	0.852	0.763
HFE_30_96	625.8	>1h	133.5	2.550	2.855	2.278
HFE_35_96	2277	>1h	433.7	6.950	9.408	5.095
Serpent	108.8	>1h	192.2	165.1	2.829	2.561
Present	>1h	>1h	-	965.5	41.58	37.49

以上测试中 HFE 系统和随机系统实例规模较小, 故我们又选取了一些规模较大的实例进行计算. 计算结果见表 2.

表 2　不同计算平台下较大规模实例计算时间对比　　　　　　(单位: 秒)

	MQ23	MQ24	MQ25	MQ26	MQ27	MQ28	HFE_40_96	HFE_45_96
Magma(ver. 2.20-3)	15.63	100.6	139.1	306.5	560.1	1169	9.960	17.440
PolyBori(ver. 6.4.1)	135.1	610.7	−	−	−	−	−	−
mo-F4(单线程)	4.587	36.183	80.85	189.5	418.1	979.6	28.06	75.06
mo-F4(8 线程)	3.248	9.403	18.66	44.35	89.39	213.1	13.22	30.75

通过以上测试数据可以发现 mo-F4 算法计算 Gröbner 基的效率是很高的. 虽然对于变量个数较多的 HFE 系统实例, mo-F4 算法的计算效率相比于 Magma 仍有差距, 这是因为对于这类输入多项式本身比较稠密的问题, Magma 采用了针对性的技术进行优化处理. 尽管如此, 当前 mo-F4 算法也可以在 PC 机上在 43 分钟内完成 HFE80 问题的计算. 另外, 对比单线程和 8 线程的 mo-F4 算法计算时间, 当前多线程算法的加速比并不十分理想, 因此高效地实现 mo-F4 算法的并行计算也是有待我们继续研究的问题.

5　结论

本文提出了一种面向单项式的 F4 算法, 并实现了 mo-F4 算法. 文中给出了一些算法的实现细节, 包括矩阵稀疏存储和并行实现等, 这些实现方法很大程度上提高了算法的效率. mo-F4 算法的计算实例说明, mo-F4 算法是一种十分高效的算法. 该算法不仅可以在 43 分钟之内完成 HFE80 问题的计算, 在计算其他实例的 Gröbner 基时计算耗时也比较少.

由于我们当前的算法实现中只使用了矩阵稀疏存储, 而没有对稀疏运算进行专门的优化, 未来我们将重点对稀疏运算部分进行研究. 以后我们也将针对多线程加速比较低的问题, 对并行算法进行更为深入的研究.

A Monomial-Oriented F4 for Computing Gröbner Bases

Ting Li, Yao Sun, Dong-Dai Lin

(SKLOIS, Institute of Information Engineering, CAS, Beijing 100093, China)

Abstract F4 algorithm, presented in 1999 by Faugère, becomes the main method to compute Gröbner bases because of its high efficiency and simplicity. In this paper, a new monomial-oriented F4 algorithm is presented. Compared with the original F4 algorithm, frame of monomial-oriented F4 algorithm avoids generating Critical-pairs directly but lifts monomials instead. It also implies the Buchberger's second criterion and uses efficient methods of searching reducers. Thus, the efficiency of algorithm is lifted to a great extent. The new algorithm also combines the parallel technology and sparse storage technology with the idea of matrix blocking presented by Faugère together. The monomial-oriented F4 algorithm has a better performance during the practical experiments.

参 考 文 献

[1] Albrecht M, Bard G. The M4RI Library Version 20130416. http://m4ri.sagemath.org.

[2] Bardet M, Faugère J C, Salvy B. On the complexity of the F5 Gröbner basis algorithm. ArXiv 1312.1655, 2013.

[3] Buchberger B. Ein Algorithmus zum auffinden der Basiselemente des Restklassenringes nach einem nulldimensionalen Polynomideal. PhD thesis, 1965.

[4] Courtois N, Klimov A, Patarin J, et al. Effcient algorithms for solving overdefined systems of multivariate polynomial equations. In Proc. of EUROCRYPT'00, Lecture Notes in Computer Science, 2000, 1807: 392-407.

[5] Ding J, Buchmann J, Mohamed M S E, et al. MutantXL. In Proc. Symbolic Computation and Cryptography, 2008: 16-22.

[6] Faugère J C. A new effcient algorithm for computing Gröbner bases (F4). Journal of Pure and Applied Algebra, 1999, 139(1-3): 61-88.

[7] Faugère J C. A new effcient algorithm for computing Gröbner bases without reduction to zero (F5). In Proc. The International Symposium on Symbolic and Algebraic Computation, 2002: 75-82.

[8] Faugère J C, Lachartre S. Parallel Gaussian elimination for Gröbner bases computations in finite fields. Proceedings of International Workshop on Parallel & Symbolic Computation, 2010.

[9] Gao S H, Volny F, Wang M S. A new algorithm for computing Gröbner bases. Cryptology ePrint Archive, Report 2010/641, 2010.

[10] Lazard D. Gröbner bases, Gaussian elimination and resolution of systems of algebraic equations. In Proc. EUROCAL'83, Lecture Notes in Computer Science, 1983, 162: 146-156.

数控路径规划中的 C 空间方法

马晓辉[1], 申立勇[1,2]

(1. 中国科学院大学 数学科学学院, 北京 100049;

2. 中国科学院大数据挖掘与知识管理重点实验室, 北京 100190)

接收日期: 2015 年 8 月 17 日

> 数控机床是加工制造业中的母机, 而路径规划一直是数控加工中的主要研究课题, 该问题的研究牵涉到路径生成、局部干涉、全局碰撞等一系列问题. C 空间方法通过描述解空间, 继而增加适当优化条件进行路径规划. 该方法理论框架直观, 得到工程人员认可, 已有若干科研结果, 但优化模型和计算方法还有较多可改善的地方. 本文从 3 轴、5 轴数控机床两方面分别介绍前人利用 C 空间方法在数控加工方面的研究工作, 并适当提出可研究的思路, 为 C 空间方法的进一步研究提供参考.

1 引言

数控机床在曲面加工中有着广泛的应用, 例如, 涡轮叶片、推进器叶轮以及模具. 在数控加工过程中会涉及刀具与工件之间的干涉与碰撞问题, 而其中的一个解决方法就是 C 空间方法 [1,2,4-14,16].

一个集合 Q 叫做一个系统 S 的 C 空间 (Configuration Space), 如果 Q 的每一个元素对应于系统 S 的一个有效配置, 并且系统 S 的每一个配置可以唯一确定 Q 中的一个元素. 换言之, C 空间可以看做解空间, 在适当配置条件下人们可以得到某一个确定的解. C 空间理论被 T.Lozano-Perez 等 [10] 提出并首次应用于机器人路径规划方面, 用以在选择路径的同时避免碰撞. 将物体映射到 C 空间中的一个点, 只要在 C 空间中寻找一条路线即可起到避开障碍物的作用, 因此 C 空间方法继而被用来解决数控加工中的干涉与碰撞问题.

目前数控机床主要以 3 轴 [1,2,4-6] 与 5 轴 [7,9,11-14,16,17] 为主. 利用 C 空间方法所做的研究工作主要有:C 空间的生成 [8,16]、碰撞检测 [1,2,4-7,9,11-14].

本文的大体结构分为: 第 1 节为引言部分, 第 2 节介绍 C 空间的预备知识; 第 3 节介绍 3 轴、5 轴机床的 C 空间求解与应用; 第 4 节对文章进行总结.

作者简介: 马晓辉 (1989—), 男, 硕士研究生, 研究方向: 计算机辅助几何设计.

2 C 空间的预备知识

在 3 轴机床的路径规划当中, 很多方法直接在工件表面生成路径, 这样会出现过切、欠切等干涉情况 (图 1).

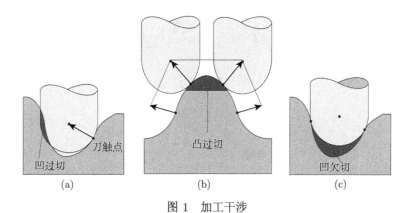

图 1 加工干涉

为了解决以上干涉问题, 需要求解 3 轴机床加工工件的 C 空间 (图 2 中阴影部分的上部). 这里以球刀为例, 其他刀具所对应的 C 空间有类似的表示.

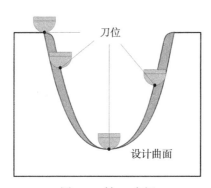

图 2 3 轴 C 空间

而对于 5 轴数控加工, 工件的 C 空间则是由倾斜角与旋转角两个角度构成的 (图 3(a)), 其中圆周内的空白部分为可行区域, 阴影部分为碰撞区域. 给定加工曲面上的一个刀触点, 可以得到该刀触点处曲面的法向和进给方向 (图 3(b)), 进而在刀触点建立局部坐标系 (图 3(c)). 其中 X 轴为刀具进给方向, Z 轴为刀触点所在曲面的法向, Y 轴根据 X 轴和 Z 轴右手系得到. 刀轴向量 T 与 Z 轴的夹角为 θ(倾斜角), T 到 XY 平面的投影与 X 轴的夹角为 ϕ(旋转角).

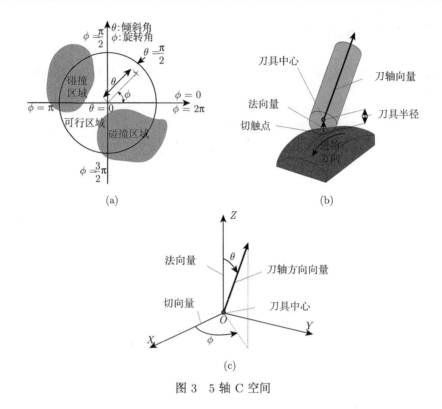

图 3 5 轴 C 空间

下面给出二维 C 空间的例子. 如果考虑球刀, 可以做设计曲面的偏置曲面, 其中偏置量为球刀半径, 这样便可以将刀轴看做一条射线. 如图 4(a) 所示模型, 中间的半球型腔是需要加工的曲面, 其对应的 C 空间为图 4(b). 由于该例子中我们选取的加工曲面的特殊性, 所以 C 空间可以通过简单的几何关系得到. 这时便可以利用精确的可行 C 空间做路径规划.

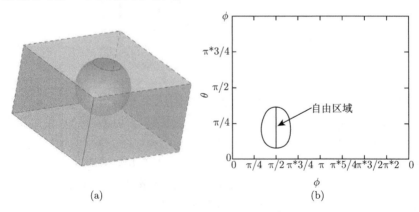

图 4 半球型腔的 C 空间

到目前为止,尽管数控加工中有一些 C 空间的研究工作,但这些研究工作主要集中在数值计算方面,而利用符号计算来求解 C 空间的方法很少. 一是加工曲面过于复杂,其对应的 C 空间一般情况下不是简单的,很难用低次曲面去描述; 二是工程上的需要,以牺牲精度来换取时间,只能采用数值计算来近似求解.

3 C 空间的求解与应用

3.1 3 轴机床

L. E. Kavraki[8] 以二维平面中的物体为研究对象,利用快速傅里叶变换的方法,生成离散四边形网格 C 空间,用来确定机器人运动中的方向,以达到避免碰撞的目的, 该方法可以扩展到三维空间,并可以处理大型的复杂曲面.

离散四边形网格 C 空间的求解过程如下, 假设工作空间为二维矩形区域 $W = [a,b] \times [c,d] \subset \mathbb{R}^2$,则将工作空间作矩形网格划分为 $N \times N$ 个单元,每个单元表示为 $W(i,j)$,其中 $i,j \in S = \{0,\cdots,N-1\}$,将障碍物所覆盖的区域以及工作空间的边界均置为 $W(i,j) = 1$,其他部分取值为 0. 运动物体上的一个参考点在工作空间中坐标为 (x_r, y_r, θ_r),θ_r 表示物体旋转角度,将运动物体及其旋转角度进行划分,将物体覆盖的工作空间的区域的边界取值为 1, 用 $A_{(x,y,\theta)}$ 表示运动物体的划分. 如果物体与障碍物不碰撞,那么表达式

$$C(x,y,\theta) \equiv \sum_{i,j=0}^{N-1} W(i,j) A_{(x,y,\theta)}(i,j) = 0$$

成立. 如果 θ 固定,x,y 变化,那么有下式成立:

$$C(x,y,\theta) = \sum_{i,j} W(i,j) A_{(0,0,\theta)}(i-x, j-y).$$

从而可以得到 3 轴数控加工中工件的 C 空间. 如果将该方法应用于数控加工中,则其应用范围只限定在 3 轴机床, 对于 5 轴机床会因为维度过高而带来计算上的不便.

Choi 等 [1] 提出了一种模具加工的 C 空间路径生成方法, 同时达到无干涉、避免碰撞的目的. Choi 的算法同样只限定在 3 轴加工当中. 在该方法中, 首先将描述设计曲面和余量曲面 (Stock Surface) 的数据转化为 C 空间数据, 然后所有的路径生成策略都在 C 空间中进行. 具体地, 数控机床 (V_{NC}) 的 C 空间基于以下元素建立 (图 5(a)).

以上元素满足 $V_{NC} = V_F \cup V_M \cup V_G$ 并且 $V_F \cap V_M \cap V_G = \varnothing$.

Steffen Hauth[4-6] 等在文献 [8] 的基础上, 基于球刀在 C 空间上进行研究, 图 5(b) 为离散 C 空间的一个截面. 其中黑点为 C 空间网格的顶点, 因为精度要求,

要在倾斜率大的区域对网格进行细分,插入了灰色点.文献 [4] 在 C 空间网格中生成等残高刀具路径;在精加工过程中,文献 [5] 利用 C 空间生成双螺旋路径;在抛光阶段,文献 [6] 以文献 [5] 为基础,生成抛光路径.这三篇文章并没有对 C 空间的生成与计算进行改进.

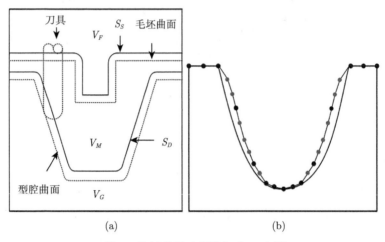

图 5　快速傅里叶变换生成 C 空间

S_S: 余量曲面的刀位轨道; S_D: 设计曲面的刀位轨道; V_F: 可行 C 空间–无碰撞区域 (S_S 上方的区域);
V_M: 加工 C 空间 (S_S 与 S_D 的中间区域); V_G: 干涉 C 空间 (S_D 下方的区域)

3.2　5 轴机床

H. Tokunaga 等 [16] 以二维平面物体为研究对象, 提出生成 5 轴机床加工工件的 C 空间方法, 以此来生成曲面的偏置曲面. 考虑物体 A 在工作空间 W 中运动 (图 6).

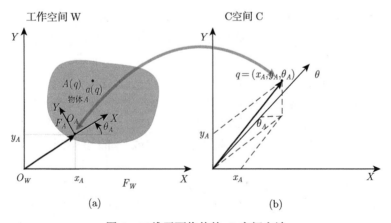

图 6　二维平面物体的 C 空间方法

图 6 物体 A 的一个配置 q 被 A 的位置以及方向确定,F_W 是嵌入工作空间的一个固定的笛卡儿坐标系,F_A 是嵌入 A 的移动的笛卡儿坐标系. O_W,O_A 分别为 F_W, F_A 的原点. O_A 叫做 A 的参考点. A 的 C 空间是 A 所有可能的配置组成的, $A(q)$ 表示 W 中被 A 在配置 q 下覆盖的区域. $a(q)$ 表示 $A(q)$ 中的一点.(x_A, y_A) 表示 A 参考点在 W 的坐标,θ_A 是 F_W 与 F_A 中 x 轴的夹角, C 空间中的一个配置 $q = (x_A, y_A, \theta_A)$.

设 C 空间为 C, A 和障碍物 B 发生碰撞时对应的配置为

$$CB = \{q \in C | A(q) \cap B \neq \varnothing\}.$$

A 和障碍物 B 发生接触时对应的配置为

$$CB_{\text{contact}} = \{q \in C | A(q) \cap B \neq \varnothing, \text{int} A(q) \cap \text{int}(B) = \varnothing\}.$$

而 CB_{contact} 正是需要求解的偏置曲面 (Offset). 若 A 和 B 是凸多边形 (图 7),则如果 $-v_i^A(\theta_0)$ 在 v_{j-1}^B 与 v_j^B 之间,则 $b_j - a_i(\theta_0)$ 和 $b_j - a_{i+1}(\theta_0)$ 是 $CB_{\text{contact}}\theta_0$ 的顶点;如果 v_j^B 在 $-v_i^A(\theta_0)$ 与 $-v_{i-1}^A(\theta_0)$ 之间,则 $b_j - a_i(\theta_0)$ 和 $b_{j+1} - a_i(\theta_0)$ 是 $CB_{\text{contact}}\theta_0$ 的顶点;通过逆时针检测 $-v_i^A(\theta_0)$ 与 v_j^B,$CB_{\text{contact}}\theta_0$ 的 $n_A + n_B$ 个顶点便可获得,n_A,n_B 分别为 A 和 B 的顶点数目. 若 A 或者 B 非凸,则将其分解为凸多边形,再进行求解.

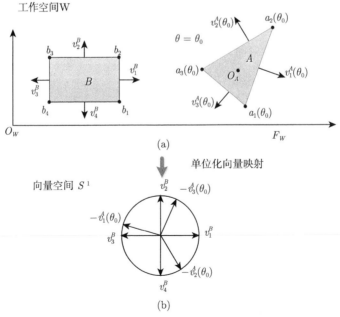

图 7 凸多边形的 C 空间生成

与文献 [16] 不同, K.Morishige 和 Y.Takeuchi[12] 提出了无碰撞叶轮粗加工方法, 该文研究的是 5 轴机床球刀加工时的刀轴定向问题. 计算给定加工路径的 C 空间归结如下: 首先用三角面片逼近加工曲面, 找到与刀轴碰撞的所有三角片, 然后计算碰撞三角片的顶点与刀具中心连线对应的倾斜角与旋转角, 从而得到图 8(a).

再利用 B 样条插值, 同时设定一个阈值, 最终得到图 8(d), 即为某个刀触点对应的 C 空间.

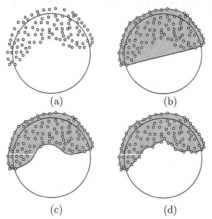

图 8　三角面片逼近曲面的 C 空间计算方法

对于相邻的两个刀触点 A, B, 为了使得加工这两个刀触点时, 刀轴角度变化尽量小, 分别求出 A, B 对应的 C 空间 (图 9), 在相交区域选择一点, 作为加工 A, B

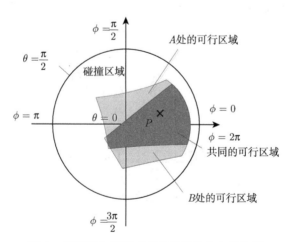

图 9　相邻两个刀触点对应的刀轴方向的选择

时刀轴的向量. 如果 A, B 对应的 C 空间没有相交区域, 则按照文献 [15] 当中的方法. 与文献 [12] 类似, K.Morishige 等[13] 在路径给定的情况下, 对每个刀触点建立二维 C 空间. 若当前刀轴与工件发生碰撞 (图 10(a)), 则在对应的 C 空间中寻找可行点, 该可行点与当前配置点的距离最近 (图 10(b)).

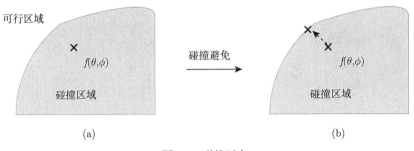

图 10 碰撞避免

有关 C 空间的计算, 文献 [13] 以简单多面体为例, 首先根据图 11 判断平面是否参与计算, 图 11(a) 表示该平面参与计算, 图 11(b) 表示平面不参与计算.

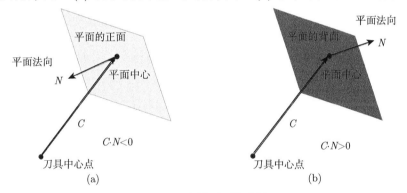

图 11 有效平面的选择

首先将每个平面的边界离散化为长度相等的线段, 然后求解每个端点与刀轴相交时对应的 C 空间中的点, 最后将得到的 C 空间的离散点用 B 样条曲线拟合得到可行区域. 同时文章对于更为复杂的情况建议将物体表面三角化后进行求解.

在文献 [12], [13] 基础上, K.Morishige 等[14] 针对 5 轴机床使用球刀进行加工时, 首先建立 3 维 C 空间, 然后生成无碰撞刀具路径, 该方法允许用户指定 CL 数据, 以反映他们自己的加工策略, 该文章在给定路径下, 考虑加工过程中刀轴方向变化的光顺性.

假设某一路径对应的 CL-point 的参数曲线为 $C(s), s \in [0,1]$, 见图 12(a), 那么 3 维 C 空间 (图 12(b)) 就是在文献 [13] 基础上增加维度 s.

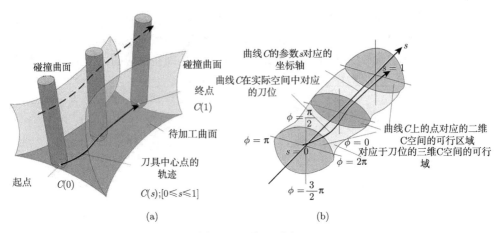

图 12 三维 C 空间

为了在加工过程中让刀轴方向变化,现固定刀轴的旋转角为 90° (图 13(a)),刀轴与进给方向垂直. 如此设置之后,下面来求解倾斜角.

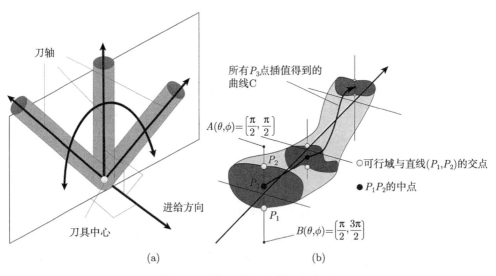

图 13 三维 C 空间中的刀轴定向

如图 13(b) 所示,在三维 C 空间组成的管道的前端,选择两个点 $A(\theta,\phi) = \left(\dfrac{\pi}{2}, \dfrac{\pi}{2}\right)$ 和 $B(\theta,\phi) = \left(\dfrac{\pi}{2}, \dfrac{3\pi}{2}\right)$,然后求线段 AB 与二维可行区域边界的交点:P_1, P_2,选择 P_1P_2 的中点 P_3. 将管道平均分为三段,用类似于求 P_3 的方法来获得另外 3 个二维 C 空间平面上对应的中点,然后将这些中点进行插值,获得一条曲线,但根据上述方法获得的曲线可能会与 s 轴有交点,这会造成刀轴方向的急剧变换,故作进一步调整,将 AB 所在直线向一个方向平移后,仍采用上述方法获得曲线,这时曲线对应加工过程中的刀轴方向.

前面都是关于 5 轴机床采用球刀的 C 空间方法. 下面介绍有关平刀的一些 C 空间的研究工作. Cha-Soo Jun 等 [7] 提出了一种细分曲面, 在给定刀触点情况下, 通过最小化残高来优化刀轴定向的加工方法, 同时考虑到局部干涉 (Local Gouging)、向后干涉 (Rear Gouging)、全局刀具碰撞 (Global Tool Collision)(图 14). 首先通过最小化局部曲面误差确定刀轴方向, 之后考虑到加工过程中, 刀轴变化尽量小而光滑, 最后对之前的刀轴方向进行全局优化, 但这不能保证局部曲面误差最小.

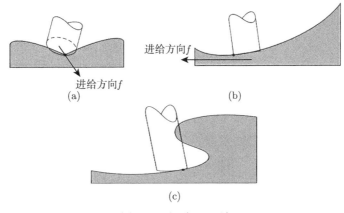

图 14 平刀加工干涉

由于 C 空间的精确求解非常困难, 所以该文提出较为快速的求解 C 空间可行区域的方法 (图 15), 首先对 C 空间进行比较粗的离散化, 然后找到一个可行点, 之后在其附近对粗网格细化, 如果当前点可行, 则寻找下一个点向右转, 否则向左转, 最终得到可行 C 空间.

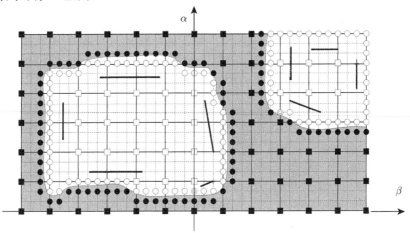

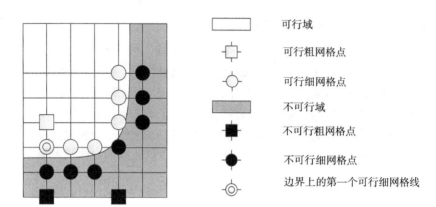

图 15 快速求解平刀 C 空间

J. Lu 等[9]在平刀情况下,利用一种三维 C 空间加工方法来加工细分曲面(分段线性三角面片). 三维 C 空间包括: 刀轴倾斜角 λ、旋转角 ω 以及刀具沿着刀触点法向抬起的高度 δ 这 3 个维度. 首先需要生成刀触点,确定安全加工区域(图 16), S 为细分曲面,阴影部分为安全加工区域,在此范围内的刀触点都在容许误差范围内.

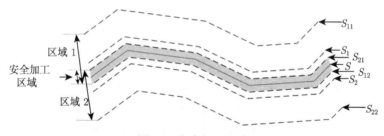

图 16 安全加工区域

类似于前面提到的二维 C 空间构建过程,对于给定的刀触点,在该刀触点建立刀具坐标系,然后将细分曲面的坐标变换到刀具坐标系下,之后利用文献 [15] 提出的算法来检测干涉. 对 S 安全加工区域的上下两个曲面建立 C 空间,然后这两个 C 空间中间的部分即为所求 (图 17)[9],这样每个刀触点对应一个三维 C 空间,后面即可进行相应的路径规划.

Zhiwei Lin[11] 采用 fillet 刀头,讨论了自由形式曲面加工中奇异点的问题. 该文所述奇异点指的是加工过程中刀轴方向剧烈变化的位置. 具体如下: 首先奇异点的生成机制要在一个 P 系统的单位球上面研究,然后在生成刀触点轨迹的同时,在 C 空间中变换刀轴方向. 初始刀位的刀轴向量投影到 C 空间中,组成刀轴折线. 在 C 空间中定义"taper circle",奇异点就可以通过刀轴折线与"taper circle"来检测,然后通过最小化一个平移向量来避免碰撞,其中最小平移向量在原始刀轴折线的 offset 折线上面寻找.

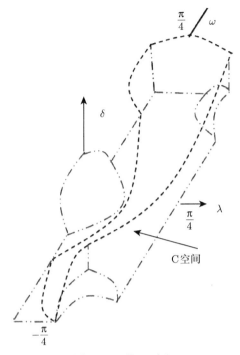

图 17 三维 C 空间

已有的奇异点研究工作, 避开奇异点的方法是在允许误差范围内生成路径, 然后在此路径上只是调整刀轴方向来避开奇异点, 而没有再次将误差考虑进去 (图 18(a)). 从而激励 Zhiwei Lin 在避免奇异点的同时, 重新生成刀位 (图 18(b)).

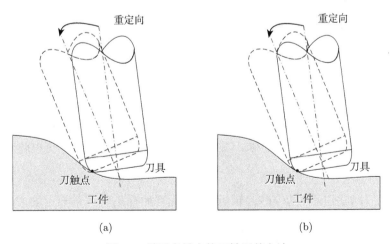

图 18 避开奇异点的刀轴调整方法

首先介绍一些基础知识：考虑刀轴单位向量 T 在系统的一个单位球上面。初始化 T 与 Z 轴重合，然后任意的一个单位向量 $T'(T'_x, T'_y, T'_z)$，向量 T 都可以经过旋转得到 T'，如图 19(a) 所示，T 先绕 X 轴旋转 α，此过程称为 A-jump，然后绕 Z 轴旋转 γ 后与 T' 重合，此过程成为 C-jump。此时 $T'(T'_x, T'_y, T'_z)$ 也可表示为 $T'(\alpha, \gamma)$。如图 19(b) 所示，任意两个单位向量 $T_1(\alpha_1, \gamma_1)$，$T_2(\alpha_2, \gamma_2)$，T_1 沿着 $Z \times T_1$ 旋转 $\alpha_2 - \alpha_1$ 得到 T_m，T_m 沿着 Z 轴旋转 $\gamma_2 - \gamma_1$ 得到 T_2。对于刀触点建立 P 系统——刀触点处建立的局部坐标系，曲面法向为 Z 轴，进给方向为 X 轴。如图 20 所示。

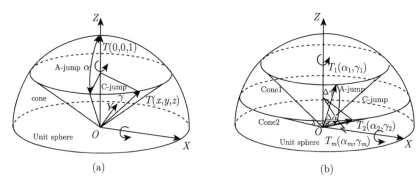

图 19 A-jump 与 C-jump

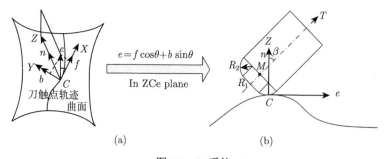

图 20 P 系统

文中经过分析得到：A-jump 不会生成奇异点，而 C-jump 可能会生成奇异点，具体示意图见图 21。将刀轴 $T(T_x, T_y, T_z)$ 化为 $T\left(\dfrac{T_x}{T_z}, \dfrac{T_y}{T_z}, 1\right)$，则可以将 C 空间看做二维。

图 22 为 C 空间中的一些刀轴折线。下面开始介绍避开奇异点的方法。图 22 中在圆内的向量 (2,3) 之间的夹角较大，容易产生奇异点，而 (1,2)，(3,4)，(9,10) 的夹角均较小，不易产生奇异点。图 23 为重定向方法。

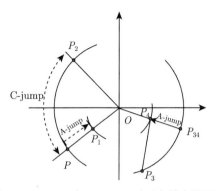

图 21 A-jump 与 C-jump 对于奇异点的区别

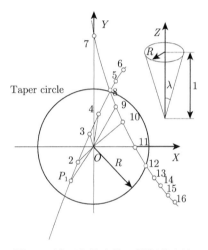

图 22 避开奇异点的刀轴调整方法

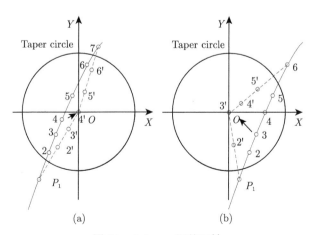

图 23 A-jump 调整刀轴

实线为原刀轴方向对应的点，虚线为调整后的点，如图 23(a) 所示，可以看出调整后的点几乎落在一条直线上，属于 A-jump，不会出现奇异点。图 24 调整后的点落在一个圆周上，属于 C-jump。奇异点避免不能只用 A-jump 或者 C-jump 一种方法实现。因此提出以下方法：通过平移刀轴折线来避免奇异点。如图 25(b) 所示，实线为原折线，虚线为平移后的刀轴折线。

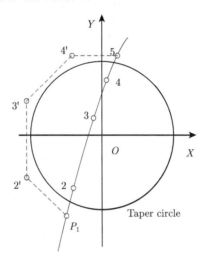

图 24 C-jump 调整刀轴

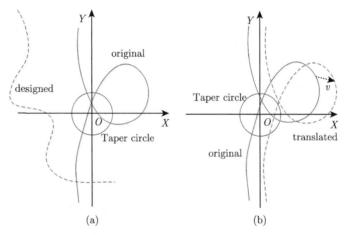

图 25 平移刀轴折线避开奇异点

首先对原刀轴折线生成 offset，然后在 offset 上面以 "Taper circle" 半径为偏移量得到圆的圆心。不过为了方便计算，这里采用移动圆周的方式，如图 26 所示。

一般的生成 offset 需要三个步骤：① 生成初始 offset 折线；② 处理局部无效 loop；③ 处理全局无效 loop。然而②③处理起来极为复杂，本文根据参考文献中的

(18) 只做第一步. 这样便获得了最终的结果.

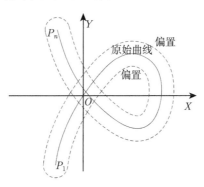

图 26　刀轴曲线的 offset

M.J. Barakchi Fard 等[3] 叙述的 C 空间与图 3 中描述相同, 只是现在表示为矩形 (图 27), 阴影部分表示无干涉碰撞的 C 空间可行区域. 该文提出了基于平刀, 通过有效的调节刀轴角度与进给方向, 从而避免局部和全局干涉, 使得加工带宽最大化的方法. 同时证明了用平刀加工柱状曲面时, 避免全局干涉存在一个闭形式的几何关系: $\alpha = \sin^{-1}(r/R)$, 其中 R 是柱状曲面的半径, r 为刀具半径. 该等式对于任意的旋转角 β, 说明避免干涉的最小的倾斜角 α 是一个常量, 并且与柱状曲面上的进给方向无关. 该文章主要以数值实验的方式测试影响加工带宽的因素, 并没有给出有效的刀轴定向算法.

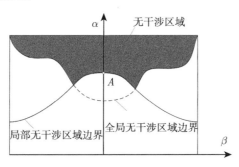

图 27　5 轴 C 空间的矩形表示

4　总结

综合上文, C 空间研究主要包含两个关键步骤, 一是 C 空间的描述, 二是 C 空间中路径规划. C 空间的描述是基于数控机床的加工能力和加工工件的复杂程度分析, 得到可以安全加工的刀具可行空间. 该空间的描述正确与否决定后续路径规划的可靠性,因此非常重要.但由于限制条件较多,我们可以看到在实际加工中,C空间的求解几乎都是数值计算.这并不能从理论上保证刀具干涉与避免碰撞,这在实际加工过程中极易造成刀具甚至机床的损坏,所以首先获得安全的干涉环境描述,也就是C空间就显得尤为重要.

如果C空间相对简单,这里是指可以用低次样条曲面描述的,这种情况我们可以通过求解其符号计算表达式,从理论上保证我们获得的C空间是安全的.若C空间比较复杂,以至于其解析形式很难求解时,我们可以通过数值求解得到的C空间来逼近精确的C空间,但是需要注意的是,要保证干涉绝对避免.这是因为一旦发生干涉,可能造成工件作废,更为严重的是造成机床故障.因此C空间逼近的可信逼近是值得考虑的问题.可信逼近不仅要保证干涉避免条件,同时也要尽量逼近原可解空间,换言之,就是减少逼近C空间所造成的信息损失,给后续的路径规划保留更多余地.因此结合符号计算和数值计算来处理此问题是一条可尝试的思路.当C空间得以描述时,路径规划才可以基于不同的优化条件求解,例如,误差控制、速度约束、加速度变化平滑等,因此准确的模型求解是最有效的保证.但如前所述,一般情况下我们得到的优化模型并不能求得解析解,目前这方面的研究仍停留在数值计算方面,合理可信的数值逼近是值得关注的一个步骤.例如,我们曾给出误差可信的路径规划模型求解方案[18].

总而言之,结合符号计算和数值计算实现数控机床加工中C空间的可信计算,是值得关注也是具有挑战性的问题.

NC path planning using C-space method

Xiao-Hui Ma[1], Li-Yong Shen[1,2]

(1. University of Chinese Academy of Sciences, School of Mathematical Sciences, Beijing 100049, China; 2. Key Laboratory of Big Data Mining and Knowledge Management, Chinese Academy of Sciences, Beijing 100190, China)

Abstract NC machine plays an important role in manufacture industry, and the path planning of NC machining is a base problem in NC studying. The researches of this problem include path planning, local interference, global collision and so on. The C-space method describes the solution of collision free space and then the appropriate optimization conditions are added to the path planning process. The method is intuitive in theory, there have been a number of research results. But the optimization model and the calculation method need to be improved further.

In this paper, we introduce the research work of the 3-axis and 5-axis numerical control machines. Some further research problems based on C-space are discussed.

参 考 文 献

[1] Choi B K, Kim D H, Jerard R B. C-space approach to tool-path generation for die and mould machining. Computer-Aided Design, 1997, 29(9): 657-669.

[2] Choi B K, Ko K. C-space based capp algorithm for freeform die-cavity machining. Computer-Aided Design, 2003, 35(2): 179-189.

[3] Fard M J B, Feng H Y. Effect of tool tilt angle on machining strip width in five-axis flat-end milling of free-form surfaces. International Journal of Advanced Manufacturing Technology, 2009, 44(3-4): 211-222.

[4] Hauth S, Richterich C, Glasmacher L, et al. Constant cusp tool path generation in configuration space based on offset curves. International Journal of Advanced Manufacturing Technology, 2011, 53(1-4): 325-338.

[5] Hauth S, Linsen L. Double-spiral tool path in configuration space. International Journal of Advanced Manufacturing Technology, 2011, 54(9-12): 1011-1022.

[6] Hauth S, Linsen L. Cycloids for polishing along double-spiral toolpaths in configuration space. International Journal of Advanced Manufacturing Technology, 2012, 60(1-4): 343-356.

[7] Jun C S, Cha K, Lee Y S. Optimizing tool orientations for 5-axis machining by configuration-space search method. Computer-Aided Design, 2003, 35(6): 549-566.

[8] Kavraki L E. Computation of configuration-space obstacles using the fast fourier transform. IEEE Transactions on Robotics and Automation, 1995, 11(3): 255-261.

[9] Lu J, Cheatham R, Jensen C G, et al. A three-dimensional configuration-space method for 5-axis tessellated surface machining. International Journal of Computer Integrated Manufacturing, 2008, 21(5): 550-568.

[10] Lozano-Perez T. Spatial Planning: A configuration space approach. IEEE Transaction on Computers, 1983, 32(2): 108-120.

[11] Lin Z, Fu J, Shen H, et al. Non-singular tool path planning by translating tool orientations in C-space. International Journal of Advanced Manufacturing Technology, 2014, 71(9-12): 1835-1848.

[12] Morishige K, Takeuchi Y. 5-axis control rough cutting of an impeller with efficiency and accuracy. IEEE International Conference on Robotics and Automation, 1997, 2: 1241-1246.

[13] Morishige K, Kase K, Takeuchi Y. Collision-free tool path generation using 2-Dimensional C-Space for 5-axis control machining. International Journal of Advanced Manufacturing Technology, 1997, 13(6): 393-400.

[14] Morishige K, Takeuchi Y, Kase K. Tool path generation using C-space for 5-axis control machining. Transactions of the ASME, 1999, 121(1): 144-149.

[15] Li S X, Jerard R B. Five-axis machining of sculptured surfaces with a flat-end cutter. Computer-Aided Design, 1994, 26(94): 165-178.

[16] Tokunaga H, Tanaka F, Kishinami T. Method of offset surface generation based on configuration space. IEEE International Conference on Robotics and Automation, 1995, 3: 2740-2745.

[17] Tang T D. Algorithms for collision detection and avoidance for five-axis NC machining——A state of the art review. Computer-Aided Design, 2014, 51(6): 1-17.

[18] Yang Z Y, Shen L Y, Yuan C M, et al. Curve fitting and optimal interpolation for CNC machining under confined error using quadratic B-splines. Computer-Aided Design, 2015, 66: 62-72.

多项式相乘下联合谱半径变化规律研究

亓万锋, 郑　悦

(辽宁师范大学 数学学院, 大连, 116029)

接收日期: 2015 年 8 月 17 日

> 细分是一种重要的几何建模方法, 因其简单高效、与拓扑无关而得到广泛的应用. 在细分领域, 目前许多学者尝试采用 Lane-Riesenfeld 算法的基本思想, 给出构造细分格式的统一框架, 其核心步骤是采用若干多项式相乘的形式构造细分的生成函数. 但这类方法, 目前没有理论分析所乘多项式性质与细分光滑性之间的关系, 没有理论给出定性或者定量判定对细分光滑性影响的条件. 判定细分光滑性的重要方法是联合谱半径方法. 本文从数值实验角度分析了所乘多项式性质与细分矩阵对应的联合谱半径的变化规律, 进而给出所乘多项式使细分光滑性增加或者减少的一些特征刻画.

1　引言

细分方法是通过迭代加细生成光滑曲线或曲面的一种造型方法, 它在计算机图形学、几何造型、计算机动画等领域有着广泛的应用. 与 NURBS 方法相比, 细分方法在几何造型中对控制顶点要求不高, 不需要对曲面片进行裁剪, 不存在拼接的连续性等问题, 同时适用于各种复杂拓扑结构的曲面, 而且还具有局部性和算法效率高等优点, 因此细分方法成为一种重要的造型方法.

许多实际应用希望使用光滑度高的细分格式, 但这使得计算每一个顶点位置时会涉及更多的顶点, 因此削弱了细分的局部性, 增加了实际计算难度. 采用多次局部加权平均操作是解决这个问题的一个强有力方法. 从细分生成函数的角度, 这种通过多次局部加权平均操作的方法, 对应为对某个基本的生成函数乘以一个或者多个简单的多项式.

这个基本的生成函数可以看作是对控制网格进行初次加细操作, 主要实现细分的拓扑操作; 乘以一个或者多个简单的多项式是对初次加细之后的网格进行一次或者多次加权平均操作. 这种构造方式具有如下优点: 通过将网格加细操作分为一系列更小支集上的加权平均操作, 提高了计算效率, 同时可以令细分曲线曲面的

作者简介: 亓万锋 (1984—), 男, 讲师, 研究方向: 细分、小波和框架的理论与应用.

光滑度足够高；可以看作是构造细分的一种统一框架，涵盖许多经典格式和新的格式. 这种方法的基本思想来源于 Lane-Riesenfeld 算法[1]，所以我们统称为广义 Lane-Riesenfeld 算法.

广义 Lane-Riesenfeld 算法包含了各种变形的 Lane-Riesenfeld 算法[2-14]、de Rham 变换[15-17]以及一类从逼近型细分构造插值型细分的工作[18-23]. Lane-Riesenfeld 算法将 B 样条细分一次加细操作分解为一次复制和多次算术平均操作. Zorin 和 Schröder[2]、Oswald 和 Schröder[4] 与 Oswald[5] 将 Lane-Riesenfeld 算法推广到了四边形网格、三角形网格和 $\sqrt{3}$, $\sqrt{7}$ 拓扑加细网格上，涵盖了众多已有的细分格式. 李桂清和马维银[6]讨论了四边形网格上 $\sqrt{2}$ 拓扑加细规则的乘法运算. Ren 等[7]改进了文献[6]中的工作，使之包含更多的四向箱样条细分.

对曲线细分，Romani[8]替换了 Lane-Riesenfeld 算法中的初次加细操作，获得了一族曲线细分. Schaefer, Vouga 和 Goldman[11] 将 Lane-Riesenfeld 算法中的算数平均替换为对称的、光滑的、非线性的加权平均，并讨论了它们的光滑性[12]. Cashman 等[13] 提出了另一种 Lane-Riesenfeld 算法变形，将 Lane-Riesenfeld 算法中的算术平均替换为了从四点细分导出的一个加权平均. 受此启发，Ashraf, Mustafa 和邓建松[14]替换了 Lane-Riesenfeld 算法中的复制及平均操作，得到了一族细分格式. Dubuc[15]引入了细分格式的 de Rham 变换，变换后的细分在一些例子中要比原细分具有更高的光滑度. Conti 和 Romani[16]证明细分格式的 de Rham 变换实际是将原细分的生成函数乘以一个特定的多项式. Conti 等[17] 又将这个思想推广到了 Hermite 细分的情形.

还有一类从逼近型细分构造插值型细分的工作，也是采用生成函数的乘法运算. 这个领域最早的工作是由李桂清和马维银[18]给出的. 对利用逼近型细分加细之后的控制顶点，寻找这些控制顶点的线性组合，使得恰好能组合出加细之前的顶点. 通过这种方式，他们从 Loop 细分、Catmull-Clark 细分和 $\sqrt{3}$ 细分构造出了相应的插值型细分. 之后许多学者针对曲线细分进行了详细讨论，文献[19-22]分别讨论了再生指数多项式细分、任意进 (Arity) 的曲线细分、掩模具有 Hurwitz 型对称结构的曲线细分、2-进静态和非静态曲线细分等众多一元细分情形. Conti 等[23]借助曲线细分的相关结果，将二元问题转化为两次一元问题，从二元三向箱样条细分构造了许多插值型细分.

如上所述，广义 lane-Riesenfeld 算法仍有缺陷，当所采用的加权平均并不对应样条或已知光滑度的细分格式时，对细分光滑性的分析多是针对特殊例子文献 [10, 13, 15, 16, 24, 25]，并多给出 C^1 的充分条件，而且条件依赖于所乘多项式的具体表达式. 这些工作没有将细分光滑性的问题分解为若干个简单多项式对光滑性影响的叠加问题. 本文从数值实验角度分析了所乘多项式性质与细分矩阵对应的联合谱半径的变化规律，进而给出所乘多项式使细分光滑性增加或者减少的特征刻画.

1.1 联合谱半径

联合谱半径 (Joint Spectral Radius, JSR) 是一个分析细分光滑性的重要工具. 它还可以刻画离散时间切换线性系统最大渐进增长率, 在动力系统、逼近理论、小波、曲线设计、数论、网络安全管理和信号处理等众多领域有着广泛的应用.

离散时间切换线性系统可以用线性方程组

$$x_{t+1} = A_t x_t, \quad A_t \in \Sigma, \; x_0 \in \mathbf{R}^n$$

来描述[26], 其中 Σ 是 $n \times n$ 矩阵.

给定矩阵集合 Σ 后, 可引入新的矩阵集合

$$\Sigma^t := \{A_1 \cdots A_t : A_i \in \Sigma, \; i = 1, \cdots, t\}.$$

离散时间切换线性系统的一个重要问题是估计当 t 增大时, 对任意初始值 x_0 及所有矩阵序列 $A_t \in \Sigma^t$, 向量 x_t 的范数

$$\lambda = \lim_{t \to \infty} \|x_t\|^{\frac{1}{t}}$$

的极限情况. 为此, Rota 与 Strang 引入了联合谱半径

$$\rho(\Sigma) := \lim_{t \to \infty} \sup \left\{ \|A\|^{\frac{1}{t}}, A \in \Sigma^t \right\}.$$

联合谱半径一个非常重要的应用是分析细分的光滑性, 即 Hölder 指数. 称实数集 $\mathbf{R}$ 一个函数 h 是 Hölder 连续, 如果存在常数 α, K, 对所有 $x, y \in \mathbf{R}$ 使得 $|h(x) - h(y)| \leqslant K|x-y|^\alpha$. 常数 α 称为 Hölder 指数.

细分方法与双尺度方程紧密相关, 而双尺度方程完全可以由双尺度系数即细分掩模 $c_k, 0 \leqslant k \leqslant N$ 全决定. 给定细分掩模, 则双尺度方程

$$\phi(x) = \sum_{k=0}^{N} c_k \phi(2x - k).$$

可以由函数 ϕ 引入向量函数 $v(x) := (\phi(x), \phi(x+1), \cdots, \phi(x+N-1))^{\mathrm{T}}, 0 \leqslant x \leqslant 1$[26]. 细分掩模对应两个矩阵 T_0, T_1:

$$(T_0)_{i,j} = c_{2i-j-1}; \quad (T_1)_{i,j} = c_{2i-j}.$$

记 $\Sigma = \{T_0, T_1\}$. 可以计算出既含有向量 $\nu(1) - \nu(0)$ 又是矩阵 T_0, T_1 不变子空间的最小的线性子空间 W[26]. 记矩阵 T_0, T_1 限制在子空间 W 上的矩阵为 $T_{0|W}, T_{1|W}$, 记它们的联合谱半径为 $\rho(T_{0|W}, T_{1|W})$. 联合谱半径 $\rho(T_{0|W}, T_{1|W})$ 与细分的光滑性紧密相关.

定理 1[26]　如果
$$\rho(T_{0|W}, T_{1|W}) < 1,$$
那么 ϕ 最大的 Hölder 指数 $\alpha \geq -\log_2\left(\rho(T_{0|W}, T_{1|W})\right)$. 若存在一个常数 $C > 0$, 使得对任意正整数 m 满足 $\rho_m \leq C^{1/m}\rho(T_{0|W}, T_{1|W})$, 则 ϕ 最大的 Hölder 指数为 $\alpha = -\log_2\left(\rho(T_{0|W}, T_{1|W})\right)$.

2　数值实验

在这一节中, 我们将细分的生成函数作因式分解, 将它分为两个部分, 一部分是对应样条的光滑项, 即对应的是 $(1+z)/2$ 的某个幂次; 另一部分对应了非光滑项, 即生成函数除去光滑项后剩下的部分. 我们使用 Matlab 计算随着指数 k 的变化, 相应的联合谱半径的上下界、Hölder 指数的上下界相应的变化.

由于计算联合谱半径是 NP 类问题[26], 所以在实际中各个算法往往是计算出联合谱半径的上界与下界. 为了简单起见, 我们不论是否存在一个常数 $C > 0$, 使得对任意正整数 m 满足

$$\rho_m \leq C^{1/m}\rho(T_{0|W}, T_{1|W}),$$

都令 Hölder 指数上界 $= -\log_2(\text{JSR下界})$. 在这个意义下, 表 1—表 35 中的 35 个例子给出了对应的 JSR 上下界和 Hölder 指数上下界随着 k 增加而引起的变化.

表 1　$p = 2 * (-z^2 + 3 * z - 1)^k * (1/2 + 1/2 * z)^6$

	$k=0$	$k=1$	$k=2$	$k=3$	$k=4$	$k=5$	$k=6$
JSR 上界	0.03125	0.09375	0.32069	1.1618	4.3626	16.7914	65.6957
JSR 下界	0.03125	0.09375	0.32069	1.1618	4.3626	16.7914	65.6957
Hölder 指数上界	5	3.415	1.6407	-0.2164	-2.1252	-4.0696	-6.0377
Hölder 指数下界	5	3.415	1.6407	-0.2164	-2.1252	-4.0696	-6.0377

表 2　$p = 2 * (-1/2 * z^2 + 2 * z - 1/2)^k * (1/2 + 1/2 * z)^6$

	$k=0$	$k=1$	$k=2$	$k=3$	$k=4$	$k=5$	$k=6$
JSR 上界	0.03125	0.0625	0.1357	0.3074	0.71561	1.6992	4.0964
JSR 下界	0.03125	0.0625	0.1357	0.3074	0.71561	1.6992	4.0964
Hölder 指数上界	5	4	2.8815	1.7018	0.48276	-0.76487	-2.0343
Hölder 指数下界	5	4	2.8815	1.7018	0.48276	-0.76487	-2.0343

表 3 $p = 2*(-1/4*z^2 + 3/2*z - 1/4)^k * (1/2 + 1/2*z)^6$

	$k=0$	$k=1$	$k=2$	$k=3$	$k=4$	$k=5$	$k=6$
JSR 上界	0.03125	0.046875	0.073272	0.11753	0.1919	0.3175	0.53086
JSR 下界	0.03125	0.046875	0.073272	0.11753	0.1919	0.3175	0.53086
Hölder 指数上界	5	4.415	3.7706	3.0889	2.3816	1.6552	0.9136
Hölder 指数下界	5	4.415	3.7706	3.0889	2.3816	1.6552	0.9136

表 4 $p = 2*(1/4*z^2 + 1/2*z + 1/4)^k * (1/2 + 1/2*z)^6$

	$k=0$	$k=1$	$k=2$	$k=3$	$k=4$	$k=5$	$k=6$
JSR 上界	0.03125	0.0078125	0.0019531	0.0004906	0.00048828	0.00048828	0.00067602
JSR 下界	0.03125	0.0078125	0.0019531	0.00078541	0.00048828	0.00048828	0.00050717
Hölder 指数上界	5	7	9	10.3143	11	11	10.9452
Hölder 指数下界	5	7	9	10.9932	11	11	10.5306

表 5 $p = 2*(1/5*z^2 + 3/5*z + 1/5)^k * (1/2 + 1/2*z)^6$

	$k=0$	$k=1$	$k=2$	$k=3$	$k=4$	$k=5$	$k=6$
JSR 上界	0.03125	0.01875	0.015965	0.015658	0.015628	0.015625	0.015625
JSR 下界	0.03125	0.01875	0.015965	0.015658	0.015628	0.015625	0.015625
Hölder 指数上界	5	5.737	5.9689	5.9969	5.9997	6	6
Hölder 指数下界	5	5.737	5.9689	5.9969	5.9997	6	6

表 6 $p = 2*(1/7*z^2 + 5/7*z + 1/7)^k * (1/2 + 1/2*z)^6$

	$k=0$	$k=1$	$k=2$	$k=3$	$k=4$	$k=5$	$k=6$
JSR 上界	0.03125	0.022322	0.017924	0.016283	0.015802	0.015673	0.015638
JSR 下界	0.03125	0.022321	0.017924	0.016283	0.015802	0.015673	0.015638
Hölder 指数上界	5	5.4854	5.802	5.9405	5.9837	5.9956	5.9988
Hölder 指数下界	5	5.4854	5.802	5.9405	5.9837	5.9956	5.9988

表 7 $p = 2*(1/10*z^2 + 4/5*z + 1/10)^k * (1/2 + 1/2*z)^6$

	$k=0$	$k=1$	$k=2$	$k=3$	$k=4$	$k=5$	$k=6$
JSR 上界	0.03125	0.025	0.020823	0.018256	0.016857	0.016176	0.015868
JSR 下界	0.03125	0.025	0.020823	0.018256	0.016857	0.016176	0.015868
Hölder 指数上界	5	5.3219	5.5857	5.7755	5.8905	5.95	5.9778
Hölder 指数下界	5	5.3219	5.5857	5.7755	5.8905	5.95	5.9778

表 8 $p = 2*(2*z^2 - 3*z + 2)^k * (1/2 + 1/2*z)^6$

	$k=0$	$k=1$	$k=2$	$k=3$	$k=4$	$k=5$	$k=6$
JSR 上界	0.03125	0.09375	0.41215	1.9761	9.7898	48.8539	244.1684
JSR 下界	0.03125	0.09375	0.41215	1.9761	9.7898	48.8539	244.1684
Hölder 指数上界	5	3.415	1.2788	-0.98266	-3.2913	-5.6104	-7.9317
Hölder 指数下界	5	3.415	1.2788	-0.98266	-3.2913	-5.6104	-7.9317

表 9 $p = 2*(-2*z^2 + 5*z - 2)^k * (1/2 + 1/2*z)^6$

	$k=0$	$k=1$	$k=2$	$k=3$	$k=4$	$k=5$	$k=6$
JSR 上界	0.03125	0.15625	0.93082	5.9343	39.4327	268.8048	1858.0324
JSR 下界	0.03125	0.15625	0.93082	5.9343	39.4327	268.8048	1858.0324
Hölder 指数上界	5	2.6781	0.10342	-2.5691	-5.3013	-8.0704	-10.8596
Hölder 指数下界	5	2.6781	0.10342	-2.5691	-5.3013	-8.0704	-10.8596

表 10 $p = 2*(-2/3*z^2 + 7/3*z - 2/3)^k * (1/2 + 1/2*z)^6$

	$k=0$	$k=1$	$k=2$	$k=3$	$k=4$	$k=5$	$k=6$
JSR 上界	0.03125	0.072917	0.18846	0.51164	1.4328	4.1027	11.9406
JSR 下界	0.03125	0.072917	0.18846	0.51164	1.4328	4.1027	11.9406
Hölder 指数上界	5	3.7776	2.4076	0.9668	-0.51881	-2.0366	-3.5778
Hölder 指数下界	5	3.7776	2.4076	0.9668	-0.51881	-2.0366	-3.5778

表 11 $p = 2*(-1/2*z^3 + z^2 + z - 1/2)^k * (1/2 + 1/2*z)^3$

	$k=0$	$k=1$	$k=2$	$k=3$	$k=4$	$k=5$	$k=6$
JSR 上界	0.25	0.375	0.64138	1.1618	2.1813	4.1978	8.212
JSR 下界	0.25	0.375	0.64138	1.1618	2.1813	4.1978	8.212
Hölder 指数上界	2	1.415	0.64075	-0.2164	-1.1252	-2.0696	-3.0377
Hölder 指数下界	2	1.415	0.64075	-0.2164	-1.1252	-2.0696	-3.0377

表 12 $p = 2*(-1/4*z^3 + 3/4*z^2 + 3/4*z - 1/4) * (1/2 + 1/2*z)^k$

	$k=0$	$k=1$	$k=2$	$k=3$	$k=4$	$k=5$	$k=6$
JSR 上界	2	1	0.5	0.25	0.125	0.0625	0.03125
JSR 下界	2	1	0.5	0.25	0.125	0.0625	0.03125
Hölder 指数上界	-1	0	1	2	3	4	5
Hölder 指数下界	-1	0	1	2	3	4	5

表 13 $p = 2*(-1/6*z^3+2/3*z^2+2/3*z-1/6)*(1/2+1/2*z)^k$

	$k=0$	$k=1$	$k=2$	$k=3$	$k=4$	$k=5$	$k=6$
JSR 上界	1.6667	0.83333	0.41667	0.20833	0.10417	0.052083	0.026042
JSR 下界	1.6667	0.83333	0.41667	0.20833	0.10417	0.052083	0.026042
Hölder 指数上界	−0.73697	0.26303	1.263	2.263	3.263	4.263	5.263
Hölder 指数下界	−0.73697	0.26303	1.263	2.263	3.263	4.263	5.263

表 14 $p = 2*(-1/16*z^3+9/16*z^2+9/16*z-1/16)^k*(1/2+1/2*z)^4$

	$k=0$	$k=1$	$k=2$	$k=3$	$k=4$	$k=5$	$k=6$
JSR 上界	0.125	0.078125	0.049644	0.031938	0.020743	0.013648	0.008937
JSR 下界	0.125	0.078125	0.049644	0.031938	0.020743	0.013574	0.008937
Hölder 指数上界	3	3.6781	4.3322	4.9686	5.5912	6.203	6.806
Hölder 指数下界	3	3.6781	4.3322	4.9686	5.5912	6.1952	6.806

表 15 $p = 2*(-1/7*z^3+9/14*z^2+9/14*z-1/7)^k*(1/2+1/2*z)^3$

	$k=0$	$k=1$	$k=2$	$k=3$	$k=4$	$k=5$	$k=6$
JSR 上界	0.25	0.19643	0.16191	0.13738	0.11887	0.10435	0.092658
JSR 下界	0.25	0.19643	0.16191	0.13738	0.11887	0.10435	0.092658
Hölder 指数上界	2	2.3479	2.6267	2.8638	3.0726	3.2605	3.4319
Hölder 指数下界	2	2.3479	2.6267	2.8638	3.0726	3.2605	3.4319

表 16 $p = 2*(-1/6*z^3+2/3*z^2+2/3*z-1/6)^k*(1/2+1/2*z)^3$

	$k=0$	$k=1$	$k=2$	$k=3$	$k=4$	$k=5$	$k=6$
JSR 上界	0.25	0.20833	0.18369	0.16733	0.15577	0.14734	0.14112
JSR 下界	0.25	0.20833	0.18369	0.16733	0.15577	0.14734	0.14112
Hölder 指数上界	2	2.263	2.4447	2.5792	2.6825	2.7628	2.825
Hölder 指数下界	2	2.263	2.4447	2.5792	2.6825	2.7628	2.825

表 17 $p = 2*(-1/5*z^3+7/10*z^2+7/10*z-1/5)^k*(1/2+1/2*z)^3$

	$k=0$	$k=1$	$k=2$	$k=3$	$k=4$	$k=5$	$k=6$
JSR 上界	0.25	0.225	0.21663	0.21645	0.22156	0.23084	0.24385
JSR 下界	0.25	0.225	0.21663	0.21645	0.22156	0.23084	0.24385
Hölder 指数上界	2	2.152	2.2067	2.2079	2.1743	2.115	2.0359
Hölder 指数下界	2	2.152	2.2067	2.2079	2.1743	2.115	2.0359

表 18　$p = 2*(-1/4*z^3 + 3/4*z^2 + 3/4*z - 1/4)^k*(1/2 + 1/2*z)^3$

	$k=0$	$k=1$	$k=2$	$k=3$	$k=4$	$k=5$	$k=6$
JSR 上界	0.25	0.25	0.2714	0.3074	0.3578	0.4248	0.51204
JSR 下界	0.25	0.25	0.2714	0.3074	0.3578	0.4248	0.51204
Hölder 指数上界	2	2	1.8815	1.7018	1.4828	1.2351	0.96566
Hölder 指数下界	2	2	1.8815	1.7018	1.4828	1.2351	0.96566

表 19　$p = 2*(-1/3*z^3 + 5/6*z^2 + 5/6*z - 1/3)^k*(1/2 + 1/2*z)^3$

	$k=0$	$k=1$	$k=2$	$k=3$	$k=4$	$k=5$	$k=6$
JSR 上界	0.25	0.29167	0.37693	0.51164	0.71638	1.0257	1.4926
JSR 下界	0.25	0.29167	0.37693	0.51164	0.71638	1.0257	1.4926
Hölder 指数上界	2	1.7776	1.4076	0.9668	0.48119	-0.036565	-0.5778
Hölder 指数下界	2	1.7776	1.4076	0.9668	0.48119	-0.036565	-0.5778

表 20　$p = 2*(-1/2*z^3 + z^2 + z - 1/2)^k*(1/2 + 1/2*z)^3$

	$k=0$	$k=1$	$k=2$	$k=3$	$k=4$	$k=5$	$k=6$
JSR 上界	0.25	0.375	0.64138	1.1618	2.1813	4.1978	8.212
JSR 下界	0.25	0.375	0.64138	1.1618	2.1813	4.1978	8.212
Hölder 指数上界	2	1.415	0.64075	-0.2164	-1.1252	-2.0696	-3.0377
Hölder 指数下界	2	1.415	0.64075	-0.2164	-1.1252	-2.0696	-3.0377

表 21　$p = 2*(-z^3 + 3/2*z^2 + 3/2*z - 1)^k*(1/2 + 1/2*z)^3$

	$k=0$	$k=1$	$k=2$	$k=3$	$k=4$	$k=5$	$k=6$
JSR 上界	0.25	0.625	1.8616	5.9343	19.7163	67.2012	232.2541
JSR 下界	0.25	0.625	1.8616	5.9343	19.7163	67.2012	232.2541
Hölder 指数上界	2	0.67807	-0.89658	-2.5691	-4.3013	-6.0704	-7.8596
Hölder 指数下界	2	0.67807	-0.89658	-2.5691	-4.3013	-6.0704	-7.8596

表 22　$p = 2*(-7/4*z^3 + 9/4*z^2 + 9/4*z - 7/4)^k*(1/2 + 1/2*z)^3$

	$k=0$	$k=1$	$k=2$	$k=3$	$k=4$	$k=5$	$k=6$
JSR 上界	0.25	1	4.8927	25.7508	141.5668	797.5446	4546.033
JSR 下界	0.25	1	4.8927	25.7508	141.5668	797.5446	4546.033
Hölder 指数上界	2	0	-2.2906	-4.6865	-7.1453	-9.6394	-12.1504
Hölder 指数下界	2	0	-2.2906	-4.6865	-7.1453	-9.6394	-12.1504

表 23 $p = 2*(-7/9*z^3 + z^2 + z - 2/9)^k * (1/2 + 1/2*z)^3$

	$k=0$	$k=1$	$k=2$	$k=3$	$k=4$	$k=5$	$k=6$
JSR 上界	0.25	0.35394	0.56913	1.1888	2.2678	4.2252	8.2049
JSR 下界	0.25	0.35393	0.56609	1.1887	2.2678	4.2249	8.1857
Hölder 指数上界	2	1.4984	0.82091	−0.24944	−1.1813	−2.0789	−3.0331
Hölder 指数下界	2	1.4984	0.81316	−0.24947	−1.1813	−2.079	−3.0365

表 24 $p = 2*(-2/9*z^3 + z^2 + z - 7/9)^k * (1/2 + 1/2*z)^3$

	$k=0$	$k=1$	$k=2$	$k=3$	$k=4$	$k=5$	$k=6$
JSR 上界	0.25	0.35394	0.56908	1.1888	2.2678	4.2253	8.2065
JSR 下界	0.25	0.35393	0.56609	1.1887	2.2678	4.2249	8.1857
Hölder 指数上界	2	1.4984	0.82091	−0.24944	−1.1813	−2.0789	−3.0331
Hölder 指数下界	2	1.4984	0.81329	−0.24947	−1.1813	−2.079	−3.0368

表 25 $p = 2*(-1/8*z^3 + 5/8*z^2 + 5/8*z - 1/8)^k * (1/2 + 1/2*z)^3$

	$k=0$	$k=1$	$k=2$	$k=3$	$k=4$	$k=5$	$k=6$
JSR 上界	0.25	0.1875	0.14654	0.11753	0.095948	0.079375	0.066358
JSR 下界	0.25	0.1875	0.14654	0.11753	0.095948	0.079375	0.066358
Hölder 指数上界	2	2.415	2.7706	3.0889	3.3816	3.6552	3.9136
Hölder 指数下界	2	2.415	2.7706	3.0889	3.3816	3.6552	3.9136

表 26 $p = 2*(-1/3*z^3 + 5/6*z^2 + 5/6*z - 1/3)^k * (1/2 + 1/2*z)^4$

	$k=0$	$k=1$	$k=2$	$k=3$	$k=4$	$k=5$	$k=6$
JSR 上界	0.125	0.14583	0.18846	0.25582	0.35819	0.51283	0.74629
JSR 下界	0.125	0.14583	0.18846	0.25582	0.35819	0.51283	0.74629
Hölder 指数上界	3	2.7776	2.4076	1.9668	1.4812	0.96344	0.4222
Hölder 指数下界	3	2.7776	2.4076	1.9668	1.4812	0.96344	0.4222

表 27 $p = 2*(-3/4*z^3 + 5/4*z^2 + 5/4*z - 3/4)^k * (1/2 + 1/2*z)^5$

	$k=0$	$k=1$	$k=2$	$k=3$	$k=4$	$k=5$	$k=6$
JSR 上界	0.0625	0.125	0.29287	0.7316	1.9012	5.0696	13.7215
JSR 下界	0.0625	0.125	0.29287	0.7316	1.9012	5.0692	13.7215
Hölder 指数上界	4	3	1.7717	0.45087	−0.92693	−2.3417	−3.7784
Hölder 指数下界	4	3	1.7717	0.45087	−0.92693	−2.3419	−3.7784

表 28 $p = 2*(-1/9*z^4 + 1/3*z^3 + 5/9*z^2 + 1/3*z - 1/9)^k$
$*(1/2 + 1/2*z)^3$

	$k=0$	$k=1$	$k=2$	$k=3$	$k=4$	$k=5$	$k=6$
JSR 上界	0.25	0.14528	0.13883	0.12738	0.12649	0.12598	0.13016
JSR 下界	0.25	0.14528	0.13883	0.12736	0.12631	0.12518	0.1251
Hölder 指数上界	2	2.7831	2.8486	2.973	2.9849	2.9979	2.9988
Hölder 指数下界	2	2.7831	2.8486	2.9728	2.9829	2.9888	2.9416

表 29 $p = 2*(-1/11*z^4 + 5/11*z^3 + 3/11*z^2 + 5/11*z - 1/11)^k$
$*(1/2 + 1/2*z)^3$

	$k=0$	$k=1$	$k=2$	$k=3$	$k=4$	$k=5$	$k=6$
JSR 上界	0.25	0.15764	0.14627	0.12933	0.12799	0.12551	0.12534
JSR 下界	0.25	0.15764	0.14627	0.12933	0.12799	0.12551	0.12534
Hölder 指数上界	2	2.6653	2.7733	2.9509	2.9659	2.9941	2.996
Hölder 指数下界	2	2.6653	2.7733	2.9509	2.9659	2.9941	2.996

表 30 $p = 2*(-1/7*z^4 + 3/7*z^3 + 3/7*z^2 + 3/7*z - 1/7)^k$
$*(1/2 + 1/2*z)^3$

	$k=0$	$k=1$	$k=2$	$k=3$	$k=4$	$k=5$	$k=6$
JSR 上界	0.25	0.1646	0.16354	0.13925	0.14064	0.13018	0.13213
JSR 下界	0.25	0.1646	0.16354	0.13925	0.14054	0.13014	0.13055
Hölder 指数上界	2	2.6029	2.6123	2.8443	2.831	2.9419	2.9374
Hölder 指数下界	2	2.6029	2.6123	2.8442	2.8299	2.9414	2.92

表 31 $p = 2*(-2/7*z^4 + 3/7*z^3 + 5/7*z^2 + 3/7*z - 2/7)^k$
$*(1/2 + 1/2*z)^3$

	$k=0$	$k=1$	$k=2$	$k=3$	$k=4$	$k=5$	$k=6$
JSR 上界	0.25	0.19311	0.22271	0.21	0.24183	0.26263	0.32944
JSR 下界	0.25	0.18558	0.22271	0.20404	0.23934	0.22824	0.26164
Hölder 指数上界	2	2.4299	2.1668	2.293	2.0629	2.1314	1.9343
Hölder 指数下界	2	2.3725	2.1668	2.2515	2.0479	1.9289	1.6019

表 32 $p = 2*(-2/9*z^4 + 5/9*z^3 + 1/3*z^2 + 5/9*z - 2/9)^k$
$*(1/2 + 1/2*z)^3$

	$k=0$	$k=1$	$k=2$	$k=3$	$k=4$	$k=5$	$k=6$
JSR 上界	0.25	0.19363	0.21808	0.19606	0.22096	0.20573	0.22932
JSR 下界	0.25	0.19363	0.21808	0.18338	0.22092	0.19213	0.22932
Hölder 指数上界	2	2.3686	2.1971	2.4471	2.1784	2.3799	2.1246
Hölder 指数下界	2	2.3686	2.1971	2.3506	2.1782	2.2812	2.1246

表 33 $p = 2*(-3/5*z^4 + 3/5*z^3 + z^2 + 3/5*z - 3/5)^k$
$*(1/2 + 1/2*z)^2$

	$k=0$	$k=1$	$k=2$	$k=3$	$k=4$	$k=5$	$k=6$
JSR 上界	0.5	0.57446	0.98322	1.4386	2.3725	3.578	5.8869
JSR 下界	0.5	0.57446	0.98322	1.4291	2.3725	3.5631	7.4722
Hölder 指数上界	1	0.79973	0.024416	-0.51512	-1.2464	-1.8331	-2.9015
Hölder 指数下界	1	0.79973	0.024416	-0.52467	-1.2464	-1.8392	-2.5575

表 34 $p = 2*(-1/4*z^4 + 5/12*z^3 + 2/3*z^2 + 5/12*z - 1/4)^k$
$*(1/2 + 1/2*z)^3$

	$k=0$	$k=1$	$k=2$	$k=3$	$k=4$	$k=5$	$k=6$
JSR 上界	0.25	0.18339	0.20324	0.18235	0.20209	0.20824	0.25344
JSR 下界	0.25	0.17533	0.20324	0.17817	0.20131	0.18093	0.20264
Hölder 指数上界	2	2.5118	2.2987	2.4887	2.3125	2.4665	2.303
Hölder 指数下界	2	2.447	2.2987	2.4552	2.307	2.2637	1.9803

表 35 $p = 2*(-4/3*z^4 + z^3 + 5/3*z^2 + z - 4/3)^k * (1/2 + 1/2*z)^3$

	$k=0$	$k=1$	$k=2$	$k=3$	$k=4$	$k=5$	$k=6$
JSR 上界	0.25	0.52332	1.5968	4.3834	13.276	44.0681	182.2441
JSR 下界	0.25	0.52042	1.5968	4.3757	13.3438	53.344	157.4428
Hölder 指数上界	2	0.94226	-0.67517	-2.1295	-3.7381	-5.7373	-7.2987
Hölder 指数下界	2	0.93424	-0.67517	-2.1321	-3.7307	-5.4617	-7.5097

3 数值实验分析

在这一节中,我们将结合第 2 节的 35 个例子,初步探讨多项式性质与细分的光滑性之间的关系.

在第二节的多个式子中,随着 k 值的递增,联合谱半径随之减小, Hölder 指数随 k 值的递增的多项式有 $(1+2z+z^2)/4, (1+3z+z^2)/5, (1+5z+z^2)/7, (1+8z+$

$z^2)/10, (-1+9z+9z^2-z^3)/16, (-2+9z+9z^2-2z^3)/14, (-1+4z+4z^2-z^3)/6, (-1+5z+5z^2-z^3)/8, (-1+5z+3z^2+5z^3-z^4)/11.$

图 1 展示了其中 7 个例子, 并且根据对应的掩模长度, 我们计算了这些非光滑项与相同长度的光滑项对应掩模的差的 l_1 范数. 例如, 对应掩模长度为 3 的光滑项为 $((1+z)/2)^2$, 其掩模为 $(1/4, 1/2, 1/4)$. 非光滑项 $(1+3z+z^2)/5$ 的掩模为 $(1/5, 3/5, 1/5)$, 易计算这两个掩模的差的 l_1 范数是 $1/5$. 这几个例子表明, 在相乘次数一致的情形下, 与光滑项掩模差的 l_1 范数越小, 则细分的 Hölder 指数越大.

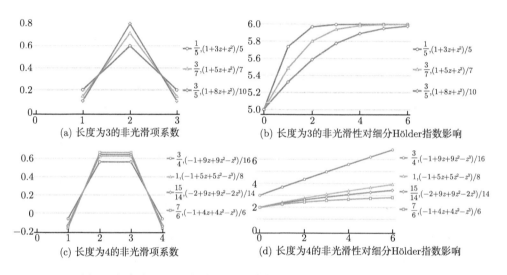

图 1 长度为 3 和 4 的非光滑项系数及相应细分 Hölder 指数变化

这些非光滑项令相应细分的 Hölder 指数有了不同程度的增加.

在第 2 节的多个式子中, 非光滑项对应联合谱半径随 k 值的递增而增加, Hölder 指数随 k 值的递增而减少的多项式有: $(-1+3z-z^2), (-1+4z-z^2)/2, (-1+6z-z^2)/4, (2-3z+2z^2), (-2+5z-2z^2), (-2+7z-2z^2)/3, (-1+2z+2z^2-z^3)/2, (-2+3z+3z^2-2z^3)/2, (-7+9z+9z^2-7z^3)/4, (-7+9z+9z^2-2z^3)/9, (-2+5z+5z^2-2z^3)/6, (-3+5z+5z^2-3z^3)/4, (-3/5+3/5z+z^2+3/5z^3-3/5z^5), (-4+3z+5z^2+3z^3-4z^4)/3.$

图 2 是细分 Hölder 指数降低的几个例子. 这些例子与光滑项掩模差的 l_1 范数往往大于使得细分 Hölder 指数增加的例子. 并且则细分的 Hölder 指数越大. 并且相乘次数一致的情形下, 与光滑项掩模差的 l_1 范数越大, 则细分的 Hölder 指数降低越快.

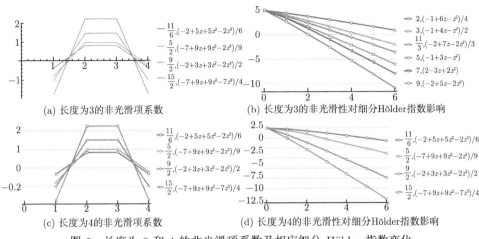

图 2　长度为 3 和 4 的非光滑项系数及相应细分 Hölder 指数变化

乘以非光滑项令相应细分的 Hölder 指数有了不同程度的降低.

因此, 我们猜测, 非光滑项与光滑项的掩模接近程度对细分光滑性有重要影响: 当与光滑项的掩模的 l_1 范数小于某个数值时, 会使细分的光滑性增加, 大于某个数值时则降低. 当所乘非光滑项满足一定条件时, Hölder 指数变化与所乘次数近似呈线性关系.

Variation of joint spectral radius under multiplying polynomial

Wan-Feng Qi, Yue Zheng

(Liaoning Normal University, School of Mathematics, Dalian 116029, China)

Abstract　Subdivision method is an important geometric model method, and it is applied significantly in many fields due to its simplicity and irrelevance to the topological structures of control meshes. Many recent studies focus on several unified frameworks for effectively constructing subdivision schemes based on the idea of Lane-Riesenfeld algorithm. The key step of these unified frameworks is to derive new generating function by multiplying several polynomial together. However, these unified frameworks do not suggest a theoretical analysis the relationship between the properties of multiplied polynomials and the smoothness of subdivision schemes. One of the most important method to determine the smoothness of subdivision schemes is to analyze the related joint spectral radius.

This paper numerically investigates the influence of the multiplications of several polynomials, and we propose some characterizations of the relationship between the properties of multiplied polynomials and the joint spectral radius of related subdivision matrixes, and analyze its influence on the smoothness of the initial scheme.

参 考 文 献

[1] Lane J M, Riesenfeld R F. A theoretical development for the computer generation and display of piecewise polynomial surfaces. IEEE Transactions on Pattern Analysis and Machine Intelligence, 1980, 2(1): 35-46.

[2] Zorin D, Schröder P. A unified framework for primal/dual quadrilateral subdivision schemes. Computer Aided Geometric Design, 2001, 18(5): 429-454.

[3] Stam J. On subdivision schemes generalizing uniform B-spline surfaces of arbitrary degree. Computer Aided Geometric Design, 2001, 18(5): 383-396.

[4] Oswald P, Schröder P. Composite primal/dual $\sqrt{3}$-subdivision schemes. Computer Aided Geometric Design, 2003, 20(3): 135-164.

[5] Oswald P. Designing composite triangular subdivision schemes. Computer Aided Geometric Design, 2005, 22(7): 659-679.

[6] Li G, Ma W. Composite $\sqrt{3}$ subdivision surfaces. Computer Aided Geometric Design, 2007, 24(6): 339-360.

[7] Ren C, Li G, Ma W. Unified subdivision generalizing 2- and 4-direction box splines. IEEE International Conference on Computer-Aided Design and Computer Graphics, 2009: 292-299.

[8] Romani L. A Chaikin-based variant of Lane-Riesenfeld algorithm and its non-tensor product extension. Computer Aided Geometric Design, 2015, 32: 22-49.

[9] Prautzsch H, Chen Q. Analyzing midpoint subdivision. Computer Aided Geometric Design, 2011, 28(7): 407-419.

[10] Chen Q, Prautzsch H. General triangular midpoint subdivision. Computer Aided Geometric Design, 2014, 31(7-8): 475-485.

[11] Schaefer S, Vouga E, Goldman R. Nonlinear subdivision through nonlinear averaging. Computer Aided Geometric Design, 2008, 25(3): 162-180.

[12] Goldman R, Vouga E, Schaefer S. On the smoothness of real-valued functions generated by subdivision schemes using nonlinear binary averaging. Computer Aided Geometric Design, 2009, 26(2): 231-242.

[13] Cashman T J, Hormann K, Reif U. Generalized Lane-Riesenfeld algorithms. Computer Aided Geometric Design, 2013, 30(4): 398-409.

[14] Ashraf P, Mustafa G, Deng J. A six-point variant on the Lane-Riesenfeld Algorithm. Journal of Applied Mathematics, 2014: 1-7.

[15] Dubuc S. de Rham transforms for subdivision schemes. Journal of Approximation Theory, 2011, 163(8): 966-987.

[16] Conti C, Romani L. Dual univariate m-ary subdivision schemes of de Rham-type. Journal of Mathematical Analysis and Applications, 2013, 407(2): 443-456.

[17] Conti C, Merrien L J, Romani L. Dual Hermite subdivision schemes of de Rham-type. BIT Numerical Mathematics, 2014, 54(4): 955-977.

[18] Li G, Ma W. A method for constructing interpolatory subdivision schemes and blending subdivisions. Computer Graphics Forum, 2007, 26(2): 185-201.

[19] Romani L. From approximating subdivision schemes for exponential splines to high performance interpolating algorithms. Journal of Computational and Applied Mathematics, 2009, 224(1): 383-396.

[20] Conti C, Gemignani L, Romani L. Solving Bezout-like polynomial equations for the design of interpolatory subdivision schemes. International Symposium on Symbolic and Algebraic Computation, 2010: 251-256.

[21] Conti C, Gemignani L, Romani L. From symmetric subdivision masks of Hurwitz type to interpolatory subdivision masks. Linear Algebra and Its Applications, 2009, 431(10): 1971-1987.

[22] Beccari C V, Casciola G, Romani L. A unified framework for interpolating and approximating univariate subdivision. Applied Mathematics and Computation, 2010, 216(4): 1169-1180.

[23] Conti C, Gemignani L, Romani L. A constructive algebraic strategy for interpolatory subdivision schemes induced by bivariate box splines. Advances in Computational Mathematics, 2012, 39(2): 395-424.

[24] Dyn N, Goldman R. Convergence and smoothness of nonlinear Lane-Riesenfeld algorithms in the functional setting. Foundations of Computational Mathematics, 2011, 11(1): 79-94.

[25] Goldman R, Vouga E, Schaefer S. On the smoothness of real-valued functions generated by subdivision schemes using nonlinear binary averaging. Computer Aided Geometric Design, 2009, 26(2): 231-242.

[26] Jungers R. The joint spectral radius: Theory and applications. Berlin: Springer-Verlag, 2009.

三类形如 $g(x)+\prod_{i=1}^{4}\mathrm{Tr}_1^n(u_ix)$ 的 Bent 函数的构造

王立波[1]，吴保峰[2]，刘卓军[1]，林东岱[2]

(1. 中国科学院数学与系统科学研究院, 北京 100190;
2. 中国科学院信息工程研究所, 北京 100093)

接收日期: 2015 年 8 月 17 日

  Bent 函数是非线性度最高的布尔函数，它们与组合学中多类研究对象具有密切联系，同时在编码、密码和序列设计等领域有多方面应用，因此其构造具有重要的理论意义和应用价值. 本文利用间接构造法，通过对已知 Bent 函数添加四个线性函数乘积的方法构造新的 Bent 函数. 特别地，利用 Kasami 函数、Gold-like 函数、具有 Niho 指数的函数三类已知的 Bent 函数，我们基于此方法得到三类新的 Bent 函数的显式构造.

1 引言

  布尔函数是密码学中的重要研究对象，尤其是随着信息科学的发展，具有某些密码学特性的布尔函数的构造已成为当今信息安全研究领域的热点问题之一. 特别地，自从日本学者 Matsui[15] 在 1993 年的欧洲密码学年会上提出了针对数据加密标准 DES 的线性分析方法以来，Bent 函数作为抵抗线性攻击能力最强的函数，得到了广泛而深入的研究. 实际上，Bent 函数早在 1976 年已由 Rothaus[20] 提出，它们与组合学中的一些重要研究对象存在密切联系. 此外，Bent 函数在编码理论、序列设计等领域中也有着重要应用. 鉴于其重要的理论意义和应用价值，Bent 函数的构造和分类受到国内外学者的广泛关注. 尽管如此，Bent 函数构造方面的结果目前仍比较有限，当变元个数大于 11 时其分类问题也远未解决.

  Bent 函数的构造大致可以分为两种方法: 一是直接构造法，即按某种特定的方式来构造 Bent 函数，代表性的函数类有 $\mathcal{MM}$ 类[10, 16]、Dillon 的局部扩散类[10]和幂函数类[10, 14]等. 关于这种方法的更多构造结果，可参看文献[2],[3],[8],[9]; 二是间接构造法，即利用已有的 Bent 函数来构造新的 Bent 函数，代表性的函数类有

作者简介: 王立波 (1988—)，男，博士研究生，研究方向: 密码函数.
吴保峰 (1986—)，男，助理研究员，研究方向: 密码函数，有限域理论.
刘卓军 (1958—)，男，研究员，研究方向: 符号计算，信息安全.
林东岱 (1964—)，男，研究员，研究方向: 信息安全，密码理论，安全协议.

Carlet 函数[4]和 Hou-Langevin 函数[12]等. 关于这种方法的更多构造结果, 可参看文献[5],[17],[18],[21]. 此外, 对任意 Bent 函数可以定义其对偶函数, 对偶函数仍为 Bent 函数, 因此通过确定已知 Bent 函数的对偶也可以获得新的 Bent 函数. 但是, 一般来说显式确定已知 Bent 函数的对偶函数是非常困难的问题.

对正整数 n, 设 $\mathbb{F}_{2^n}$ 为具有 2^n 个元素的有限域, $\mathbb{F}_{2^n}^*$ 为其乘法元群. 设 $\mathbb{F}_{2^n}$ 到 $\mathbb{F}_2$ 的迹函数为 $\mathrm{Tr}_1^n(x)$, 即对任意 $x \in \mathbb{F}_{2^n}$,

$$\mathrm{Tr}_1^n(x) = x + x^2 + x^{2^2} + \cdots + x^{2^{n-1}}.$$

对任意 n 元布尔函数 f, 都存在 $\mathbb{F}_{2^n}$ 上的多项式 $P(x)$ 使得 f 可以表示成 $f(x) = \mathrm{Tr}_1^n(P(x))$ 的形式. 这种表示称为布尔函数的多项式形式. 特别地, 形如 $\mathrm{Tr}(ux)(u \in \mathbb{F}_{2^n})$ 的布尔函数称为线性函数. 2006 年, Carlet[5]给出了一种一般性的利用 3 个不同的 Bent 函数来构造新的 Bent 函数的间接构造方法, 同时也给出了新构造 Bent 函数对偶函数的表达式. 基于 Carlet 的工作, Mesnager[18]构造了 7 类新的 Bent 函数, 同时也给出了它们的对偶函数. 其中两类具有如下多项式形式:

$$f_1(x) = \mathrm{Tr}_1^m(\lambda x^{2^m+1}) + \mathrm{Tr}_1^n(ux)\mathrm{Tr}_1^n(vx),$$

$$f_2(x) = \mathrm{Tr}_1^m(x^{2^m+1}) + \mathrm{Tr}_1^n\left(\sum_{i=1}^{2^{r-1}-1} x^{(2^m-1)\frac{i}{2^r}+1}\right) + \mathrm{Tr}_1^n(ux)\mathrm{Tr}_1^n(vx),$$

其中 $n = 2m, \lambda \in \mathbb{F}_{2^m}^*, u, v \in \mathbb{F}_{2^n}^*, r > 1$ 并且 $\gcd(r, m) = 1$. 这两类 Bent 函数都是通过对已知 Bent 函数添加两个线性函数乘积的方式得到的. 近期, 受 Mesnager 工作的启发, Xu 等[21]利用已知的 Bent 函数, 通过对其添加 2 个或 3 个线性函数的乘积得到了几类具有较少 Walsh 谱值的布尔函数, 并且完全决定出了其中两类函数 Walsh 谱值的分布.

本文将进一步推广 Mesnager 和 Xu 等的工作. 利用对偶函数可以显式表出的三类已知 Bent 函数——Kasami 函数、Gold-like 函数、具有 Niho 指数的函数, 通过对其添加 4 个线性函数的乘积, 我们给出三类新的 Bent 函数的构造. 本文余下部分的内容安排如下: 第 2 节介绍一些布尔函数方面的预备知识, 第 3 节给出一个本文研究所基于的基本引理, 第 4 节具体给出三类新的 Bent 函数的构造, 最后在第 5 节对本文内容进行总结.

2 预备知识

一个 n-元布尔函数是指向量空间 $\mathbb{F}_2^n$ 到 $\mathbb{F}_2$ 的任一映射. 关于布尔函数的真值表、代数标准型、代数次数等基本概念, 可参看文献 [6]. 由于有限域 $\mathbb{F}_{2^n}$ 的加法

群构成 $\mathbb{F}_2$ 上的 n-维向量空间, 因此布尔函数也可以看成 $\mathbb{F}_{2^n}$ 到 $\mathbb{F}_2$ 的映射. 根据 Lagrange 插值定理, $\mathbb{F}_{2^n}$ 到自身的任一映射 f 都可以表示成单变元多项式的形式, 即

$$f(x) = \sum_{i=0}^{2^n-1} a_i x^i, \quad a_i \in \mathbb{F}_{2^n}, 0 \leqslant i \leqslant 2^n - 1.$$

若 f 为布尔函数, 则其满足关系式 $f^2 = f$, 由此可以进一步将其表示成如下迹多项式的形式:

$$f(x) = \sum_{i \in \Gamma_n} \mathrm{Tr}_1^{o(i)}(a_i x^i) + \epsilon(1 + x^{2^n-1}).$$

这里 Γ_n 表示在模 $2^n - 1$ 的每个分圆陪集中取一个代表元组成的集合 (一般取分圆陪集中最小的元素, 称为陪集首); $o(i)$ 为 i 所在分圆陪集的大小, 并且 $a_i \in \mathbb{F}_{2^{o(i)}}$; $\epsilon = \mathrm{wt}(f) \pmod 2$, 其中 $\mathrm{wt}(f)$ 为 f 的 Hamming 重量, 即为 f 的支撑集 $\mathrm{supp}(f) := \{x \in \mathbb{F}_{2^n} \mid f(x) = 1\}$ 的大小. 在此表示下可以证明 f 的代数次数为

$$\deg(f) = \begin{cases} \max\{\mathrm{w}_2(i) \mid a_i \neq 0\}, & \epsilon = 0, \\ n, & \epsilon = 1, \end{cases}$$

其中 $\mathrm{w}_2(i)$ 表示整数 i 的 2-重量, 即 i 的二进制展开中 1 的个数.

在布尔函数的研究中, Walsh 变换是非常重要的工具. 对有限域 $\mathbb{F}_{2^n}$ 上的布尔函数 f, 它在点 $\omega \in \mathbb{F}_{2^n}$ 处的 Walsh 变换定义为

$$\widehat{\chi_f}(\omega) = \sum_{x \in \mathbb{F}_{2^n}} (-1)^{f(x) + \mathrm{Tr}_1^n(\omega x)}.$$

由此可以给出 Bent 函数的定义.

定义 1 有限域 $\mathbb{F}_{2^n}$ 上的布尔函数 f 称为 Bent 函数, 若对任意 $\omega \in \mathbb{F}_{2^n}$, 都有 $|\widehat{\chi_f}(\omega)| = 2^{\frac{n}{2}}$.

根据定义, Bent 函数的变元数必为偶数. 此外可以证明, Bent 函数的代数次数不超过 $n/2$. 另一方面, Bent 函数总是成对出现的. 给定有限域 $\mathbb{F}_{2^n}$ 上的一个 Bent 函数 f, 可以自然地定义另一个 Bent 函数 $\tilde{f}$, 称为 f 的对偶函数. 具体来说, 对任意 $x \in \mathbb{F}_{2^n}$, $\tilde{f}$ 可由下式定义:

$$(-1)^{\tilde{f}(x)} = \frac{\widehat{\chi_f}(x)}{2^{\frac{n}{2}}}.$$

可以证明 $\tilde{f}$ 也是 $\mathbb{F}_{2^n}$ 上的 Bent 函数, 并且 $\tilde{\tilde{f}} = f$. 对 Bent 函数 f, 如果 $\tilde{f} = f$, 则称 f 为自对偶的; 如果 $\tilde{f} = f + 1$, 则称 f 为反自对偶的. 关于自对偶和反自对偶 Bent 函数方面的结果, 可参考文献[7].

最后简要回顾 Hadamard 矩阵的概念. 对正整数 n, n 阶的 Hadamard 矩阵 H_n 是指元素为 ± 1 且满足 $H_n H_n^{\mathrm{T}} = n I_n$ 的矩阵, 其中 H_n^{T} 表示 H_n 的转置, I_n 表示 n 阶单位阵. 根据定义可见 $H_n^{-1} = \dfrac{1}{n} H_n^{\mathrm{T}}$.

3 基本引理

设 n 为正整数, 对 $1 \leqslant i \leqslant 4$, 设 $u_i \in \mathbb{F}_{2^n}^*$, 并设 g 是有限域 $\mathbb{F}_{2^n}$ 上的一个布尔函数. 令

$$f(x) = g(x) + \prod_{i=1}^{4} \mathrm{Tr}_1^n(u_i x).$$

本节给出一个关于函数 f Walsh 变换的基本引理, 它是证明第 4 节所构造函数的 Bent 性质的主要工具.

为方便起见, 我们定义 $U_0 = \{0\}$, $U_1 = \{u_1, u_2, u_3\}$, $U_2 = \{u_1 + u_2, u_1 + u_3, u_2 + u_3\}$, $U_3 = \{u_1 + u_2 + u_3\}$.

引理 2 符号如上. 对任意的 $a \in \mathbb{F}_{2^n}$ 有

$$\widehat{\chi_f}(a) = \widehat{\chi_g}(a) - \frac{1}{8} \sum_{i=0}^{3} \sum_{u \in U_i} (-1)^i \widehat{\chi_g}(a + u)$$
$$+ \frac{1}{8} \sum_{i=0}^{3} \sum_{u \in U_i} (-1)^i \widehat{\chi_g}(a + u_4 + u).$$

特别地, 如果 $u_3 = u_4$, 那么有

$$\widehat{\chi_f}(a) = \frac{1}{4} \big[3\widehat{\chi_g}(a) + \widehat{\chi_g}(a + u_1) + \widehat{\chi_g}(a + u_2) - \widehat{\chi_g}(a + u_1 + u_2) + \widehat{\chi_g}(a + u_3)$$
$$- \widehat{\chi_g}(a + u_1 + u_3) - \widehat{\chi_g}(a + u_2 + u_3) + \widehat{\chi_g}(a + u_1 + u_2 + u_3) \big].$$

更进一步, 如果 $u_2 = u_3 = u_4$, 那么有

$$\widehat{\chi_f}(a) = \frac{1}{2} \big[\widehat{\chi_g}(a) + \widehat{\chi_g}(a + u_1) + \widehat{\chi_g}(a + u_2) - \widehat{\chi_g}(a + u_1 + u_2) \big].$$

证明 对 $(i, j, k) \in \mathbb{F}_2^3$, $u_1, u_2, u_3 \in \mathbb{F}_{2^n}^*$, 定义

$$T_{(i,j,k)} = \{x \in \mathbb{F}_{2^n} \mid \mathrm{Tr}_1^n(u_1 x) = i, \mathrm{Tr}_1^n(u_2 x) = j, \mathrm{Tr}_1^n(u_3 x) = k\}$$

和

$$S_{(i,j,k)}(a) = \sum_{x \in T_{(i,j,k)}} (-1)^{g(x) + \mathrm{Tr}_1^n(ax)}.$$

则对任意 $a \in \mathbb{F}_{2^n}$ 有

$$\widehat{\chi_f}(a) = \sum_{x \in \mathbb{F}_{2^n}} (-1)^{f(x) + \mathrm{Tr}_1^n(ax)}$$

$$= \sum_{x \in \mathbb{F}_{2^n}} (-1)^{g(x) + \prod_{i=1}^{4} \mathrm{Tr}_1^n(u_i x) + \mathrm{Tr}_1^n(ax)}$$

$$= \sum_{x \in T_{(0,0,0)}} (-1)^{g(x) + \mathrm{Tr}_1^n(ax)} + \sum_{x \in T_{(0,0,1)}} (-1)^{g(x) + \mathrm{Tr}_1^n(ax)}$$

$$+ \sum_{x \in T_{(0,1,0)}} (-1)^{g(x) + \mathrm{Tr}_1^n(ax)} + \sum_{x \in T_{(0,1,1)}} (-1)^{g(x) + \mathrm{Tr}_1^n(ax)}$$

$$+ \sum_{x \in T_{(1,0,0)}} (-1)^{g(x) + \mathrm{Tr}_1^n(ax)} + \sum_{x \in T_{(1,0,1)}} (-1)^{g(x) + \mathrm{Tr}_1^n(ax)}$$

$$+ \sum_{x \in T_{(1,1,0)}} (-1)^{g(x) + \mathrm{Tr}_1^n(ax)} + \sum_{x \in T_{(1,1,1)}} (-1)^{g(x) + \mathrm{Tr}_1^n((a+u_4)x)}$$

$$= S_{(0,0,0)}(a) + S_{(0,0,1)}(a) + S_{(0,1,0)}(a) + S_{(0,1,1)}(a)$$

$$+ S_{(1,0,0)}(a) + S_{(1,0,1)}(a) + S_{(1,1,0)}(a) + S_{(1,1,1)}(a + u_4)$$

$$= \widehat{\chi_g}(a) - S_{(1,1,1)}(a) + S_{(1,1,1)}(a + u_4). \tag{1}$$

上面推导中最后一个等式成立是由于如下事实：

$$\widehat{\chi_g}(a) = S_{(0,0,0)}(a) + S_{(0,0,1)}(a) + S_{(0,1,0)}(a) + S_{(0,1,1)}(a)$$
$$+ S_{(1,0,0)}(a) + S_{(1,0,1)}(a) + S_{(1,1,0)}(a) + S_{(1,1,1)}(a). \tag{2}$$

类似地，

$$\widehat{\chi_g}(a + u_3) = S_{(0,0,0)}(a) - S_{(0,0,1)}(a) + S_{(0,1,0)}(a) - S_{(0,1,1)}(a)$$
$$+ S_{(1,0,0)}(a) - S_{(1,0,1)}(a) + S_{(1,1,0)}(a) - S_{(1,1,1)}(a); \tag{3}$$

$$\widehat{\chi_g}(a + u_1) = S_{(0,0,0)}(a) + S_{(0,0,1)}(a) + S_{(0,1,0)}(a) + S_{(0,1,1)}(a)$$
$$- S_{(1,0,0)}(a) - S_{(1,0,1)}(a) - S_{(1,1,0)}(a) - S_{(1,1,1)}(a); \tag{4}$$

$$\widehat{\chi_g}(a + u_1 + u_3) = S_{(0,0,0)}(a) - S_{(0,0,1)}(a) + S_{(0,1,0)}(a) - S_{(0,1,1)}(a)$$
$$- S_{(1,0,0)}(a) + S_{(1,0,1)}(a) - S_{(1,1,0)}(a) + S_{(1,1,1)}(a); \tag{5}$$

$$\widehat{\chi_g}(a + u_2) = S_{(0,0,0)}(a) + S_{(0,0,1)}(a) - S_{(0,1,0)}(a) - S_{(0,1,1)}(a)$$
$$+ S_{(1,0,0)}(a) + S_{(1,0,1)}(a) - S_{(1,1,0)}(a) - S_{(1,1,1)}(a); \tag{6}$$

$$\widehat{\chi_g}(a + u_2 + u_3) = S_{(0,0,0)}(a) - S_{(0,0,1)}(a) - S_{(0,1,0)}(a) + S_{(0,1,1)}(a)$$

$$+ S_{(1,0,0)}(a) - S_{(1,0,1)}(a) - S_{(1,1,0)}(a) + S_{(1,1,1)}(a); \quad (7)$$

$$\widehat{\chi_g}(a + u_1 + u_2) = S_{(0,0,0)}(a) + S_{(0,0,1)}(a) - S_{(0,1,0)}(a) - S_{(0,1,1)}(a)$$
$$- S_{(1,0,0)}(a) - S_{(1,0,1)}(a) + S_{(1,1,0)}(a) + S_{(1,1,1)}(a); \quad (8)$$

$$\widehat{\chi_g}(a + u_1 + u_2 + u_3) = S_{(0,0,0)}(a) - S_{(0,0,1)}(a) - S_{(0,1,0)}(a) + S_{(0,1,1)}(a)$$
$$- S_{(1,0,0)}(a) + S_{(1,0,1)}(a) + S_{(1,1,0)}(a) - S_{(1,1,1)}(a). \quad (9)$$

将(2)—(9)式写成矩阵形式即为

$$\begin{pmatrix} \widehat{\chi_g}(a) \\ \widehat{\chi_g}(a + u_3) \\ \widehat{\chi_g}(a + u_1) \\ \widehat{\chi_g}(a + u_1 + u_3) \\ \widehat{\chi_g}(a + u_2) \\ \widehat{\chi_g}(a + u_2 + u_3) \\ \widehat{\chi_g}(a + u_1 + u_2) \\ \widehat{\chi_g}(a + u_1 + u_2 + u_3) \end{pmatrix} = \begin{pmatrix} 1 & 1 & 1 & 1 & 1 & 1 & 1 & 1 \\ 1 & -1 & 1 & -1 & 1 & -1 & 1 & -1 \\ 1 & 1 & 1 & 1 & -1 & -1 & -1 & -1 \\ 1 & -1 & 1 & -1 & -1 & 1 & -1 & 1 \\ 1 & 1 & -1 & -1 & 1 & 1 & -1 & -1 \\ 1 & -1 & -1 & 1 & 1 & -1 & -1 & 1 \\ 1 & 1 & -1 & -1 & -1 & -1 & 1 & 1 \\ 1 & -1 & -1 & 1 & -1 & 1 & 1 & -1 \end{pmatrix} \begin{pmatrix} S_{(0,0,0)}(a) \\ S_{(0,0,1)}(a) \\ S_{(0,1,0)}(a) \\ S_{(0,1,1)}(a) \\ S_{(1,0,0)}(a) \\ S_{(1,0,1)}(a) \\ S_{(1,1,0)}(a) \\ S_{(1,1,1)}(a) \end{pmatrix}. \quad (10)$$

注意到 (10) 式中的系数矩阵是一个 8 阶 Hadamard 矩阵, 利用其逆矩阵可得

$$S_{(1,1,1)}(a) = \frac{1}{8}[\widehat{\chi_g}(a) - \widehat{\chi_g}(a + u_1) - \widehat{\chi_g}(a + u_2) - \widehat{\chi_g}(a + u_3) + \widehat{\chi_g}(a + u_1 + u_2)$$
$$+ \widehat{\chi_g}(a + u_1 + u_3) + \widehat{\chi_g}(a + u_2 + u_3) - \widehat{\chi_g}(a + u_1 + u_2 + u_3)]. \quad (11)$$

在 (11) 式中用 $a + u_4$ 替换 a, 则有

$$S_{(1,1,1)}(a + u_4) = \frac{1}{8}[\widehat{\chi_g}(a + u_4) - \widehat{\chi_g}(a + u_4 + u_1) - \widehat{\chi_g}(a + u_4 + u_2)$$
$$- \widehat{\chi_g}(a + u_4 + u_3) + \widehat{\chi_g}(a + u_4 + u_1 + u_2) + \widehat{\chi_g}(a + u_4 + u_1 + u_3)$$
$$+ \widehat{\chi_g}(a + u_4 + u_2 + u_3) - \widehat{\chi_g}(a + u_4 + u_1 + u_2 + u_3)]. \quad (12)$$

把 (11) 式与 (12) 式代入 (1) 式中即得到

$$\widehat{\chi_f}(a) = \widehat{\chi_g}(a) - \frac{1}{8}\sum_{i=0}^{3}\sum_{u \in U_i}(-1)^i \widehat{\chi_g}(a+u) + \frac{1}{8}\sum_{i=0}^{3}\sum_{u \in U_i}(-1)^i \widehat{\chi_g}(a+u_4+u). \quad (13)$$

特别地，如果 $u_3 = u_4$，由 (13) 式可得

$$\widehat{\chi_f}(a) = \frac{1}{4}\big[3\widehat{\chi_g}(a) + \widehat{\chi_g}(a+u_1) + \widehat{\chi_g}(a+u_2) - \widehat{\chi_g}(a+u_1+u_2) + \widehat{\chi_g}(a+u_3)$$
$$- \hat{\chi}_g(a+u_1+u_3) - \hat{\chi}_g(a+u_2+u_3) + \hat{\chi}_g(a+u_1+u_2+u_3)\big].$$

更进一步，如果 $u_2 = u_3 = u_4$，由 (13) 式可得

$$\widehat{\chi_f}(a) = \frac{1}{2}\big[\widehat{\chi_g}(a) + \widehat{\chi_g}(a+u_1) + \widehat{\chi_g}(a+u_2) - \widehat{\chi_g}(a+u_1+u_2)\big].$$

由此定便证明了引理 2 的结论. □

备注 当 $u_i = u_j, i \neq j$ 时，易见 $f(x)$ 具有 $g(x) + \prod_{i=1}^{3}\mathrm{Tr}_1^n(u_i x)$ 的形式；另一方面，当 $\sum_{i=1}^{4}u_i = 0$ 时，$f(x) = g(x) + 3\prod_{i=1}^{3}\mathrm{Tr}_1^n(u_i x) = g(x) + \prod_{i=1}^{3}\mathrm{Tr}_1^n(u_i x)$. 我们称这两种情形为退化情形. 本文仅考虑非退化情形，即假设 $\sum_{i=1}^{4}u_i \neq 0$ 且 u_1, u_2, u_3, u_4 互不相同.

4 主要结果

本节将分别利用 Kasami 函数、Gold-like 函数、具有 Niho 指数的函数三类已知 Bent 函数，来构造三类形如 $g(x) + \prod_{i=1}^{4}\mathrm{Tr}_1^n(u_i x)$ 的新的 Bent 函数.

4.1 基于 Kasami 函数构造的 Bent 函数

设 $n = 2m$ 为正偶数，当 $\lambda \in \mathbb{F}_{2^m}^*$ 时，Kasami 函数 $g(x) = \mathrm{Tr}_1^m(\lambda x^{2^m+1})$ 为 $\mathbb{F}_{2^n}$ 上的 Bent 函数，并且在文献[19]中 Mesnager 给出了其对偶函数 $\tilde{g}(x) = \mathrm{Tr}_1^m(\lambda^{-1}x^{2^m+1}) + 1$. 从而，对任意 $a \in \mathbb{F}_{2^n}$ 有

$$\widehat{\chi_g}(a) = -2^m(-1)^{\mathrm{Tr}_1^m(\lambda^{-1}a^{2^m+1})}. \quad (14)$$

如下利用 Kasami 函数来构造一类新的 Bent 函数. 我们有如下定理 3.

定理 3 设 $n = 2m$ 为正整数，对 $1 \leqslant i \leqslant 4, u_i \in \mathbb{F}_{2^n}^*$，定义有限域 $\mathbb{F}_{2^n}$ 上的布尔函数

$$f(x) = \mathrm{Tr}_1^m(\lambda x^{2^m+1}) + \prod_{i=1}^{4}\mathrm{Tr}_1^n(u_i x),$$

其中 $\lambda \in \mathbb{F}_{2^m}^*$. 如果 $\mathrm{Tr}_1^n(\lambda^{-1} u_i^{2^m} u_j) = 0$ 对任意 $1 \leqslant i < j \leqslant 4$ 成立, 那么 f 为 $\mathbb{F}_{2^n}$ 上的 Bent 函数.

证明 设 $g(x) = \mathrm{Tr}_1^m(\lambda x^{2^m+1})$, 对任意 $a \in \mathbb{F}_{2^n}$, 由引理 2 可得

$$\begin{aligned}\widehat{\chi_f}(a) = & \widehat{\chi_g}(a) - \frac{1}{8}\sum_{i=0}^{3}\sum_{u \in U_i}(-1)^i \widehat{\chi_g}(a+u) + \frac{1}{8}\sum_{i=0}^{3}\sum_{u \in U_i}(-1)^i \widehat{\chi_g}(a+u_4+u) \\
= & \frac{1}{8}\Big[7\widehat{\chi_g}(a) + \widehat{\chi_g}(a+u_1) + \widehat{\chi_g}(a+u_2) + \widehat{\chi_g}(a+u_3) - \widehat{\chi_g}(a+u_1+u_2) \\
& - \widehat{\chi_g}(a+u_1+u_3) - \widehat{\chi_g}(a+u_2+u_3) + \widehat{\chi_g}(a+u_1+u_2+u_3) + \widehat{\chi_g}(a+u_4) \\
& - \widehat{\chi_g}(a+u_4+u_1) - \widehat{\chi_g}(a+u_4+u_2) - \widehat{\chi_g}(a+u_4+u_3) + \widehat{\chi_g}(a+u_1+u_2+u_4) \\
& + \widehat{\chi_g}(a+u_1+u_3+u_4) + \widehat{\chi_g}(a+u_2+u_3+u_4) - \widehat{\chi_g}(a+u_1+u_2+u_3+u_4)\Big] \\
= & \Delta_1 + \Delta_2,\end{aligned}$$

其中

$$\begin{aligned}\Delta_1 = & \frac{1}{8}\Big[7\widehat{\chi_g}(a) + \widehat{\chi_g}(a+u_1) + \widehat{\chi_g}(a+u_2) + \widehat{\chi_g}(a+u_3) - \widehat{\chi_g}(a+u_1+u_2) \\
& - \widehat{\chi_g}(a+u_1+u_3) - \widehat{\chi_g}(a+u_2+u_3) + \widehat{\chi_g}(a+u_1+u_2+u_3)\Big], \\
\Delta_2 = & \frac{1}{8}\Big[\widehat{\chi_g}(a+u_4) - \widehat{\chi_g}(a+u_4+u_1) - \widehat{\chi_g}(a+u_4+u_2) - \widehat{\chi_g}(a+u_4+u_3) \\
& + \widehat{\chi_g}(a+u_1+u_2+u_4) + \widehat{\chi_g}(a+u_1+u_3+u_4) + \widehat{\chi_g}(a+u_2+u_3+u_4) \\
& - \widehat{\chi_g}(a+u_1+u_2+u_3+u_4)\Big].\end{aligned}$$

将 (14) 式分别代入 Δ_1 和 Δ_2 的表达式中可得

$$\begin{aligned}\Delta_1 = & \frac{1}{8}(-2^m)\Big[7(-1)^{\mathrm{Tr}_1^m(\lambda^{-1} a^{2^m+1})} + (-1)^{\mathrm{Tr}_1^m\left(\lambda^{-1}(a+u_1)^{2^m+1}\right)} \\
& + (-1)^{\mathrm{Tr}_1^m\left(\lambda^{-1}(a+u_2)^{2^m+1}\right)} + (-1)^{\mathrm{Tr}_1^m\left(\lambda^{-1}(a+u_3)^{2^m+1}\right)} \\
& - (-1)^{\mathrm{Tr}_1^m\left(\lambda^{-1}(a+u_1+u_2)^{2^m+1}\right)} - (-1)^{\mathrm{Tr}_1^m\left(\lambda^{-1}(a+u_1+u_3)^{2^m+1}\right)} \\
& - (-1)^{\mathrm{Tr}_1^m(\lambda^{-1}(a+u_2+u_3)^{2^m+1})} + (-1)^{\mathrm{Tr}_1^m(\lambda^{-1}(a+u_1+u_2+u_3)^{2^m+1})}\Big], \\
\Delta_2 = & \frac{1}{8}(-2^m)\Big[(-1)^{\mathrm{Tr}_1^m\left(\lambda^{-1}(a+u_4)^{2^m+1}\right)} - (-1)^{\mathrm{Tr}_1^m\left(\lambda^{-1}(a+u_1+u_4)^{2^m+1}\right)} \\
& - (-1)^{\mathrm{Tr}_1^m\left(\lambda^{-1}(a+u_2+u_4)^{2^m+1}\right)} - (-1)^{\mathrm{Tr}_1^m\left(\lambda^{-1}(a+u_3+u_4)^{2^m+1}\right)} \\
& + (-1)^{\mathrm{Tr}_1^m\left(\lambda^{-1}(a+u_1+u_2+u_4)^{2^m+1}\right)} + (-1)^{\mathrm{Tr}_1^m\left(\lambda^{-1}(a+u_1+u_3+u_4)^{2^m+1}\right)} \\
& + (-1)^{\mathrm{Tr}_1^m\left(\lambda^{-1}(a+u_2+u_3+u_4)^{2^m+1}\right)} - (-1)^{\mathrm{Tr}_1^m\left(\lambda^{-1}(a+u_1+u_2+u_3+u_4)^{2^m+1}\right)}\Big].\end{aligned}$$

令

$$t_1 = \mathrm{Tr}_1^n\left(\lambda^{-1}(u_1^{2^m} u_2)\right), \quad t_2 = \mathrm{Tr}_1^n\left(\lambda^{-1}(u_1^{2^m} u_3)\right),$$

$$t_3 = \mathrm{Tr}_1^n\big(\lambda^{-1}(u_1^{2^m} u_4)\big), \quad t_4 = \mathrm{Tr}_1^n\big(\lambda^{-1}(u_2^{2^m} u_3)\big),$$
$$t_5 = \mathrm{Tr}_1^n\big(\lambda^{-1}(u_2^{2^m} u_4)\big), \quad t_6 = \mathrm{Tr}_1^n\big(\lambda^{-1}(u_3^{2^m} u_4)\big);$$
$$c_1 = \mathrm{Tr}_1^m\big(\lambda^{-1}(a^{2^m} s + a s^{2^m} + s^{2^m+1})\big), \quad c_2 = \mathrm{Tr}_1^m\big(\lambda^{-1}(a^{2^m} v + a v^{2^m} + v^{2^m+1})\big),$$
$$c_3 = \mathrm{Tr}_1^m\big(\lambda^{-1}(a^{2^m} u + a u^{2^m} + u^{2^m+1})\big), \quad c_4 = \mathrm{Tr}_1^m\big(\lambda^{-1}(a^{2^m} r + a r^{2^m} + r^{2^m+1})\big).$$

则 Δ_1 和 Δ_2 可以简化成如下形式:

$$\Delta_1 = \frac{1}{8}(-2^m)(-1)^{\mathrm{Tr}_1^m(\lambda^{-1} a^{2^m+1})}\big[7 + (-1)^{c_1} + (-1)^{c_2} + (-1)^{c_3} - (-1)^{c_3+c_2+t_1}$$
$$- (-1)^{c_1+c_3+t_2} - (-1)^{c_1+c_2+t_3} + (-1)^{c_1+c_2+c_3+t_1+t_2+t_3}\big],$$
$$\Delta_2 = \frac{1}{8}(-2^m)(-1)^{\mathrm{Tr}_1^m(\lambda^{-1} a^{2^m+1})+c_4}\big[1 - (-1)^{c_1+t_6} - (-1)^{c_2+t_5} - (-1)^{c_3+t_4}$$
$$+ (-1)^{c_3+c_2+t_1+t_4+t_5} + (-1)^{c_1+c_3+t_2+t_4+t_6} + (-1)^{c_1+c_2+t_3+t_5+t_6}$$
$$- (-1)^{c_1+c_2+c_3+t_1+t_2+t_3+t_4+t_5+t_6}\big].$$

由假设 $t_1 = t_2 = t_3 = t_4 = t_5 = t_6 = 0$, 故有

$$\Delta_1 = \frac{1}{8}(-2^m)(-1)^{\mathrm{Tr}_1^m(\lambda^{-1} a^{2^m+1})}\big[7 + (-1)^{c_1} + (-1)^{c_2} + (-1)^{c_3} - (-1)^{c_3+c_2}$$
$$- (-1)^{c_1+c_3} - (-1)^{c_1+c_2} + (-1)^{c_1+c_2+c_3}\big],$$
$$\Delta_2 = \frac{1}{8}(-2^m)(-1)^{\mathrm{Tr}_1^m(\lambda^{-1} a^{2^m+1})+c_4}\big[1 - (-1)^{c_1} - (-1)^{c_2} - (-1)^{c_3} + (-1)^{c_3+c_2}$$
$$+ (-1)^{c_1+c_3} + (-1)^{c_1+c_2} - (-1)^{c_1+c_2+c_3}\big].$$

当 $c_4 = 0$ 时可得

$$\widehat{\chi_f}(a) = \Delta_1 + \Delta_2 = -2^m(-1)^{\mathrm{Tr}_1^m(\lambda^{-1} a^{2^m+1})};$$

当 $c_4 = 1$ 时可得

$$\widehat{\chi_f}(a) = \Delta_1 + \Delta_2$$
$$= \frac{1}{4}(-2^m)(-1)^{\mathrm{Tr}_1^m(\lambda^{-1} a^{2^m+1})}\big[3 + (-1)^{c_1} + (-1)^{c_2} + (-1)^{c_3}$$
$$- (-1)^{c_3+c_2} - (-1)^{c_1+c_3} - (-1)^{c_1+c_2} + (-1)^{c_1+c_2+c_3}\big]$$
$$= \frac{1}{4}(-2^m)(-1)^{\mathrm{Tr}_1^m(\lambda^{-1} a^{2^m+1})}\big[4 - \big(1 - (-1)^{c_1}\big)\big(1 - (-1)^{c_2}\big)\big(1 - (-1)^{c_3}\big)\big]$$
$$= \begin{cases} 2^m(-1)^{\mathrm{Tr}_1^m(\lambda^{-1} a^{2^m+1})}, & c_1 = c_2 = c_3 = 1, \\ -2^m(-1)^{\mathrm{Tr}_1^m(\lambda^{-1} a^{2^m+1})}, & \text{其他}. \end{cases}$$

因此, 对任意 $a \in \mathbb{F}_{2^n}$ 都有 $|\hat{\chi}_f(a)| = 2^m$, 从而 f 是 $\mathbb{F}_{2^n}$ 上的 Bent 函数. $\square$

值得注意的是, 当 $u_1, u_2, u_3, u_4 \in \mathbb{F}_{2^m}^*$ 时, $\mathrm{Tr}_1^n(\lambda^{-1} u_i^{2^m} u_j) = 0$ 对 $1 \leqslant i < j \leqslant 4$ 恒成立. 因此, 由定理 2 容易得到如下推论 4.

推论 4   设 $n=2m$ 为正整数, $\lambda \in \mathbb{F}_{2^m}^*$, 对 $1 \leqslant i \leqslant 4$, $u_i \in \mathbb{F}_{2^m}^*$. 定义 $\mathbb{F}_{2^n}$ 上的布尔函数

$$f(x) = \mathrm{Tr}_1^m(\lambda x^{2^m+1}) + \prod_{i=1}^{4} \mathrm{Tr}_1^n(u_i x),$$

则 f 为 Bent 函数.

如下讨论一下定理 3 中函数 f 的代数次数. 在 f 的表达式中, Kasami 函数的代数次数为 2, 四个线性函数乘积的代数次数为 4, 因此当 $m < 4$ 时 f 作为 Bent 函数其代数次数似乎可以超过 m, 这与 $2m$- 元 Bent 函数的代数次数不超过 m 矛盾. 下面我们将说明当 $m < 4$ 时, Bent 函数 f 的代数次数不会超过 m. 事实上, 只需考虑 m 等于 2 和 3 两种情形 (因为若 $\mathbb{F}_{2^{2m}}$ 中包含 4 个互不相同的四个非零元素 u_1, u_2, u_3, u_4, m 必须大于 1).

下面我们只对 $m = 3$ 的情形进行说明, $m = 2$ 时类似. 只需证明在定理 3 的条件下, 函数 $f(x) = \mathrm{Tr}_1^m(\lambda x^{2^m+1}) + \prod_{i=1}^{4} \mathrm{Tr}_1^n(u_i x)$ 中没有代数次数为 4 的项即可. 设 $\{i_1, i_2, i_3, i_4\} \subseteq \{0,1,2,3,4,5\}$, 记 $\mathcal{P}_{i_1,i_2,i_3,i_4}$ 为 i_1, i_2, i_3, i_4 四个元素所构成置换的集合. 显然 f 中代数次数为 4 的项有如下形式:

$$\left(\sum_{(i_1,i_2,i_3,i_4) \in \mathcal{P}_{i_1,i_2,i_3,i_4}} \prod_{j=1}^{4} u_j^{2^{i_j}} \right) x^{\sum_{j=1}^{4} 2^{i_j}}.$$

我们将证明对任意 $\{i_1, i_2, i_3, i_4\} \subseteq \{0,1,2,3,4,5\}$ 都有

$$\sum_{(i_1,i_2,i_3,i_4) \in \mathcal{P}_{i_1,i_2,i_3,i_4}} \prod_{j=1}^{4} u_j^{2^{i_j}} = 0, \tag{15}$$

由此即知 f 中没有代数次数为 4 的项.

条件 $\mathrm{Tr}_1^n(\lambda^{-1} u_i^{2^m} u_j) = 0$ 对 $1 \leqslant i < j \leqslant 4$ 成立, 将其写成如下形式:

$$\begin{cases} \lambda^{-1} u_1^8 u_2 + \lambda^{-2} u_1^{16} u_2^2 + \lambda^{-4} u_1^{32} u_2^4 + \lambda^{-1} u_1 u_2^8 + \lambda^{-2} u_1^2 u_2^{16} + \lambda^{-4} u_1^4 u_2^{32} = 0, \\ \lambda^{-1} u_1^8 u_3 + \lambda^{-2} u_1^{16} u_3^2 + \lambda^{-4} u_1^{32} u_3^4 + \lambda^{-1} u_1 u_3^8 + \lambda^{-2} u_1^2 u_3^{16} + \lambda^{-4} u_1^4 u_3^{32} = 0, \\ \lambda^{-1} u_1^8 u_4 + \lambda^{-2} u_1^{16} u_4^2 + \lambda^{-4} u_1^{32} u_4^4 + \lambda^{-1} u_1 u_4^8 + \lambda^{-2} u_1^2 u_4^{16} + \lambda^{-4} u_1^4 u_4^{32} = 0, \\ \lambda^{-1} u_2^8 u_3 + \lambda^{-2} u_2^{16} u_3^2 + \lambda^{-4} u_2^{32} u_3^4 + \lambda^{-1} u_2 u_3^8 + \lambda^{-2} u_2^2 u_3^{16} + \lambda^{-4} u_2^4 u_3^{32} = 0, \\ \lambda^{-1} u_2^8 u_4 + \lambda^{-2} u_2^{16} u_4^2 + \lambda^{-4} u_2^{32} u_4^4 + \lambda^{-1} u_2 u_4^8 + \lambda^{-2} u_2^2 u_4^{16} + \lambda^{-4} u_2^4 u_4^{32} = 0, \\ \lambda^{-1} u_3^8 u_4 + \lambda^{-2} u_3^{16} u_4^2 + \lambda^{-4} u_3^{32} u_4^4 + \lambda^{-1} u_3 u_4^8 + \lambda^{-2} u_3^2 u_4^{16} + \lambda^{-4} u_3^4 u_4^{32} = 0. \end{cases} \tag{16}$$

由于 $\{i_1, i_2, i_3, i_4\} \subseteq \{0,1,2,3,4,5\}$, 故 i_1, i_2, i_3, i_4 共有 $\binom{6}{4} = 15$ 种选择, 我们证明对每一种选择 (15) 式都成立. 这里仅举一例. 当 $\{i_1, i_2, i_3, i_4\} = \{0,1,2,3\}$ 时, 分

别用 $u_3^2u_4^4+u_3^4u_4^2$, $u_2^2u_4^4+u_2^4u_4^2$, $u_2^2u_3^4+u_2^4u_3^2$, $u_1^2u_4^4+u_1^4u_4^2$, $u_1^2u_3^4+u_1^4u_3^2$ 和 $u_1^2u_2^4+u_1^4u_2^2$ 去乘方程组 (16) 的六个方程的左右两边, 然后将所得的六个方程左右两边相加即得

$$\sum_{(0,1,2,3)\in\mathcal{P}_{0,1,2,3}}\prod_{j=1}^{4}u_j^{2^{i_j}}=0.$$

其余情形证明完全类似. 因此, 在 $m=3$ 时定理 3 中的 Bent 函数 f 没有代数次数为 4 的项. 下面的例 5 说明 f 的代数次数可以达到 m.

例 5 设 $m=3$, α 是有限域 $\mathbb{F}_{2^6}$ 的一个本原元, 其极小多项式为 $x^6+x^4+x^3+x+1$. 取 $\lambda=1, u_1=\alpha, u_2=\alpha^{10}, u_3=\alpha^{43}, u_4=\alpha^{48}$. 通过计算机实验可得 $\mathrm{Tr}_1^6(\lambda^{-1}u_i^8u_j)=0$ 对 $1\leqslant i<j\leqslant 4$ 都成立, $f(x)=\mathrm{Tr}_1^3(\lambda x^9)+\prod_{i=1}^{4}\mathrm{Tr}_1^6(u_ix)$ 是 $\mathbb{F}_{2^6}$ 上的 Bent 函数. 进而, 对任意 $\{i_1,i_2,i_3,i_4\}\subseteq\{0,1,2,3,4,5\}$, 都有 $\sum_{(i_1,i_2,i_3,i_4)\in\mathcal{P}_{i_1,i_2,i_3,i_4}}\prod_{j=1}^{4}u_j^{2^{i_j}}=0$, 这说明 f 中没有代数次数为 4 的项. 更进一步, 我们得到 f 中有代数次数为 3 的项 x^{11}, 其系数为 α^2, 即此时 f 可以达到最优的代数次数.

4.2 基于 Gold-like 单项式函数构造的 Bent 函数

设 $m\geqslant 2$ 为正整数, $\lambda\in\mathbb{F}_{2^{4m}}^*$. $f(x)=\mathrm{Tr}_1^{4m}(\lambda x^{2^m+1})$ 为定义在有限域 $\mathbb{F}_{2^{4m}}$ 上的布尔函数. 这类函数称为 Gold-like 函数. 在文献[7]中, Carlet 等证明了当 $\lambda^{2^{3m}+1}+\lambda^2=1$ 且 $\lambda^{2^m+1}+\lambda^{2^{2m}+2^{3m}}=0$ 时, $f(x)$ 为自对偶或反自对偶 Bent 函数. 近期, Mesnager[18]证明了当 $\lambda^{2^{3m}+1}+\lambda^2=1$ 时, 函数 $f(x)$ 是 $\mathbb{F}_{2^{4m}}$ 上的自对偶 Bent 函数. 从而, 对任意 $a\in\mathbb{F}_{2^{4m}}$, 当 $\lambda^{2^{3m}+1}+\lambda^2=1$ 时有

$$\widehat{\chi_f}(a)=2^{2m}(-1)^{\mathrm{Tr}_1^{4m}(\lambda a^{2^m+1})}.$$

如下利用 Gold-like 函数来构造一类新的 Bent 函数. 我们有如下定理 6.

定理 6 设 $n=4m$ 为正整数, 对 $1\leqslant i\leqslant 4$, $u_i\in\mathbb{F}_{2^n}^*$. 设 $\lambda\in\mathbb{F}_{2^n}^*$, 并且 $\lambda+\lambda^{2^{3m}}=1$. 定义 $\mathbb{F}_{2^n}$ 上的布尔函数

$$f(x)=\mathrm{Tr}_1^n(\lambda x^{2^m+1})+\prod_{i=1}^{4}\mathrm{Tr}_1^n(u_ix).$$

若对任意 $1\leqslant i<j\leqslant 4$, $\mathrm{Tr}_1^n\big(\lambda(u_i^{2^m}u_j+u_j^{2^m}u_i)\big)=0$, 则 f 为 $\mathbb{F}_{2^n}$ 上的 Bent 函数.

证明 与定理 3 的证明过程完全类似, 在此将其省去. □

4.3 基于具有 Niho 指数的函数构造的 Bent 函数

具有 Niho 指数的 Bent 函数最初是由 Dobbertin 等在文献[11]中提出, 他们构造了三类二项式形式 Niho 指数 Bent 函数, 其中一类后来被 Leander 等[13]推广成

具有 2^r 个 Niho 指数的 Bent 函数, 其形式为

$$g(x) = \mathrm{Tr}_1^n\left(ax^{2^m+1} + \sum_{i=1}^{2^{r-1}-1} x^{(2^m-1)\frac{i}{2^r}+1}\right),$$

其中 $n = 2m, r > 1, \gcd(r,m) = 1, a \in \mathbb{F}_{2^n}$ 且 $a + a^{2^m} = 1$. 注意到当 $a \in \mathbb{F}_{2^n}$ 且 $a + a^{2^m} = 1$ 时,

$$\mathrm{Tr}_1^n(ax^{2^m+1}) = \mathrm{Tr}_1^m(ax^{2^m+1} + a^{2^m}x^{2^m+1}) = \mathrm{Tr}_1^m(x^{2^m+1}).$$

因此 $g(x)$ 也可以写成如下形式:

$$g(x) = \mathrm{Tr}_1^m(x^{2^m+1}) + \mathrm{Tr}_1^n\left(\sum_{i=1}^{2^{r-1}-1} x^{(2^m-1)\frac{i}{2^r}+1}\right).$$

文献[1]给出了 g 的对偶函数:

$$\tilde{g}(x) = \mathrm{Tr}_1^m\left((\alpha(1+x+x^{2^m}) + \alpha^{2^{n-r}} + x^{2^m}) \times (1+x+x^{2^m})^{\frac{1}{2^r-1}}\right). \tag{17}$$

如下利用具有 2^r 个 Niho 指数的 Bent 函数来构造一类新的 Bent 函数. 我们有如下定理 7.

定理 7 设 $n = 2m, r > 1$ 且 $\gcd(r,m) = 1$, 对 $1 \leqslant i \leqslant 4$, $u_i \in \mathbb{F}_{2^m}^*$. 定义 $\mathbb{F}_{2^n}$ 上的布尔函数

$$f(x) = \mathrm{Tr}_1^m(x^{2^m+1}) + \mathrm{Tr}_1^n\left(\sum_{i=1}^{2^{r-1}-1} x^{(2^m-1)\frac{i}{2^r}+1}\right) + \prod_{i=1}^{4} \mathrm{Tr}_1^n(u_i x),$$

则 f 为 Bent 函数.

证明 设

$$g(x) = \mathrm{Tr}_1^m(x^{2^m+1}) + \mathrm{Tr}_1^n\left(\sum_{i=1}^{2^{r-1}-1} x^{(2^m-1)\frac{i}{2^r}+1}\right).$$

对任意 $a \in \mathbb{F}_{2^n}$, 由引理 2 可得

$$\widehat{\chi_f}(a) = \Delta_1 + \Delta_2,$$

其中

$$\Delta_1 = \widehat{\chi_g}(a) - \frac{1}{8}\sum_{i=0}^{3}\sum_{u \in U_i}(-1)^i \widehat{\chi_g}(a+u),$$

$$\Delta_2 = \frac{1}{8} \sum_{i=0}^{3} \sum_{u \in U_i} (-1)^i \widehat{\chi_g}(a + u_4 + u).$$

令 $A = 1 + a + a^{2^m}$, 其中 $\alpha \in \mathbb{F}_{2^n}$ 且 $\alpha + \alpha^{2^m} = 1$. 由 (17) 式可得

$$\widehat{\chi_g}(a) = 2^m (-1)^{\mathrm{Tr}_1^m \left((\alpha A + \alpha^{2^{n-r}} + a^{2^m}) A^{\frac{1}{2^r-1}} \right)}.$$

对 $0 \leqslant i \leqslant 3, u \in U_i$, 即 $u = \sum_{j=1}^{i} u_{i_j}$, 定义

$$c_u = \mathrm{Tr}_1^m (u A^{\frac{1}{2^r-1}}) = \sum_{j=1}^{i} \mathrm{Tr}_1^m (u_{i_j} A^{\frac{1}{2^r-1}}).$$

注意到对 $u \in \mathbb{F}_{2^m}^*$, $1 + a + u + (a+u)^{2^m} = A + u + u^{2^m} = A$. 从而 Δ_1 和 Δ_2 可以简化成如下形式:

$$\begin{aligned}
\Delta_1 =& 2^m (-1)^{\mathrm{Tr}_1^m \left((\alpha A + \alpha^{2^{n-r}} + a^{2^m}) A^{\frac{1}{2^r-1}} \right)} \\
& \left(1 - \frac{1}{8} \sum_{i=0}^{3} (-1)^i \sum_{u \in U_i} (-1)^{\mathrm{Tr}_1^m (u A^{\frac{1}{2^r-1}})} \right) \\
=& 2^m (-1)^{\mathrm{Tr}_1^m \left((\alpha A + \alpha^{2^{n-r}} + a^{2^m}) A^{\frac{1}{2^r-1}} \right)} \left(1 - \frac{1}{8} \sum_{i=0}^{3} (-1)^i \sum_{u \in U_i} (-1)^{c_u} \right), \\
\Delta_2 =& 2^m (-1)^{\mathrm{Tr}_1^m \left((\alpha A + \alpha^{2^{n-r}} + a^{2^m} + u_k) A^{\frac{1}{2^r-1}} \right)} \\
& \left(\frac{1}{8} \sum_{i=0}^{3} (-1)^i \sum_{u \in U_i} (-1)^{\mathrm{Tr}_1^m (u A^{\frac{1}{2^r-1}})} \right) \\
=& 2^m (-1)^{\mathrm{Tr}_1^m \left((\alpha A + \alpha^{2^{n-r}} + a^{2^m} + u_k) A^{\frac{1}{2^r-1}} \right)} \left(\frac{1}{8} \sum_{i=0}^{3} (-1)^i \sum_{u \in U_i} (-1)^{c_u} \right).
\end{aligned}$$

当 $\mathrm{Tr}_1^m (u_k A^{1/(2^r-1)}) = 0$ 时,

$$\widehat{\chi_f}(a) = \hat{\chi}_g(a) = 2^m (-1)^{\mathrm{Tr}_1^m \left((\alpha A + \alpha^{2^{n-r}} + a^{2^m}) A^{\frac{1}{2^r-1}} \right)};$$

当 $\mathrm{Tr}_1^m (u_k A^{1/(2^r-1)}) = 1$ 时,

$$\widehat{\chi_f}(a) = 2^m (-1)^{\mathrm{Tr}_1^m \left((\alpha A + \alpha^{2^{n-r}} + a^{2^m}) A^{\frac{1}{2^r-1}} \right)} \left(1 - \frac{1}{4} \sum_{i=0}^{r-1} (-1)^i \sum_{u \in U_i} (-1)^{c_u} \right). \quad (18)$$

令

$$d_0 = \mathrm{Tr}_1^m\left((\alpha A + \alpha^{2^{n-k}} + a^{2^m})A^{\frac{1}{2^r-1}}\right), \quad d_1 = \mathrm{Tr}_1^m(uA^{\frac{1}{2^r-1}}),$$
$$d_2 = \mathrm{Tr}_1^m(vA^{\frac{1}{2^r-1}}), \quad d_3 = \mathrm{Tr}_1^m(sA^{\frac{1}{2^r-1}}).$$

则 (18) 式可以写成

$$\begin{aligned}\widehat{\chi_f}(a) &= \Delta_1 + \Delta_2 \\ &= \frac{1}{4} 2^m (-1)^{d_0}\left(3 + (-1)^{d_1} + (-1)^{d_2} + (-1)^{d_3} - (-1)^{d_1+d_2}\right. \\ &\quad \left. - (-1)^{d_1+d_3} - (-1)^{d_2+d_3} + (-1)^{d_1+d_2+d_3}\right) \\ &= \frac{1}{4} 2^m (-1)^{d_0}\left(4 - \left(1-(-1)^{d_1}\right)\left(1-(-1)^{d_2}\right)\left(1-(-1)^{d_3}\right)\right) \\ &= \begin{cases} -2^m (-1)^{d_0}, & d_1 = d_2 = d_3 = 1, \\ 2^m (-1)^{d_0}, & \text{其他}. \end{cases}\end{aligned}$$

从而, 对任意 $a \in \mathbb{F}_{2^n}$ 都有 $|\widehat{\chi_f}(a)| = 2^m$, 故 f 为 $\mathbb{F}_{2^n}$ 上的 Bent 函数. □

例 8 设 $m = 4, r = 3$, α 为有限域 $\mathbb{F}_{2^8}$ 的一个本原元, 其极小多项式为 $x^8 + x^4 + x^3 + x^2 + 1$. 取 $u_1 = \alpha^{17}, u_2 = \alpha^{51}, u_3 = \alpha^{68}, u_4 = \alpha^{153}$. 通过计算机实验可以发现 $f(x) = \mathrm{Tr}_1^4(x^{17}) + \mathrm{Tr}_1^8(x^{226}) + \mathrm{Tr}_1^8(x^{196}) + \mathrm{Tr}_1^8(x^{166}) + \prod_{i=1}^{4} \mathrm{Tr}_1^8(u_i x)$ 是 $\mathbb{F}_{2^8}$ 上的 Bent 函数. 这与定理 7 的结论一致.

5 结论

本文通过对已知的 Bent 函数——Kasami 函数、Gold-like 函数、具有 Niho 指数的函数添加四个线性函数的乘积, 得到了三类新的 Bent 函数. 值得注意的是, 在 Kasami 函数和 Gold-like 函数 (代数次数为 2) 的情形, 通过我们的方法所构造出的 Bent 函数在一般情况下具有比原函数更高的代数次数, 且在一定情形代数次数可以达到 4. 这一工作推广了 Mesnager 等的工作, 丰富了 Bent 函数构造方面的结果.

Construction of Three Kinds of Bent Functions Like $g(x)+\prod_{i=1}^{4} \operatorname{Tr}_1^n(u_i x)$

Li-Bo Wang[1], Bao-Feng Wu[2], Zhuo-Jun Liu[1], Dong-Dai Lin[2]

(1. Academy of Mathematics and Systems Science, CAS, Beijing 100190, China;

2. Institute of Information Engineering, CAS, Beijing 100093, China)

Abstract Bent functions are maximally nonlinear Boolean functions, which closely related to some combinatorial objects and also have important applications in coding, cryptography and sequence design. Therefore, giving more constructions of bent functions have important value in theory and application. In this Paper, by adding the product of four linear functions to known bent functions to construct new bent functions. Especially, using Kasami functions, Gold-like functions and functions with Niho exponents, three new explicit infinite families of bent functions are obtained.

参 考 文 献

[1] Budaghyan L, Carlet C, Helleseth T, et al. Further results on Niho bent functions. IEEE Transactions on Information Theory, 2012, 58(11): 6979-6985.

[2] Canteaut A, Charpin P, Kyureghyan M G. A new class of monomial bent functions. Finite Fields and Their Applications, 2008, 14(1): 221-241.

[3] Carlet C. Two New Classes of Bent Functions. Berlin: Springer-Verlag, 1994.

[4] Carlet C. A construction of bent functions. Finite Fields and Their Applications, 1996, 233: 47-58.

[5] Carlet C. On bent and highly nonlinear balanced/resilient functions and their algebraic immunities. Proceedings of the 16th international conference on Applied Algebra, Algebraic Algorithms and Error-Correcting Codes. New York: Springer-Verlag, 2006, 3857: 1-28.

[6] Carlet C. Boolean Functions for Cryptography and Error Correcting Codes. Boolean Models and Methods in Mathematics, Computer Science and Engineering. London: Cambridge University Press, 2010.

[7] Carlet C, Danielsen L E, Parker M G, et al. Self-dual bent functions. International Journal of Information and Coding Theory, 2010, 1(4): 84-399.

[8] Carlet C, Mesnager S. On Dillon's class $\mathcal{H}$ of bent functions, Niho bent functions and o-polynomials. Journal of Combinatorial Theory, Series A, 2011, 118(8): 2392-2410.

[9] Charpin P, Gong G. Hyperbent functions, Kloosterman sums and Dickson polynomials. IEEE Transactions on Information Theory, 2008, 54(9): 4230-4238.

[10] Dillon J F. Elementary hadamard difference sets. Maryland: University of Maryland, 1974.

[11] Dobbertin H, Leander G, Canteaut A, et al. Construction of bent functions via Niho power functions. Journal of Combinatorial Theory, Series A, 2006, 113(5): 779-798.

[12] Hou X D, Langevin P. Results on Bent Functions. Journal of Combinatorial Theory, Series A, 1997, 80(2): 232-246.

[13] Leander G, Kholosha A. Bent functions with 2^r Niho exponents. IEEE Transactions on Information Theory, 2006, 52(12): 5529-5532.

[14] Langevin P, Leander G. Monomial bent functions and Stickelberger's theorem. Finite Fields and Their Applications, 2008, 14(3): 727-742.

[15] Matsui M. Linear cryptanalysis method for DES cipher. Advances in Cryptology-EUROCRYPT'93, LNCS 765:386-397.

[16] Mcfarland R L. A family of difference sets in non-cyclic groups. Journal of Combinatorial Theory, Series A, 1973, 15(1): 1-10.

[17] Mesnager S. A New Family of Hyper-Bent Boolean Functions in Polynomial Form. Cryptography and Coding 2009. LNCS 5921:402-417.

[18] Mesnager S. Several New Infinite Families of Bent Functions and Their Duals. IEEE Transactions on Information Theory, 2014, 60(7): 4397-4407.

[19] Mesnager S. Bent functions from spreads. Journal of American Mathematical Society, 2015: 295-316.

[20] Rothaus O S. On "bent" functions. Journal of Combinatorial Theory, 1976, 20(3): 300-305.

[21] Xu G K, Cao X W, Xu S D. Several new classes of Boolean functions with few Walsh transform values. 2015.

有理插值综述

夏 朋[1]，李 喆[2]，雷 娜[3]

(1. 辽宁大学 数学院, 沈阳 110036; 2. 长春理工大学, 长春 130022;
3. 大连理工大学 国际信息与软件学院, 大连 116600)

接收日期: 2015 年 8 月 17 日

> 有理插值是数值分析中的经典课题，也是常用的逼近方法. 本文介绍有理插值的相关理论及算法以及待解决的问题.

1 有理插值问题

有理插值是数值分析中的经典课题，也是最常用的逼近方法之一. 它在 CAGD[20]、数值积分[15]、函数逼近[5]、方程求解[3, 16]等方面有着重要应用. 特别在雷达探测和识别中，插值法已成为处理宽带问题中阻抗矩阵的主流快速分析方法之一[27, 28, 43]. 随着科技的发展，人们面临的有理插值问题越来越复杂，由一元 Cauchy 插值、切触有理插值问题发展到多元 Cauchy 插值、切触有理插值问题.

一元有理插值问题是 Cauchy 于 1821 年提出的, 故该问题也称为 Cauchy 插值问题: 设 $\mathbb{K}$ 为一域，$\mathbb{K}[x]$ 为域 $\mathbb{K}$ 上的一元多项式环. $m, n \in \mathbb{N}_0$ 为非负整数. 给定 $L+1$ 个互异的插值节点 $x_i \in \mathbb{K}, i = 0, 1, \cdots, L$, 相应的型值为 $f_i \in \mathbb{K}$, $i = 0, 1, \cdots, L$. 求有理插值函数 $r(x) = \dfrac{p_m(x)}{q_n(x)}$, 使之满足

$$r(x_i) = \frac{p_m(x_i)}{q_n(x_i)} = \frac{a_0 + a_1 x_i + \cdots + a_m x_i^m}{b_0 + b_1 x_i + \cdots + b_n x_i^n} = f_i, \quad i = 0, 1, \cdots, L, \tag{1}$$

其中, $L = m + n$, $p_m(x)$ 为次数不超过 m 的多项式，$q_n(x)$ 为次数不超过 n 的多项式.

切触有理插值问题 是 Cauchy 插值问题的推广，即求 $p(x), q(x) \in \mathbb{K}[x]$ 使其

作者简介: 夏朋 (1985—), 男, 副教授, 研究方向: 计算机数学. 李喆 (1981—), 女, 副教授, 研究方向: 计算机数学, 可信性验证.
通信作者: 雷娜 (1977—), 女, 教授, 研究方向: 计算机数学, 计算机图形学, Email: nalei@dlut.edu.cn.

在插值节点 $x_i \in \mathbb{K}$ 处满足

$$\frac{\mathrm{d}^k}{\mathrm{d}x^k}\left(\frac{p(x)}{q(x)}\right)\bigg|_{x_i} = f_i^{(k)}, \quad i = 0, 1, \cdots, L, k = 0, \cdots, s_i - 1,$$

其中 $f_i^{(k)} \in \mathbb{K}$ 为给定的型值.

令 $\boldsymbol{\alpha} = (\alpha_1, \cdots, \alpha_n) \in \mathbb{N}_0^n$, $|\boldsymbol{\alpha}| = \alpha_1 + \cdots + \alpha_n$.

定义微分算子

$$D^{\boldsymbol{\alpha}} := \frac{1}{\boldsymbol{\alpha}!}\frac{\partial^{|\boldsymbol{\alpha}|}}{\partial X^{\boldsymbol{\alpha}}} = \frac{1}{\alpha_1! \cdots \alpha_n!}\frac{\partial^{\alpha_1 + \cdots + \alpha_n}}{\partial x_1^{\alpha_1} \cdots \partial x_n^{\alpha_n}}.$$

多元有理插值问题: 求有理函数 $r(X) = \dfrac{p(X)}{q(X)}$, 使其满足 $D^{\boldsymbol{\alpha}} r(X)\big|_{Y_i} = f_i^{(\boldsymbol{\alpha})}$, $\boldsymbol{\alpha} \in \mathcal{A}_i$, 其中 $Y_i \in \mathbb{K}^n$, $i = 0, 1, \cdots, L$ 为插值节点, $\mathcal{A}_i \subset \mathbb{N}_0^n$ 为有限集, $f_i^{(\boldsymbol{\alpha})} \in \mathbb{K}$, $i = 0, 1, \cdots, L$, $\boldsymbol{\alpha} \in \mathcal{A}_i$ 为给定的导数型值.

令 $\mathcal{A}$ 为 $\mathbb{N}_0^n$ 的子集, 如果对任意的 $\boldsymbol{\alpha} = (\alpha_1, \cdots, \alpha_n) \in \mathcal{A}$ 均有 $\{\boldsymbol{\beta} = (\beta_1, \cdots, \beta_n) : \beta_i \leqslant \alpha_i, i = 1, \cdots, n\} \subseteq \mathcal{A}$, 则称 $\mathcal{A}$ 为包容集 (Lower Set).

显然, 当 $\mathcal{A}_i = \{\boldsymbol{0}\}$, $i = 0, 1, \cdots, L$ 时, 该问题为多元 Cauchy 插值, 当 $\mathcal{A}_i$, $i = 0, 1, \cdots, L$ 为包容集 (lower set) 时, 该问题为多元切触有理插值问题.

随着科技的发展、问题的复杂化, 研究有理插值的理论及方法也越来越多样化, 人们基于解线性有理插值系统、连分式理论和方法、符号计算的理论和方法等建立了一系列有效算法, 这使得有理插值理论得到进一步发展.

2 解线性有理插值系统

求 Cauchy 有理插值问题的解等价于解非线性方程组 (1), 处理起来非常困难, 故人们将其转化为线性问题, 即求多项式

$$p_m(x) = a_0 + \cdots + a_m x^m, \quad q_n(x) = b_0 + \cdots + b_n x^n,$$

使之满足

$$p_m(x_i) - f_i q_n(x_i) = 0, \quad i = 0, 1, \cdots, L, \tag{2}$$

即

$$\begin{pmatrix} 1 & \cdots & x_0^m & -f_0 & \cdots & -f_0 x_0^n \\ 1 & \cdots & x_1^m & -f_1 & \cdots & -f_1 x_1^n \\ \vdots & & \vdots & \vdots & & \vdots \\ 1 & \cdots & x_L^m & -f_L & \cdots & -f_L x_L^n \end{pmatrix} \begin{pmatrix} a_0 \\ \vdots \\ a_m \\ b_0 \\ \vdots \\ b_n \end{pmatrix} = \mathbf{0}.$$

易见, 若 (1) 有解, 则该解必定是 (2) 的解, 但 (2) 的解未必是 (1) 的解. 例如, 若 (2) 的解 $p_m(x)$, $q_n(x)$ 在插值节点 x_j 处取零值, 则在 x_j 点不满足插值条件, 称之为不可达点.

经过众多专家学者的不懈努力, 一元 Cauchy 插值、切触有理插值的基本理论已较为完善. 1962 年 Macon 和 Dupree[26]给出了 Cauchy 插值问题解存在的充分条件, 并证明了唯一性. 1984 年徐国良[56]给出了判断非线性有理插值函数存在的充要条件, 并研究了切触有理插值问题的可解性[57]. 盛中平给出了有理插值问题存在性的判别准则[30], 并研究了有理插值的特征[31]. 朱晓临和朱功勤利用 Newton 插值多项式, 给出 Cauchy 插值问题存在性的判别方法, 并给出了有理插值函数的表达式[65, 66]. Salze[29]将切触有理插值问题转化为等价的线性问题. Wuytack[51]证明了切触有理插值问题的存在唯一性, 并给出了类似于 qd 算法的方法来计算切触有理插值问题. Claessens[7-9]提出了几种构造切触有理插值函数的算法. 苏家铎和黄有度[35]给出了计算切触有理插值问题的 Π_ζ 算法. 徐国良[57]、王仁宏[48]等给出了切触有理插值函数存在的充分必要条件. 朱晓临[65]利用 Newton 插值多项式给出了切触有理插值问题是否有解的判别法, 并在有解的条件下给出了显式表示. 朱功勤和马锦锦[64]利用凸组合方法构造切触有理插值函数. 李辰盛和唐烁[25]给出了基于块的 Lagrange-Salzer 混合切触有理插值.

解线性有理插值系统的计算量为 $O(L^3)$. 一般可假设 $b_0 = 1$, 此时可化为

$$\begin{pmatrix} 1 & \cdots & x_0^m & -f_0 x_0 & \cdots & -f_0 x_0^n \\ 1 & \cdots & x_1^m & -f_1 x_1 & \cdots & -f_1 x_1^n \\ \vdots & & \vdots & \vdots & & \vdots \\ 1 & \cdots & x_L^m & -f_L x_L & \cdots & -f_L x_L^n \end{pmatrix} \begin{pmatrix} a_0 \\ \vdots \\ a_m \\ b_1 \\ \vdots \\ b_n \end{pmatrix} = \begin{pmatrix} f_0 \\ f_1 \\ \vdots \\ f_L \end{pmatrix}.$$

系数矩阵为 Cauchy-Vandermonde 矩阵, 将其简记为 A. 定义矩阵

$$U = \begin{pmatrix} \frac{1}{x_0} & & 0 \\ & \ddots & \\ 0 & & \frac{1}{x_L} \end{pmatrix}, \quad R^{\mathrm{T}} = \begin{pmatrix} Z_{m+1}^{(1)} & 0 \\ 0 & Z_n^{(1)} \end{pmatrix},$$

其中

$$Z_k^{(1)} = \begin{pmatrix} 0 & 0 & \cdots & 0 & 1 \\ 1 & 0 & \cdots & 0 & 0 \\ 0 & 1 & \cdots & 0 & 0 \\ \vdots & \vdots & & \vdots & \vdots \\ 0 & 0 & \cdots & 1 & 0 \end{pmatrix}_{k \times k}.$$

从而

$$UA - AR = \begin{pmatrix} \frac{1}{x_0} - x_0^m & 0 & \cdots & 0 & -f_0(1-x_0^n) & 0 & \cdots & 0 \\ \vdots & \vdots & & \vdots & \vdots & \vdots & & \vdots \\ \frac{1}{x_L} - x_L^m & 0 & \cdots & 0 & -f_L(1-x_L^n) & 0 & \cdots & 0 \end{pmatrix}.$$

因此 A 的位移秩 $\kappa = 2$, 利用文献[19], [21]中的算法可将解方程组的计算量降至 $O(\kappa L^2)$.

多元有理插值问题由于插值节点集的复杂性及次数的不同定义, 它比一元插值问题要复杂得多. 例如, 二元 Cauchy 有理插值问题: 求 $r(x,y) = \dfrac{p(x,y)}{q(x,y)}$, 使之满足插值条件 $r(x_i, y_i) = \dfrac{p(x_i, y_i)}{q(x_i, y_i)} = f(x_i, y_i), i = 0, 1, \cdots, L$. 解多元线性有理插值系统, 即在指定次数下, 分别选择分子、分母中出现的单项集 (称之为插值基), 从而可将多元有理插值问题转化为线性方程组的求解. 令

$$p(x,y) = \sum_{u=0}^{k_1} \sum_{v=0}^{t_1} a_{u,v} x^u y^v,$$
$$q(x,y) = \sum_{u=0}^{k_2} \sum_{v=0}^{t_2} b_{u,v} x^u y^v,$$

插值函数必满足如下方程组:

$$\sum_{u=0}^{k_1} \sum_{v=0}^{t_1} a_{u,v} x_i^u y_i^v - f(x_i, y_i) \cdot \left(\sum_{u=0}^{k_2} \sum_{v=0}^{t_2} b_{u,v} x_i^u y_i^v \right) = 0, \quad i = 0, 1, \cdots, L. \quad (3)$$

若方程组 (3) 的解使得 $q(x_i,y_i) \neq 0, i=0,1,\cdots,L$, 则 $\frac{p(x,y)}{q(x,y)}$ 满足插值条件.

因为多元多项式的次数定义方式很多, 例如, 二元多项式 $p(x,y) = \sum_{u=0}^{k}\sum_{v=0}^{t} p_{u,v}x^u y^v$ 的次数可有如下两种定义:

第一种是整体次数
$$\deg p(x,y) = \max_{p_{u,v}\neq 0}\{u+v\};$$

第二种是分别对 x,y 定义次数
$$\deg p_x(x,y) = \max_{p_{u,v}\neq 0}\{u\}, \quad \deg p_y(x,y) = \max_{p_{u,v}\neq 0}\{v\}.$$

所以插值基的选择方式也有很多种. 朱晓临[65]基于乘积型 Newton 插值基给出一种方法, 可直接计算矩形节点上二元有理插值函数的分母在节点处的值, 进而计算出插值函数. Becuwe 和 Cuyt[2], Vandebril 和 VanBare[42]根据插值节点的结构选择适当的插值基, 使其线性系统的系数矩阵具有较低的位移秩, 从而获得多元有理插值问题的快速解法.

3 连分式插值

Thiele 型连分式插值
$$r_L(x) = b_0 + \frac{x-x_0}{b_1} + \frac{x-x_1}{b_2} + \cdots + \frac{x-x_{L-1}}{b_L}$$

是计算一元有理插值的另一有效算法. 诸多学者如 Cuyt, Wuytack, Verdonk[10,11], Viscovatov[44], 檀结庆, 赵前进[38,59-61]在 Thiele 型连分式插值的相关理论及算法方面做了深入研究, Salzer[29]给出了计算切触有理插值问题的连分式法, 其结果已较为完善.

连分式在多元情形下的推广是求解多元有理插值问题的另一有效算法. 20 世纪 80 年代 Siemaszko[32,33], Cuyt 和 Verdonk[11-13]利用分叉连分式研究二元有理插值问题, 即对于定义在节点集 $\prod_{x,y}^{m,n} = \{(x_i,y_j): i=0,1,\cdots,m; j=0,1,\cdots,n\}$ 上的插值问题, 构造二元有理函数
$$R_{m,n}(x,y) = b_0(y) + \frac{x-x_0}{b_1(y)} + \frac{x-x_1}{b_2(y)} + \cdots + \frac{x-x_{m-1}}{b_m(y)},$$

其中
$$b_i(y) = c_{i,0} + \frac{y-y_0}{c_{i,1}} + \frac{y-y_1}{c_{i,2}} + \cdots + \frac{y-y_{n-1}}{c_{i,n}}, \quad i=0,1,\cdots,m.$$

檀结庆将 Newton 插值多项式与 Thiele 型插值连分式结合, 给出了 Newton-Thiele 型混合连分式插值[36]

$$R_{m,n}^{NT}(x,y) = A_0(y) + (x-x_0)A_1(y) + \cdots + (x-x_0)\cdots(x-x_{m-1})A_m(y),$$

其中
$$A_i(y) = a_{i,0} + \frac{y-y_0}{a_{i,1}} + \cdots + \frac{y-y_{n-1}}{a_{i,n}}, \quad i=0,1,\cdots,m,$$

以及 Newton-Thiele 型混合连分式插值 [37]
$$R_{m,n}^{TN}(x,y) = l_0(y) + \frac{x-x_0}{l_1(y)} + \frac{x-x_1}{l_2(y)} + \cdots + \frac{x-x_{m-1}}{l_m(y)},$$

其中
$$l_i(y) = d_{i,0} + d_{i,1}(y-y_0) + d_{i,2}(y-y_0)(y-y_1)$$
$$+ \cdots + d_{i,n}(y-y_0)\cdots(y-y_{n-1}), \quad i=0,1,\cdots,m.$$

檀结庆和唐烁 [39] 给出了复合连分式插值, 其思想是将原始数据集分割成为一些子集, 在每个子集上分别构造相应的二元连分式插值格式, 然后将其合并使之在原始数据上插值. 赵前进和檀结庆 [59-61] 给出了基于块的二元 Newton 型、Thiele 型混合插值, 其思想是: 将插值节点 $\prod_{x,y}^{m,n} = \{(x_i, y_j) : i=0,1,\cdots,m; j=0,1,\cdots,n\}$ 分为 $(u+1)\times(v+1)$ 个子集

$$\prod_{mn}^{st} = \{(x_i,y_j) : c_s \leqslant i \leqslant d_s, h_t \leqslant j \leqslant r_t\}, \quad s=0,1,\cdots,u; t=0,1,\cdots,v.$$

基于块的二元 Newton 型混合插值:
$$T(x,y) = Z_0(x,y) + Z_1(x,y)w_0(x) + \cdots + Z_u(x,y)w_0(x)\cdots w_{u-1}(x),$$

对 $s=0,1,\cdots,u$, 定义
$$Z_s(x,y) = I_{s0}(x,y) + I_{s1}(x,y)w_0^*(y) + \cdots + I_{sv}(x,y)w_0^*(y)\cdots w_{v-1}^*(y).$$

基于块的二元 Thiele 型混合插值
$$T(x,y) = Z_0(x,y) + \frac{w_0(x)}{Z_1(x,y)} + \cdots + \frac{w_{u-1}(x)}{Z_u(x,y)},$$

对 $s=0,1,\cdots,u$, 定义
$$Z_s(x,y) = I_{s0}(x,y) + \frac{w_0^*(y)}{I_{s1}(x,y)} + \cdots + \frac{w_{v-1}^*(y)}{I_{sv}(x,y)},$$

其中
$$w_s(x) = \prod_{i=c_s}^{d_s}(x-x_i), \quad s=0,1,\cdots,u-1,$$
$$w_t^*(y) = \prod_{j=h_t}^{r_t}(y-y_j), \quad t=0,1,\cdots,v-1,$$

$I_{st}(x,y)$ $(s = 0, 1, \cdots, u; t = 0, 1, \cdots, v)$ 是子集 $\prod_{mn}^{st}$ 上的二元多项式或有理插值函数, 为了使得 $T(x,y)$ 满足插值条件, 需要计算 $I_{st}(x,y)$ $(s = 0, 1, \cdots, u; t = 0, 1, \cdots, v)$. 朱功勤在连分式的基础上给出了二元逐步有理插值算法[63]. 王家正构造了 Stieltjes-Newton 型有理插值[46]及混合有理插值[45, 47]. 王仁宏等[50]利用分叉连分式处理三维空间中锥形节点上的有理插值问题.

4 有理插值的符号计算方法

基于解线性有理插值系统或连分式理论的有理插值方法的相关成果已较为完善, 有兴趣的读者可以阅读相关专著: 王仁宏编著的《数值有理逼近》[48], 徐献瑜、李家楷、徐国良编著的《Padé逼近概论》[58], 朱功勤、顾传青、檀结庆编著的《多元有理逼近方法》[62], 王仁宏、朱功勤编著的《有理函数逼近及其应用》[49], 檀结庆等编著的《连分式理论及其应用》[41], Cuyt 和 Wuytack 编著的 *Nonlinear Methods in Numerical Analysis*[10], Wuytack 编著的文集 *Padé approximation and its applications*[52]等. 这些专著系统地描述了有理插值的相关理论及其算法.

随着符号计算理论的发展, 人们用构造性代数几何的理论及算法研究有理插值问题, 所构造的多元有理插值算法可计算出最低次有理插值函数, 算法的适用性也较为广泛, 对插值节点的几何结构没有限制.

一元有理插值的符号计算方法有 Euclid 算法、子结式法、Fitzpatrick 算法等. Antoulas[1]基于Euclid算法计算有理插值函数参数解. D'Andrea 等[14]利用子结式理论研究一元有理插值问题, 并给出其计算公式. Blackburn[4]针对切触有理插值问题 $\dfrac{\mathrm{d}^k}{\mathrm{d}x^k}\left(\dfrac{p(x)}{q(x)}\right)\Big|_{x_i} = f_i^{(k)}$ $(k = 0, \cdots, s_i - 1)$ 定义其"弱插值", 即求 $p(x), q(x)$, 使其满足
$$p(x) \equiv q(x)h_i(x) \bmod (x - x_i)^{s_i}, \quad i = 0, 1, \cdots, L,$$
其中 $h_i(x) = \sum_{k=0}^{s_i-1} f_i^{(k)}(x - x_i)^k$, 并将一元有理插值问题视为特殊的 Welch-Berlekamp 关键方程, 从而可利用Berlekamp-Massey算法或 Fitzpatrick 算法[17]求其参数解. 对任意两个弱插值 $(p_1, q_1), (p_2, q_2)$, 定义 $(p_1, q_1) + (p_2, q_2) = (p_1 + p_2, q_1 + q_2)$, 并定义 $g(p_1, q_1) = (gp_1, gq_1)$(其中 g 为任意一元多项式), 则有理插值问题的全体弱插值所组成的集合构成一个自由模. Fitzpatrick[18]利用模的 Gröbner 基理论及 Fitzpatrick 算法[17]递推地计算一元有理插值问题的参数解.

多元有理插值问题由于插值节点集的复杂性及次数的不同定义, 插值基的选择也是多种多样. 随之而来的问题是如何计算最低次的有理插值函数, 雷娜和张树功等[22, 23]利用代数几何的方法给出了回答, 从而完善了多元有理插值的存在唯一性理论.

对于给定的多元 Cauchy 插值问题, 构造一个极小的 (m,n) 型 $(m+n=L)$ 有理函数使其满足所有的插值条件. 这里 (m,n) 型有理函数表示在分子 $P_m(X)$ 中有 m 个单项, 而在分母 $Q_n(X)$ 中有 n 个单项. "极小" 是指在分子和分母中出现的这些单项按照给定的单项序要尽可能低. 但是一个很重要的问题是如何来恰当选择有理函数中出现的单项. 如果没有正确选择单项, 则有可能导致无法构造出有理插值函数.

对于给定的结点集合 $V = \{Y_0, Y_1, \cdots, Y_L\}$, 定义在 V 上的多项式函数集合 (记为 $\mathbb{K}[V]$) 称为 V 的坐标函数环. $\mathbb{K}[V]$ 的商域 $\mathbb{K}(V)$ 是有理函数域. 所求的有理插值函数就来自于 $\mathbb{K}(V)$. 在所有点 $Y_i \in V$ 处消逝的多项式集合记为 I_V, 被称为 V 的消逝理想. 显然 $\mathbb{K}[V] \cong \mathbb{K}[X]/I_V$. 由于 V 中的点两两互异, $\mathbb{K}[X]/I_V$ 作为线性空间的维数等于点的个数, 也就是说, $\dim(\mathbb{K}[X]/I_V) = m+n+1$. 如果 $\omega_0, \omega_1, \cdots, \omega_{m+n}$ 是线性空间 $\mathbb{K}[V]$ 的基, 那么它们可以被取作以 $Y_0, Y_1, \cdots, Y_L$ 为插值结点的插值基.

注意 $n = 0$ 时 $Q_n(X)$ 是常数, 而上述问题事实上成为了一个多元多项式插值问题. 所以如果 d 元单项

$$\omega_0 = 1, \omega_1, \omega_2, \cdots, \omega_i, \cdots, \omega_{m+n}$$

是多元多项式插值问题的基, 并且满足 $\deg \omega_i \leqslant \deg \omega_{i+1}$, 那么为了保证有理插值函数的分子和分母的次数最低, 则分子和分母应该分别选取 $\omega_0, \omega_1, \omega_2, \cdots, \omega_i, \cdots, \omega_{m+n}$ 中的前 m 项和前 n 项作为它们的支集.

当插值节点具有特殊的几何结构时, $\mathbb{K}[V]$ 的基可直接写出. 当插值节点为一般点集时 (不具备特殊几何结构), 可利用线性泛函的对偶理论给出一种算法来直接计算 $\mathbb{K}[V]$ 的基.

对于 $\mathbb{K}^d$ 中任意给定的点 A, 定义赋值泛函

$$ev_A f = f(A), \quad f \in \mathbb{K}[X].$$

如果 $Y_0, Y_1, \cdots, Y_L$ 两两互异, 那么赋值泛函 $ev_{Y_0}, ev_{Y_1}, \cdots, ev_{Y_L}$ 是线性无关的, 它们张成一个 $L+1$ 维的线性空间, 这就是 $\mathbb{K}[X]/I_V$ 的对偶空间. $ev_{Y_0}, ev_{Y_1}, \cdots, ev_{Y_L}$ 称为 $\mathbb{K}[X]/I_V$ 的对偶基. 设 $T_0 = 1 \prec T_1 \prec \cdots \prec T_k \prec \cdots$ 为按序排列的所有的 d 元单项式, 且记

$$ev_V = (ev_{Y_0}\ ev_{Y_1}\ \cdots\ ev_{Y_L})^{\mathrm{T}}.$$

构造 $\mathbb{K}^d$ 中的一个向量序列:

$$ev_V T_0, ev_V T_1, \cdots, ev_V T_k, \cdots,$$

从中选择前 $L+1$ 个线性无关的向量, 记为

$$ev_V T_0, ev_V T_{j_1}, \cdots, ev_V T_{j_L},$$

则可以取
$$\omega_0 = T_0 = 1, \omega_1 = T_{j_1}, \cdots, \omega_i = T_{j_i}, \cdots, \omega_L = T_{j_L}$$
为 $\mathbb{K}[V]$ 的基. 记单项式 $\omega_0, \omega_1, \cdots, \omega_L$ 为给定的插值结点的极小插值基. 显然若 $d = 1$, 则 $\omega_0 = T_0 = 1, \omega_1 = T_1 = x, \cdots, \omega_L = T_L = x^L = x^{m+n}$.

命题 1 设 $\mathbb{K}^d$ 中的点 $Y_0, Y_1, \cdots, Y_L$ 两两互异. 固定分次字典序. 如果单项式序列 $\omega_0, \omega_1, \cdots, \omega_L$ 是极小插值基, 那么对于任意满足 $m + n = L$ 的正整数 m, n, (m, n) 型多元有理插值函数的表示形式为

$$\begin{cases} R(X) = \dfrac{P_m(X)}{Q_n(X)}, \\ P_m(X) = \sum_{i=0}^{m} \alpha_i \omega_i, \\ Q_n(X) = \sum_{i=0}^{n} \beta_i \omega_i, \end{cases} \tag{4}$$

其中 $\alpha_i, \beta_i \in \mathbb{K}$.

如果有理函数 (4) 满足插值条件

$$R(Y_i) = f_i, \quad i = 0, 1, \cdots, m+n,$$

并且 $Q_n(Y_i) \neq 0$, 那么上式等价于

$$P_m(Y_i) - f_i Q_n(Y_i) = 0, \quad i = 0, 1, \cdots, m+n.$$

定义矩阵

$$B(X, f) = \begin{pmatrix} 1 & \omega_1^{(0)} & \cdots & \omega_m^{(0)} & f_0 & f_0 \omega_1^{(0)} & \cdots & f_0 \omega_n^{(0)} \\ 1 & \omega_1^{(1)} & \cdots & \omega_m^{(1)} & f_1 & f_1 \omega_1^{(1)} & \cdots & f_1 \omega_n^{(1)} \\ \vdots & \vdots & & \vdots & \vdots & \vdots & & \vdots \\ 1 & \omega_1^{(L)} & \cdots & \omega_m^{(L)} & f_L & f_L \omega_1^{(L)} & \cdots & f_L \omega_n^{(L)} \\ 1 & \omega_1 & \cdots & \omega_m & f & f \omega_1 & \cdots & f \omega_n \end{pmatrix},$$

其中 $L = m + n$, $\omega_i^{(k)} = \omega_i(Y_k)$. 考虑 $B(X, f)$ 的行列式,

$$\det B(X, f) = \begin{vmatrix} 1 & \omega_1^{(0)} - \omega_1 & \cdots & \omega_m^{(0)} - \omega_m & f_0 & f_0(\omega_1^{(0)} - \omega_1) & \cdots & f_0\left(\omega_n^{(0)} - \omega_n\right) \\ 1 & \omega_1^{(1)} - \omega_1 & \cdots & \omega_m^{(1)} - \omega_m & f_1 & f_1(\omega_1^{(1)} - \omega_1) & \cdots & f_1\left(\omega_n^{(1)} - \omega_n\right) \\ \vdots & \vdots & & \vdots & \vdots & \vdots & & \vdots \\ 1 & \omega_1^{(L)} - \omega_1 & \cdots & \omega_m^{(L)} - \omega_m & f_L & f_L(\omega_1^{(L)} - \omega_1) & \cdots & f_L\left(\omega_n^{(L)} - \omega_n\right) \\ 1 & 0 & \cdots & 0 & f & 0 & \cdots & 0 \end{vmatrix}$$

$$= (-1)^{L+1} [\det B_1(X) - f(-1)^m \det B_2(X)],$$

其中
$$\det B_1(X) = (-1)^m \sum_{j=0}^{L}(-1)^j f_j \det \hat{B}_j(X), \quad \det B_2(X) = \sum_{j=0}^{L}(-1)^j \det \hat{B}_j(X), \quad (5)$$

$$\hat{B}_j(X) = \begin{pmatrix} \omega_1^{(0)} - \omega_1 & \cdots & \omega_m^{(0)} - \omega_m & y_0\left(\omega_1^{(0)} - \omega_1\right) & \cdots & y_0\left(\omega_n^{(0)} - \omega_n\right) \\ \vdots & & \vdots & \vdots & & \vdots \\ \omega_1^{(j-1)} - \omega_1 & \cdots & \omega_m^{(j-1)} - \omega_m & y_{j-1}\left(\omega_1^{(j-1)} - \omega_1\right) & \cdots & y_{j-1}\left(\omega_n^{(j-1)} - \omega_n\right) \\ \omega_1^{(j+1)} - \omega_1 & \cdots & \omega_m^{(j+1)} - \omega_m & y_{j+1}\left(\omega_1^{(j+1)} - \omega_1\right) & \cdots & y_{j-1}\left(\omega_n^{(j+1)} - \omega_n\right) \\ \vdots & & \vdots & \vdots & & \vdots \\ \omega_1^{(L)} - \omega_1 & \cdots & \omega_m^{(L)} - \omega_m & y_L\left(\omega_1^{(L)} - \omega_1\right) & \cdots & y_L\left(\omega_n^{(L)} - \omega_n\right) \end{pmatrix}.$$

容易计算, 对任意 $k \neq j$,
$$\det \hat{B}_j(Y_k) = 0.$$

因此对所有 $k = 0, 1, \cdots, L$,
$$\det B_1(Y_k) = (-1)^{m+k} f_k \det \hat{B}_k(Y_k),$$
$$\det B_2(Y_k) = (-1)^k \det \hat{B}_k(Y_k).$$

把上边的等式代入 $\det B(X, f)$, 得到
$$\det B(Y_j, f_j) = 0, \quad j = 0, 1, \cdots, L.$$

令 $P_m(X) = \det B_1(X), Q_n(X) = (-1)^m \det B_2(X)$, 则
$$P_m(Y_k) - f_k Q_n(Y_k) = 0, \quad k = 0, 1, \cdots, L.$$

$P_m(X), Q_n(X)$ 的系数即为 α_i, β_i.

进一步, 若假定对任意的 $k = 0, 1, \cdots, L$, $\hat{B}_k(Y_k)$ 是非奇异的, 则 $Q_n(Y_k) \neq 0$, 并且有理函数
$$R(X) = \frac{P_m(X)}{Q_n(X)}$$

在 $Y_0, Y_1, \cdots, Y_L$ 点有意义, 也就是说, 这个有理函数满足插值条件.

定理 2 (Cauchy 型多元有理插值存在性定理)   对于给定的插值结点 $V = \{Y_0, Y_1, \cdots, Y_L\}$, 如果 $\omega_0, \omega_1, \cdots, \omega_L$ 是极小插值基, 那么对于给定的插值型值 f_0,

$f_1, \cdots, f_L$, 有理插值函数存在当且仅当矩阵 $\hat{B}_k(Y_k)$ 对于任意的 $k = 0, 1, \cdots, L$ 非奇异.

若 $Y_0, Y_1, \cdots, Y_L; f_0, f_1, \cdots, f_L$ 满足以上条件, 则

$$\begin{cases} R(X) = \dfrac{P_m(X)}{Q_n(X)}, \\ P_m(X) = \det B_1(X), \\ Q_n(X) = (-1)^m \det B_2(X), \end{cases}$$

其中 $\det B_1(X), \det B_2(X)$ 如 (5) 式中定义, 有理插值函数如果存在必唯一.

进一步, 雷娜和张树功等 [22,23] 利用代数几何的方法研究一般的 (插值节点任意分布) 多元切触有理插值问题, 构造其极小插值单项基, 并在极小插值函数存在的前提下给出其表达式.

在算法构造方面, 夏朋、张树功、雷娜利用模及其 Gröbner 基理论研究多元有理插值问题, 建立了多元 Cauchy 插值、切触有理插值的 Fitzpatrick-Neville 型算法 [53,54].

若 $r(X)$ 为多元切触有理插值函数, 则由 $D^{\boldsymbol{\alpha}}r(Y_i) = f_i^{(\boldsymbol{\alpha})}$ ($\forall \boldsymbol{\alpha} \in \mathcal{A}_i$, $i = 0, 1, \cdots, L$) 可知 $r(X)$ 在 Y_i 点处插值等价于 $r(X)$ 在 $X = Y_i$ 点处的 Taylor 展式满足

$$r(X) = \sum_{\boldsymbol{\alpha} \in \mathcal{A}_i} (x_1 - y_{i,1})^{\alpha_1} \cdots (x_n - y_{i,n})^{\alpha_n} f_i^{(\boldsymbol{\alpha})} + \cdots$$
$$= \sum_{\boldsymbol{\alpha} \in \mathcal{A}_i} (X - Y_i)^{\boldsymbol{\alpha}} f_i^{(\boldsymbol{\alpha})} + \cdots.$$

令 $s_i = \#\mathcal{A}_i$, $i = 0, 1, \cdots, L$, $N = \sum_{i=0}^{L} s_i$. 将 $\mathcal{A}_i (i = 0, 1, \cdots, L)$ 中的元素重排, 使得 $\mathcal{A}_i$ 中前 $j+1$ 个元素组成的集合 $\mathcal{A}_{i,j} = \{\boldsymbol{\alpha}_{i,0}, \cdots, \boldsymbol{\alpha}_{i,j}\}$ ($j = 0, 1, \cdots, s_i - 1$) 仍然是个包容集. 显然 $\mathcal{A}_{i,s_i-1} = \mathcal{A}_i$ 且当 $j_1 < j_2 \leqslant s_i - 1$ 时, $\mathcal{A}_{i,j_1} \subset \mathcal{A}_{i,j_2}$.

将由 $(Y_i, \mathcal{A}_{i,j})$ 确定的消逝理想 $I(Y_i, \mathcal{A}_{i,j}) = \{p \in \mathcal{P} = \mathbb{K}[X] : D^{\boldsymbol{\alpha}}p(Y_i) = 0, \forall \boldsymbol{\alpha} \in \mathcal{A}_{i,j}\}$ 简记为 $I_{i,j}$. 对每个点 Y_i 及相应的包容集 $\mathcal{A}_i$ 定义多项式 h_i:

$$h_i = \sum_{\boldsymbol{\alpha}_{i,j} \in \mathcal{A}_i} (X - Y_i)^{\boldsymbol{\alpha}_{i,j}} f_i^{(\boldsymbol{\alpha}_{i,j})}.$$

定义 3 (弱插值) 称 $(a,b) \in \mathcal{P}^2$ 为多元切触有理插值问题的弱插值, 如果 (a,b) 满足

$$a \equiv bh_i \bmod I_{i,s_i-1}, \quad i = 0, 1, \cdots, L.$$

定义 $(a,b) + (c,d) = (a+c, b+d)$, $g(a,b) = (ga, gb)$, 则

$$M = \{(a,b) : a \equiv bh_i \bmod I_{i,s_i-1}, i = 1, \cdots, L\}$$

为 $\mathcal{P}^2$ 的一个子模.

定义 4 ($\mathcal{P}^2$ 中的单项序 $\prec_\xi$)

(1) 称 $X^{\boldsymbol{\alpha}}(1,0) \prec_\xi X^{\boldsymbol{\beta}}(1,0)$, 如果 $|\boldsymbol{\alpha}| < |\boldsymbol{\beta}|$, 或者 $|\boldsymbol{\alpha}| = |\boldsymbol{\beta}|$ 且 $X^{\boldsymbol{\alpha}} \prec_{lex} X^{\boldsymbol{\beta}}$;

(2) 称 $X^{\boldsymbol{\alpha}}(1,0) \prec_\xi X^{\boldsymbol{\beta}}(0,1)$, 如果 $|\boldsymbol{\alpha}| \leqslant |\boldsymbol{\beta}| + \xi$;

(3) 称 $X^{\boldsymbol{\alpha}}(0,1) \prec_\xi X^{\boldsymbol{\beta}}(0,1)$, 如果 $|\boldsymbol{\alpha}| < |\boldsymbol{\beta}|$, 或者 $|\boldsymbol{\alpha}| = |\boldsymbol{\beta}|$ 且 $X^{\boldsymbol{\alpha}} \prec_{lex} X^{\boldsymbol{\beta}}$,

其中 $\prec_{lex}$ 为 $\mathcal{P}$ 中的字典序, ξ 为一给定整数.

假设已求得 M 的 Gröbner 基 $\mathcal{G} = \{(a_1, b_1), \cdots, (a_{m_N}, b_{m_N})\}$, 则对任意的参数 $c_j \in \mathcal{P}, j = 1, \cdots, m_N$,

$$(p, q) = c_1(a_1, b_1) + \cdots + c_t(a_{m_N}, b_{m_N})$$

为切触有理插值问题的弱插值. 选择适当的 c_j 使得 $b(Y_i) \neq 0, i = 1, \cdots, L$, 则可得插值函数

$$\frac{p(X)}{q(X)} = \frac{c_1 a_1 + \cdots + c_{m_N} a_{m_N}}{c_1 b_1 + \cdots + c_{m_N} b_{m_N}}.$$

计算 M 的 Gröbner 基需要对所有的包容集 $\mathcal{A}_{i,j}(1 \leqslant i \leqslant L, 0 \leqslant j \leqslant s_i - 1)$ 进行排序. 排序规则为: $\mathcal{A}_{i_1,j_1} < \mathcal{A}_{i_2,j_2}$ 当且仅当 $i_1 < i_2$ 或 $i_1 = i_2$ 且 $j_1 < j_2$, 其中 $\mathcal{A}_{i_1,j_1} < \mathcal{A}_{i_2,j_2}$ 表示 $\mathcal{A}_{i_1,j_1}$ 排在 $\mathcal{A}_{i_2,j_2}$ 前.

对应包容集之间的序, 可以建立 k 和 (i,j) 之间的一一映射

$$k \longleftrightarrow (i_k, j_k),$$

其中 $k = 1, \cdots, N, i_k = 1, \cdots, L, j_k = 0, \cdots, s_{i_k} - 1$.

对每个包容集 $\mathcal{A}_{i,j}$ 定义同余方程 $a \equiv bh_i \mod I_{i,j}$, 其中 $I_{i,j}$ 为 $(Y_i, \mathcal{A}_{i,j})$ 所确定的消逝理想.

下面定义子模序列 $M_k, k = 0, \cdots, N$, 其中 $M_0 = \mathcal{P}^2$, M_k 是由前 k 个同余方程的全体解所构成的子模,

$$\begin{aligned} M_k &= \{(a,b) : a \equiv bh_{i_u} \bmod I_{i_u,j_u}, u = 1, \cdots, k\} \\ &= \{(a,b) \in M_{k-1} : a \equiv bh_{i_k} \bmod I_{i_k,j_k}\}, \quad k = 1, \cdots, N. \end{aligned}$$

显然 $M_0 \supseteq M_1 \supseteq \cdots \supseteq M_N$ 且 $M_N = \{(a,b) : a \equiv bh_i \bmod I_{i,s_i-1}, i = 1, \cdots, L\}$.

固定 $\mathcal{P}^2$ 上的单项序 $\prec_\xi$, 其中 ξ 为一给定整数. 本节将递推地计算模 M_N 的 Gröbner 基 $\mathcal{G}_N$. 已知 $\{(1,0), (0,1)\}$ 为 M_0 的 Gröbner 基. 下面给出由 M_k 的极小 Gröbner 基 $\mathcal{G}_k$ 计算 M_{k+1} 的 Gröbner 基 $\mathcal{G}_{k+1}$ 的过程.

令第 $k+1$ 个同余方程为 $a \equiv bh_{i_{k+1}} \mod I_{i_{k+1},j_{k+1}}$. 于是

情况 1 $k+1$ 对应的 (i_{k+1}, j_{k+1}) 为 $i_{k+1} = i_k + 1, j_{k+1} = 0$, 即第 $k+1$ 个包容集 $\mathcal{A}_{i_{k+1},j_{k+1}} = \{\boldsymbol{\alpha}_{i_{k+1},j_{k+1}}\} = \{\mathbf{0}\}$, 则对任何 $(a,b) \in M_k$,

$$bh_{i_{k+1}} - a \equiv \nu \equiv \nu(X - Y_{i_{k+1}})^{\boldsymbol{\alpha}_{i_{k+1},j_{k+1}}} \mod I_{i_{k+1},j_{k+1}},$$

或

情况 2 $k+1$ 对应的 (i_{k+1}, j_{k+1}) 为 $i_{k+1} = i_k, j_{k+1} = j_k + 1$, 即第 $k+1$ 个包容集 $\mathcal{A}_{i_{k+1},j_{k+1}}$ 满足 $\mathcal{A}_{i_{k+1},j_{k+1}} \setminus \mathcal{A}_{i_k,j_k} = \{\boldsymbol{\alpha}_{i_{k+1},j_{k+1}}\}$, 则对任何 $(a,b) \in M_k$,

$$bh_{i_{k+1}} - a \equiv \nu'(X - Y_{i_{k+1}})^{\boldsymbol{\alpha}_{i_{k+1},j_{k+1}}} \mod I_{i_{k+1},j_{k+1}}.$$

因此对任何 $(a,b) \in M_k$ 有

$$bh_{i_{k+1}} - a \equiv \nu(X - Y_{i_{k+1}})^{\boldsymbol{\alpha}_{i_{k+1},j_{k+1}}} \mod I_{i_{k+1},j_{k+1}},$$

并且 $(a,b) \in M_{k+1}$ 当且仅当 $\nu = 0$.

已知 $\{(1,0),(0,1)\}$ 为 $M_0 = \mathcal{P}^2$ 的极小 Gröbner 基, 利用算法 1 可从 M_k 的极小 Gröbner 基计算出 M_{k+1} 的 Gröbner 基, 进而递推地计算出模 M_N 的 Gröbner 基, 从而获得多元切触有理插值问题的参数解. 算法 1 称为切触有理插值问题的 Fitzpatrick 型算法.

Input M_k 的极小 Gröbner 基 $\mathcal{G}_k = \{(a_1, b_1), \cdots, (a_{m_k}, b_{m_k})\}$
Output M_{k+1} 的极小 Gröbner 基 $\mathcal{G}_{k+1}$
0.1 **begin**
0.2   重排 $\mathcal{G}_k$ 中的元素使其满足 $\mathbf{LT}(a_1, b_1) \prec_\xi \cdots \prec_\xi \mathbf{LT}(a_{m_k}, b_{m_k})$
0.3   **for** t from 1 to m_k **do**
0.4 $$b_t h_{i_{k+1}} - a_t \equiv \nu_t (X - Y_{i_{k+1}})^{\boldsymbol{\alpha}_{i_{k+1},j_{k+1}}} \mod I_{i_{k+1},j_{k+1}};$$
0.5   **end**
0.6   **for** t from 1 to m_k **do**
0.7   **if** $\nu_t \neq 0$ **then**
0.8 $t_k \leftarrow t$
0.9   **break**
0.10   **else**
0.11 $\mathcal{G}_{k+1} \leftarrow \mathcal{G}_k; t_k \leftarrow 0;$
0.12   **end if**

```
0.13    end
0.14    if $t_k \neq 0$ then
0.15        for $t$ from $t_k+1$ to $m_k$ do
0.16            $$(a_t, b_t) \leftarrow (a_t, b_t) - \frac{\nu_t}{\nu_{t_k}}(a_{t_k}, b_{t_k});$$
0.17        end
0.18        $\mathcal{G}_{k+1} \leftarrow \{(a_1, b_1), \cdots, (a_{t_k-1}, b_{t_k-1})\} \bigcup \{(a_{t_k}, b_{t_k}) \cdot (x_1 - y_{i_{k+1}, 1}), \cdots,$
            $(a_{t_k}, b_{t_k}) \cdot (x_n - y_{i_{k+1}, n})\} \bigcup \{(a_{t_k+1}, b_{t_k+1}), \cdots, (a_{m_k}, b_{m_k})\};$
0.19        $\mathcal{G}_{k+1} \leftarrow$ 极小 Gröbner 基$(\mathcal{G}_{k+1});$
0.20    end if
0.21    return $\mathcal{G}_{k+1};$
0.22 end
```

算法 1 切触有理插值问题的 Fitzpatrick 算法

备注 此处, 模 M 的极小 Gröbner 基 $\mathcal{G}$ 定义为: $\mathcal{G}$ 是 M 的 Gröbner 基, 且满足 $\forall (a,b) \in \mathcal{G}, \mathbf{LT}(a,b) \notin \langle \mathbf{LT}(\mathcal{G} - \{(a,b)\}) \rangle$. 即不要求 $\mathbf{LC}(a,b) = 1$.

令 $\mathcal{G}$ 为 M 的 Gröbner 基, 则

$$\mathcal{G} \leftarrow \mathcal{G} \setminus \{(a,b) : \mathbf{LT}(a,b) \in \langle \mathbf{LT}(\mathcal{G} - \{(a,b)\}) \rangle\}$$

为 M 的极小 Gröbner 基 (Minimal Gröbner Basis).

该方法可以计算出全次数最低的有理插值函数, 例如, 表 1 中的二元有理插值问题, 利用不同的插值算法其结果不同, 但利用 Fitzpatrick-Neville 型算法所求有理插值函数 $\dfrac{p(x,y)}{q(x,y)} = \dfrac{18 + 7x - 33y - 6y^2 + 40xy - 25x^2}{18 + 8x - 32y + 7y^2}$, 其全次数为 [2/2]. 可以验证对于表 1 中的插值问题, 不存在全次数 $(\max\{\deg(p), \deg(q)\})$ 更低的有理插值函数.

表 1 二元有理插值问题

插值节点	(0,0)	(0,1)	(0,2)	(1,0)	(1,1)	(1,2)	(2,0)	(2,1)	(2,2)
函数值	1	3	4	0	1	1	−2	−3	−1

在插值逼近中有时只需要求某点的近似值. 此时, 若先求出插值函数的解析形式, 再进行赋值运算, 一般说来是不经济的. 多项式插值中 Neville 算法可直接计算插值函数在某点的函数值, 而无需计算出插值函数的解析形式. Stoer 和 Bulirsch[34] 给出了一元有理插值问题的 Neville 型算法, 其思想是利用两个低次有理插值函数通过提升分子或分母的次数, 构造高一次的有理插值函数, 构造方法如下: 用 $r_s^{u,v} = \dfrac{p_s^u}{q_s^v} = \dfrac{p_{s,u}x^u + \cdots}{q_{s,v}x^v + \cdots}$ 表示在 $u+v+1$ 个点 $x_s, x_{s+1}, \cdots, x_{s+u+v}$ 处插值的有理

函数, 则

分子升一次:
$$r_s^{u+1,v} = \frac{(x_{s+u+v+1} - x)q_{s+1,v}p_s^u + (x - x_s)q_{s,v}p_{s+1}^u}{(x_{s+u+v+1} - x)q_{s+1,v}q_s^v + (x - x_s)q_{s,v}q_{s+1}^v},$$

分母升一次:
$$r_s^{u,v+1} = \frac{(x_{s+u+v+1} - x)p_{s+1,u}p_s^u + (x - x_s)p_{s,u}p_{s+1}^u}{(x_{s+u+v+1} - x)p_{s+1,v}q_s^v + (x - x_s)p_{s,v}q_{s+1}^v},$$

在点 $x_s, x_{s+1}, \cdots, x_{s+u+v+1}$ 处插值.

檀结庆和江平[40]给出了多种 Neville 型连分式插值格式, 即先利用连分式构造低次有理插值, 再由两个低次有理插值通过提升分子的次数, 构造高一次的有理插值函数, 构造方式为: 用 $r_{s,k}$ 表示 $k+1$ 个点 $x_s, x_{s+1}, \cdots, x_{s+k}$ 处插值的 Thiele 型连分式:

$$r_{s,k} = \varphi[x_s] + \frac{x - x_s}{\varphi[x_s, x_{s+1}]} + \cdots + \frac{x - x_{s+k-1}}{\varphi[x_s, x_{s+1}, \cdots, x_{s+k}]},$$

其中 $\varphi[x_s, \cdots, x_{s+l}]$ 表示倒差商, 则

$$r_{s,k+1} = \frac{x_{s+k+1} - x}{x_{s+k+1} - x_s} r_{s,k}(x) + \frac{x - x_s}{x_{s+k+1} - x_s} r_{s+1,k}(x),$$

在 $k+2$ 个点 $x_s, \cdots, x_{s+k+1}$ 处插值. 此外檀结庆和江平[40, 41]还将一元的 Neville 型连分式插值方法推广到矩形节点上的二元有理插值问题中.

切触有理插值的 Fitzpatrick 算法具有递推性, 也可实现直接计算插值函数在指定点的函数值, 而不必计算插值函数的解析形式, 特别是对插值节点没有任何限制[54]. 从算法 1 可以看出, 计算 M_{k+1} 的 Gröbner 基 $\mathcal{G}_{k+1}$, 需计算 ν_t 的值. 而计算 $\nu_t(t = 1, \cdots, m_k)$ 时, 必须计算 $b_t h_{i_{k+1}} - a_t$. 如果可以递推地计算出 ν_t 的值而不计算 $b_t h_{i_{k+1}} - a_t$ $(t = 1, \cdots, m_k)$, 则可以得到切触有理插值问题的 Fitzpatrick-Neville 型算法. 接下来将讨论如何递推地计算 ν_t.

首先对切触有理插值问题, 定义其 Hermite 插值基函数: 令 $\{\Phi_{i,\boldsymbol{\alpha}_{i,j}} \in \mathcal{P} : i = 0, 1, \cdots, L, j = 0, 1, \cdots, s_i - 1\}$ 为 Hermite 插值基函数, 即 $\Phi_{i,\boldsymbol{\alpha}_{i,j}}$ 满足

$$D^{\boldsymbol{\alpha}}\Phi_{i,\boldsymbol{\alpha}_{i,j}}(Y_u) = D^{\boldsymbol{\alpha}}\Phi_{i,\boldsymbol{\alpha}_{i,j}}\big|_{Y_u} = \delta_{i,u} \cdot \delta_{\boldsymbol{\alpha},\boldsymbol{\alpha}_{i,j}},$$

其中 δ 为 Kronecker Delta.

由定义可知

$$\Phi_{i,\boldsymbol{\alpha}_{i,j}} \equiv (X - Y_i)^{\boldsymbol{\alpha}_{i,j}} \bmod I_{i,j}, \quad i = 0, 1, \cdots, L, j = 0, 1, \cdots, s_i - 1. \qquad (6)$$

令 H 为 Hermite 插值多项式, 则

$$h_i \equiv H \bmod I_{i,j}, \quad i = 0, 1, \cdots, L, j = 0, \cdots, s_i - 1.$$

令 $\mathcal{G}_k = \{(a_1, b_1), \cdots, (a_{m_k}, b_{m_k})\}$ 为 M_k 的极小 Gröbner 基. 第 $k+1$ 个同余方程为

$$a \equiv b h_{i_{k+1}} \bmod I_{i_{k+1}, j_{k+1}},$$

并且任何 $(a_t, b_t) \in \mathcal{G}_k$ 满足

$$b_t h_{i_{k+1}} - a_t \equiv \nu_t (X - Y_{i_{k+1}})^{\boldsymbol{\alpha}_{i_{k+1}, j_{k+1}}} \bmod I_{i_{k+1}, j_{k+1}}.$$

因此

$$b_t h_{i_{k+1}} - a_t \equiv b_t H - a_t \equiv \nu_t (X - Y_{i_{k+1}})^{\boldsymbol{\alpha}_{i_{k+1}, j_{k+1}}} \bmod I_{i_{k+1}, j_{k+1}}.$$

由 (6) 可知

$$b_t h_{i_{k+1}} - a_t \equiv b_t H - a_t \equiv \nu_t \Phi_{i_{k+1}, \boldsymbol{\alpha}_{i_{k+1}, j_{k+1}}} \bmod I_{i_{k+1}, j_{k+1}}. \tag{7}$$

令 $I = \bigcap_{i=0}^{L} I_{i, s_i - 1}$, 则 $\{\Phi_{i, \boldsymbol{\alpha}_{i,j}} \in \mathcal{P} : i = 0, 1, \cdots, L, j = 0, 1, \cdots, s_i - 1\}$ 为商环 $\mathcal{P}/I$ 的一组基. 因此存在 $\lambda_{i, \boldsymbol{\alpha}_{i,j}}^t$, $i = 0, 1, \cdots, L, j = 0, 1, \cdots, s_i - 1$, 使得

$$b_t H - a_t \equiv \sum_{i=1}^{L} \sum_{j=0}^{s_i - 1} \lambda_{i, \boldsymbol{\alpha}_{i,j}}^t \Phi_{i, \boldsymbol{\alpha}_{i,j}} \bmod I, \quad t = 1, \cdots, m_k. \tag{8}$$

由 $I_{i_{k+1}, j_{k+1}} \supset I$ 和 (6) 式可知

$$\begin{aligned} b_t H - a_t &\equiv \sum_{i=1}^{L} \sum_{j=0}^{s_i - 1} \lambda_{i, \boldsymbol{\alpha}_{i,j}}^t \Phi_{i, \boldsymbol{\alpha}_{i,j}} \\ &\equiv \sum_{j=0}^{j_{k+1}} \lambda_{i_{k+1}, \boldsymbol{\alpha}_{i_{k+1}, j}}^t \Phi_{i_{k+1}, \boldsymbol{\alpha}_{i_{k+1}, j}} \bmod I_{i_{k+1}, j_{k+1}}. \end{aligned} \tag{9}$$

对照 (7) 和 (9), 可知

$$\begin{aligned} b_t h_{i_{k+1}} - a_t &\equiv b_t H - a_t \\ &\equiv \lambda_{i_{k+1}, \boldsymbol{\alpha}_{i_{k+1}, j_{k+1}}}^t \Phi_{i_{k+1}, \boldsymbol{\alpha}_{i_{k+1}, j_{k+1}}} \bmod I_{i_{k+1}, j_{k+1}}, \end{aligned} \tag{10}$$

特别地, $\nu_t = \lambda_{i_{k+1}, \boldsymbol{\alpha}_{i_{k+1}, j_{k+1}}}^t$, 其中 $t = 1, \cdots, m_k$.

假设 (10) 式中存在 t_k 使得 $\lambda_{i_{k+1}, \boldsymbol{\alpha}_{i_{k+1}, j_{k+1}}}^{t_k} \neq 0$ (若所有的 $\lambda_{i_{k+1}, \boldsymbol{\alpha}_{i_{k+1}, j_{k+1}}}^t$ 均为 0, 则 $\mathcal{G}_{k+1} = \mathcal{G}_k$), 则由 (8) 可知

$$\left(b_t - \frac{\lambda_{i_{k+1}, \boldsymbol{\alpha}_{i_{k+1}, j_{k+1}}}^t}{\lambda_{i_{k+1}, \boldsymbol{\alpha}_{i_{k+1}, j_{k+1}}}^{t_k}} b_{t_k} \right) H - \left(a_t - \frac{\lambda_{i_{k+1}, \boldsymbol{\alpha}_{i_{k+1}, j_{k+1}}}^t}{\lambda_{i_{k+1}, \boldsymbol{\alpha}_{i_{k+1}, j_{k+1}}}^{t_k}} a_{t_k} \right)$$

$$\equiv \sum_{i=1}^{L} \sum_{j=0}^{s_i - 1} \overline{\lambda}_{i, \boldsymbol{\alpha}_{i,j}}^t \Phi_{i, \boldsymbol{\alpha}_{i,j}} C \bmod I, \tag{11}$$

其中 $\overline{\lambda}^t_{i,\boldsymbol{\alpha}_{i,j}} = \lambda^t_{i,\boldsymbol{\alpha}_{i,j}} - \dfrac{\lambda^t_{i_{k+1},\boldsymbol{\alpha}_{i_{k+1},j_{k+1}}}}{\lambda^{t_k}_{i_{k+1},\boldsymbol{\alpha}_{i_{k+1},j_{k+1}}}} \lambda^{t_k}_{i,\boldsymbol{\alpha}_{i,j}}$, $t = 1, \cdots, m_k$.

对任意的 $(a_t, b_t) \in \mathcal{G}_k$ 有

$$(x_l - y_{i_{k+1},l})(b_t H - a_t) \equiv (x_l - y_{i_{k+1},l}) \sum_{i=1}^{L} \sum_{j=0}^{s_i-1} \lambda^t_{i,\boldsymbol{\alpha}_{i,j}} \Phi_{i,\boldsymbol{\alpha}_{i,j}} \bmod I$$

$$\equiv \sum_{i=1}^{L} \sum_{j=0}^{s_i-1} \overline{\lambda}^t_{i,\boldsymbol{\alpha}_{i,j}} \Phi_{i,\boldsymbol{\alpha}_{i,j}} \bmod I.$$

因为 $\mathcal{A}_i$ 为包容集，所以对任何 $\boldsymbol{\alpha} \in \mathcal{A}_i$，有 $\boldsymbol{\alpha} - \mathbf{e}_l \in \mathcal{A}_i$ 或 $\boldsymbol{\alpha} - \mathbf{e}_l \notin \mathbb{N}^n$，其中 $\mathbf{e}_i = (0, \cdots, 0, 1, 0, \cdots, 0) \in \mathbb{N}^n$ ($\mathbf{e}_i$ 第 i 个分量为 1), $i = 1, \cdots, n$.

当 $\boldsymbol{\alpha} - \mathbf{e}_l \notin \mathbb{N}^n$ 时，定义 $\lambda^t_{i,(\boldsymbol{\alpha}_{i,j} - \mathbf{e}_l)} = 0$. 注意到微分算子 $D^{\boldsymbol{\alpha}} = \dfrac{1}{\boldsymbol{\alpha}!} \dfrac{\partial^{|\boldsymbol{\alpha}|}}{\partial X^{\boldsymbol{\alpha}}}$，所以

$$\overline{\lambda}^t_{i,\boldsymbol{\alpha}_{i,j}} = (y_{i,l} - y_{i_{k+1},l}) \lambda^t_{i,\boldsymbol{\alpha}_{i,j}} + \lambda^t_{i,(\boldsymbol{\alpha}_{i,j} - \mathbf{e}_l)}. \tag{12}$$

现在假设对任何 $(a_t, b_t) \in \mathcal{G}_k$ 已经计算出方程

$$b_t H - a_t \equiv \sum_{i=1}^{L} \sum_{j=0}^{s_i-1} \lambda^t_{i,\boldsymbol{\alpha}_{i,j}} \Phi_{i,\boldsymbol{\alpha}_{i,j}} \bmod I, \quad t = 1, \cdots, m_k$$

中的系数 $\lambda^t_{i,\boldsymbol{\alpha}_{i,j}}$, $i = 1, \cdots, L$, $j = 0, 1, \cdots, s_i - 1$.

由前面的讨论可知在方程

$$b_t h_{i_{k+1}} - a_t \equiv \nu_t (X - Y_{i_{k+1}})^{\boldsymbol{\alpha}_{i_{k+1},j_{k+1}}} \bmod I_{i_{k+1},j_{k+1}}, \quad t = 1, \cdots, m_k$$

中 $\nu_t = \lambda^t_{i_{k+1},\boldsymbol{\alpha}_{i_{k+1},j_{k+1}}}$.

令 $\mathcal{G}_{k+1} = \{(\overline{a}_1, \overline{b}_1), \cdots, (\overline{a}_{m_{k+1}}, \overline{b}_{m_{k+1}})\}$ 为 M_{k+1} 的极小 Gröbner 基. 从算法 1 中可以看出 $\mathcal{G}_{k+1} \subset \{(a_1, b_1), \cdots, (a_{t_k-1}, b_{t_k-1})\} \bigcup \{(a_{t_k}, b_{t_k}) \cdot (x_1 - y_{l,1}), \cdots, (a_{t_k}, b_{t_k}) \cdot (x_n - y_{l,n})\} \bigcup \left\{ (a_{t_k+1}, b_{t_k+1}) - \dfrac{\nu_{t_k+1}}{\nu_{t_k}} (a_{t_k}, b_{t_k}), \cdots, (a_{m_k}, b_{m_k}) - \dfrac{\nu_{m_k}}{\nu_{t_k}} (a_{t_k}, b_{t_k}) \right\}$.

因此 $\mathcal{G}_{k+1}$ 中的每个元素 $(\overline{a}_t, \overline{b}_t)$ 满足

$$\overline{b}_t H - \overline{a}_t \equiv \sum_{i=1}^{L} \sum_{j=0}^{s_i-1} \overline{\lambda}^t_{i,\boldsymbol{\alpha}_{i,j}} \Phi_{i,\boldsymbol{\alpha}_{i,j}} \bmod I,$$

并且 $\overline{\lambda}^t_{i,\boldsymbol{\alpha}_{i,j}}$ 可由 (8), (11) 或 (12) 获得.

已知 $\{(1,0), (0,1)\}$ 为 $M_0 = \mathcal{P}^2$ 的极小 Gröbner 基，并且

$$1 = \sum_{i=1}^{L} 1 \cdot \Phi_{i,\boldsymbol{\alpha}_{i,0}} + \sum_{i=1}^{L} \sum_{j=1}^{s_i-1} 0 \cdot \Phi_{i,\boldsymbol{\alpha}_{i,j}}.$$

Hermite 插值多项式 H 可写成如下形式

$$H = \sum_{i=1}^{L} \sum_{j=0}^{s_i-1} f_i^{\boldsymbol{\alpha}_{i,j}} \Phi_{i,\boldsymbol{\alpha}_{i,j}}.$$

因此 $\lambda_{i,\boldsymbol{\alpha}_{i,j}}^{t}$ 的初始值可由下式获得

$$0 \cdot H - 1 = -1 = \sum_{i=1}^{L}(-1)\Phi_{i,\boldsymbol{\alpha}_{i,0}} + \sum_{i=1}^{L}\sum_{j=1}^{s_i-1} 0 \cdot \Phi_{i,\boldsymbol{\alpha}_{i,j}},$$

$$1 \cdot H - 0 = H = \sum_{i=1}^{L}\sum_{j=0}^{s_i-1} f_i^{\boldsymbol{\alpha}_{i,j}} \Phi_{i,\boldsymbol{\alpha}_{i,j}}.$$

对于给定的插值节点 $Y_1, \cdots, Y_L$, 包容集 $\mathcal{A}_1, \cdots, \mathcal{A}_L$(假设包容集 $\mathcal{A}_i$ 满足其任何子集 $\mathcal{A}_{i,j} = \{\boldsymbol{\alpha}_{i,0}, \cdots, \boldsymbol{\alpha}_{i,j}\}(j = 0, \cdots, \#\mathcal{A}_i - 1)$ 仍是个包容集), 相应的导数值 $\{f_i^{\boldsymbol{\alpha}_{i,j}} : i = 1, \cdots, L, j = 0, \cdots, \#\mathcal{A}_i - 1\}$.

初始化:

$\lambda_{i,\boldsymbol{\alpha}_{i,0}}^{1} \leftarrow -1, i = 1, \cdots, L; \lambda_{i,\boldsymbol{\alpha}_{i,j}}^{1} \leftarrow 0, i = 1, \cdots, L, j = 1, \cdots, s_i - 1;$

$\lambda_{i,\boldsymbol{\alpha}_{i,j}}^{2} \leftarrow f_i^{\boldsymbol{\alpha}_{i,j}}, i = 1, \cdots, L, j = 0, 1, \cdots, s_i - 1;$

$\mathbf{G}_1 \leftarrow \{\text{vec}(\lambda_{i,\boldsymbol{\alpha}_{i,j}}^{1}), \mathbf{LT}(\mathbf{G}_1), (1,0)\}, \mathbf{G}_2 \leftarrow \{\text{vec}(\lambda_{i,\boldsymbol{\alpha}_{i,j}}^{2}), \mathbf{LT}(\mathbf{G}_2), (0,1)\},$

其中 $\text{vec}(\lambda_{i,\boldsymbol{\alpha}_{i,j}}^{t}) \leftarrow (\lambda_{1,\boldsymbol{\alpha}_{1,0}}^{t}, \cdots, \lambda_{1,\boldsymbol{\alpha}_{1,s_1-1}}^{t}, \cdots, \lambda_{L,\boldsymbol{\alpha}_{L,0}}^{t}, \cdots, \lambda_{L,\boldsymbol{\alpha}_{L,s_L-1}}^{t}),$

$\mathbf{LT}(\mathbf{G}_1) \leftarrow \mathbf{LT}((1,0)) = (1,0), \quad \mathbf{LT}(\mathbf{G}_2) \leftarrow \mathbf{LT}((0,1)) = (0,1);$

$\mathcal{W}_0 \leftarrow \{\mathbf{G}_1, \mathbf{G}_2\}.$

基于上述初始化, 利用 Hermite 插值基函数修正后的 Fitzpatrick 算法 (算法 2), 即多元切触有理插值问题的 Fitzpatrick-Neville 型算法.

Input $\mathcal{W}_0 \leftarrow \{\mathbf{G}_1, \mathbf{G}_2\}$, $\mathcal{P}^2$中的单项序$\prec_\xi$

Output $\mathcal{W} = \{\mathbf{G}_1, \cdots, \mathbf{G}_{m_L}\}$, 其中$\mathbf{G}_t = \{\text{vec}(\lambda_{i,\boldsymbol{\alpha}_{i,j}}^{t}), \mathbf{LT}(\mathbf{G}_t), (a_t, b_t)\}$,

$\{(a_1, b_1), \cdots, (a_{m_L}, b_{m_L})\}$是模$M$的 Gröbner 基;

1.1 **begin**

1.2 $\quad k \leftarrow 0; \mathcal{W} \leftarrow \mathcal{W}_0;$

1.3 $\quad$ **for** i_k from 1 to L **do**

1.4 $\quad\quad$ **for** j_k from 0 to $s_{i_k} - 1$ **do**

1.5 $\quad\quad\quad m_k \leftarrow \#\mathcal{W};$

1.6 $\quad\quad\quad$ 重排$\mathcal{W} = \{\mathbf{G}_1, \cdots, \mathbf{G}_{m_k}\}$中的元素使得$\mathbf{LT}(\mathbf{G}_1) \prec_\xi \cdots \prec_\xi \mathbf{LT}(\mathbf{G}_{m_k});$

1.7 $\quad\quad\quad$ **if** 对任何t均有$\lambda_{i_k,\boldsymbol{\alpha}_{i_k,j_k}}^{t} = 0$ **then**

1.8 $\quad\quad\quad\quad \mathcal{W}' \leftarrow \mathcal{W};$

1.9		else
1.10		$t_k \leftarrow \min\{t : \lambda^t_{i_k, \boldsymbol{\alpha}_{i_k}, j_k} \neq 0\}$;
1.11		**for** t from $t_k + 1$ to m_k **do**

1.12
$$\text{vec}(\lambda^t_{i, \boldsymbol{\alpha}_{i, j}}) \leftarrow \text{vec}(\lambda^t_{i, \boldsymbol{\alpha}_{i, j}}) - \frac{\lambda^t_{i_k, \boldsymbol{\alpha}_{i_k, j_k}}}{\lambda^{t_k}_{i_k, \boldsymbol{\alpha}_{i_k, j_k}}} \text{vec}(\lambda^{t_k}_{i, \boldsymbol{\alpha}_{i, j}});$$

1.13
$$(a_t, b_t) \leftarrow (a_t, b_t) - \frac{\lambda^t_{i_k, \boldsymbol{\alpha}_{i_k, j_k}}}{\lambda^{t_k}_{i_k, \boldsymbol{\alpha}_{i_k, j_k}}} (a_{t_k}, b_{t_k}); \quad (13)$$

1.14 $\mathbf{LT}(\mathbf{G}_t) \leftarrow \mathbf{LT}(\mathbf{G}_t);\ \mathbf{G}_t \leftarrow \{\text{vec}(\lambda^t_{i, \boldsymbol{\alpha}_{i, j}}),\ \mathbf{LT}(\mathbf{G}_t),\ (a_t, b_t)\};$

1.15   **end**

1.16   **for** l from 1 to n **do**

$$\lambda^{m_k+l}_{i, \boldsymbol{\alpha}_{i, j}} \leftarrow (y_{i, l} - y_{i_k, l})\lambda^{t_k}_{i, \boldsymbol{\alpha}_{i, j}} + |\boldsymbol{\alpha}_{i, j}|\lambda^{t_k}_{i, (\boldsymbol{\alpha}_{i, j} - e_l)},$$

其中 $i = 1, \cdots, L, j = 0, \cdots, s_i - 1$;
$$(a_{m_k+l}, b_{m_k+l}) \leftarrow (a_{t_k}, b_{t_k}) \cdot (x_l - y_{i_k, l}); \quad (14)$$

1.17 $\mathbf{LT}(\mathbf{G}_{m_k+l}) \leftarrow \mathbf{LT}(\mathbf{G}_t) \cdot x_l;$

1.18 $\mathbf{G}_{m_k+l} \leftarrow \{\text{vec}(\lambda^{m_k+l}_{i, \boldsymbol{\alpha}_{i, j}}),\ \mathbf{LT}(\mathbf{G}_{m_k+l}),\ (a_{m_k+l}, b_{m_k+l})\};$

1.19   **end**

1.20 $\mathcal{W}' \leftarrow \{\mathbf{G}_1, \cdots, \mathbf{G}_{t_k-1}, \mathbf{G}_{t_k+1}, \cdots, \mathbf{G}_{m_k}, \mathbf{G}_{m_k+1}, \cdots, \mathbf{G}_{m_k+n}\};$

1.21 $\mathcal{W} \leftarrow$ minimal Gröbner basis$(\mathcal{W}')$;

1.22   **end if**

1.23 $k \leftarrow k + 1$;

1.24   **end**

1.25   **end**

1.26   **return** $\mathcal{W}$;

1.27 **end**

算法 2   多元切触有理插值问题的 Fitzpatrick-Neville 型算法

如果只需估计插值函数在指定点 Y_0 处的值, 则可在算法 2 中用

$$\big(a_t(Y_0), b_t(Y_0)\big) \leftarrow \big(a_t(Y_0), b_t(Y_0)\big) - \frac{\lambda^t_{i_k, \boldsymbol{\alpha}_{i_k}, j_k}}{\lambda^{t_k}_{i_k, \boldsymbol{\alpha}_{i_k}, j_k}} \big(a_{t_k}(Y_0), b_{t_k}(Y_0)\big)$$

代替 (13) 式, 用

$$\big(a_{m+l}(Y_0), b_{m+l}(Y_0)\big) \leftarrow \big(a_{t_k}(Y_0), b_{t_k}(Y_0)\big) \cdot (y_{0,l} - y_{i,l})$$

代替 (14) 式, 则可实现直接计算弱插值 (a, b) 在点 Y_0 处的值 $(a(Y_0), b(Y_0))$, 进而可计算出切触有理插值函数在 Y_0 的值, 而不必计算出有理插值函数的解析形式.

     给定函数 $\cot(xy)$, 利用表 2 中的数据估计 $\cot(xy)$ 在点 $(0.5, 0.5)$ 处值.

表 2   二元切触有理插值

$\cot(xy)\|_{(0.5,0.475)}$	$\frac{\partial}{\partial y}\cot(xy)\|_{(0.5,0.475)}$	$\cot(xy)\|_{(0.5,0.525)}$	$\frac{\partial}{\partial x}\cot(xy)\|_{(0.5,0.525)}$	$\cot(xy)\|_{(0.475,0.5)}$
4.131060341	−9.03282977	3.721619200	−7.796485972	4.131060341

表 3 的最后一列中的每一行都是弱插值 (a,b) 在点 $(0.5,0.5)$ 处的值, 并给出了 $\cot(0.5 \times 0.5)$ 的估计值 $\dfrac{a_i(0.5,0.5)}{b_i(0.5,0.5)}$. 选择

$$\frac{\sum\limits_{i=1}^{m_k} \mathrm{sgn}(b_i(Y_0)) \cdot a_i(Y_0)}{\sum\limits_{i=1}^{m_k} \mathrm{sgn}(b_i(Y_0)) \cdot b_i(Y_0)}$$

表 3　算法 2 的输出数据

$0,\cdots,0$	$(0,x)$	$(1.363804992, 0.3482375325)$
$0,\cdots,0$	$(y^2,0)$	$(-0.07246388591, -0.01849529688)$
$0,\cdots,0$	$(y^2,0)$	$(-0.07246388591, -0.01849529688)$
$0,\cdots,0$	$(x^2,0)$	$(0.08327234709, 0.02126297884)$
$0,\cdots,0$	$(0,y^2)$	$(0., 0.)$

作为估计值 (表 4), 其中 $Y_0 = (0.5, 0.5)$, $\mathrm{sgn}(z)$ 满足

$$\mathrm{sgn}(z) = \begin{cases} 1, & x \geqslant 0, \\ -1, & x < 0. \end{cases}$$

表 4　逼近结果 ($\cot(0.5 \times 0.5)$ 的真实近似 3.916317365)

k	1	2	3	4	5
前 k 个条件的近似结果	4.106060341	3.946840303	3.916247005	3.916247005	3.916381573

夏朋、张树功、雷娜还将上述算法推广到向量值有理插值问题, 即给出了向量值切触有理插值的 Fitzpatrick-Neville 型算法, 可实现直接计算插值函数在指定点的函数值, 而不必计算插值函数的解析形式, 特别是对插值节点没有任何限制 [55].

5　结论

有理插值问题的三大类方法 (解线性有理插值系统, 基于连分式理论的插值算法, 基于符号计算理论的插值算法) 在理论及插值函数的构造方面做出了巨大贡献. 但仍有很多问题, 如不可达点、多元有理插值的误差估计等有待解决. 王仁宏教授在其专著 [49] 中指出: 对给定数据 (型值点), 给出一种简单的方法来判别有理插值问题是否存在, 特别是用型值点 (x_i, f_i) 的分布几何解释来判别有理插值问题的存在性, 值得进一步深入研究. 此外, 在多项式插值中, 利用插值条件 (插值节点及其微商条件) 的几何分布可求出 (甚至可以直接写出) 适定的插值空间 [6, 24]. 对于有

理插值问题, 用型值点的几何分布来判断不可达点也是值得深入探索的问题.

A review of rational interpolation

Peng Xia[1], Zhe Li[2], Na Lei[3]

(1. Liaoning University, School of Mathematics, Shenyang 110036, China;

2. Changchun University of Science and Technology, Changchun 130022, China;

3. Dalian University of Technology, DUT-RU International School of

Information Science and Engineering, Dalian 116600, China)

Abstract Rational interpolation is a classic topic in numerical analysis, and is widely used in approximation. In this paper we review the theories related to rational interpolation and depict some unsolved problems.

参 考 文 献

[1] Antoulas C A. Rational interpolation and the Euclidean algorithm. Linear Algebra and its Applications, 1988, 108: 157-171.

[2] Becuwe S, Cuyt A, Verdonk B. Multivariate Rational Interpolation of Scattered Data. Berlin: Springer, 2004: 204-213.

[3] Benner P, Breiten T. Rational interpolation methods for symmetric Sylvester equations. Electronic Transactions on Numerical Analysis, 2014, 42: 147-164.

[4] Blackburn S R. A generalized rational interpolation problem and the solution of the Welch-Berlekamp key equation. Designs, Codes and Cryptography, 1997, 11(3): 223-234.

[5] Bos L, De Marchi S, Hormann K. On the Lebesgue constant of Berrut's rational interpolant at equidistant nodes. Journal of Computational and Applied Mathematics, 2011, 236(4): 504-510.

[6] Chai J, Lei N, Li Y, et al. The proper interpolation space for multivariate Birkhoff interpolation. Journal of Computational and Applied Mathematics, 2011, 235(10): 3207-3214.

[7] Claessens G. Some aspects of the rational Hermite interpolation table and its applications. Antwerpen: Universiteit Antwerpen, 1976.

[8] Claessens G. A useful identity for the rational Hermite interpolation table. Numerische Mathematik, 1978, 29(2): 227-231.

[9] Claessens G. A generalization of the qd algorithm. Journal of Computational and Applied Mathematics, 1981, 7(4): 237-247.

[10] Cuyt A, Wuytack L. Nonlinear Methods in Numerical Analysis. North-Holland: Elsevier, 1987.

[11] Cuyt A, Verdonk B. Different techniques for the construction of multivariate rational interpolants. Netherlands: Springer, 1988.

[12] Cuyt A, Verdonk B. Multivariate reciprocal differences for branched Thiele continued fraction expansions. Journal of computational and applied mathematics, 1988, 21(2): 145-160.

[13] Cuyt A, Verdonk B. A review of branched continued fraction theory for the construction of multivariate rational approximants. Applied numerical mathematics, 1988, 4(2): 263-271.

[14] D'Andrea C, Krick T, Szanto A. Subresultants, Sylvester sums and the rational interpolation problem. Journal of Symbolic Computation, 2015, 68: 72-83.

[15] Deckers K, Bultheel A. Rational interpolation: II. Quadrature and convergence. Journal of Mathematical Analysis and Applications, 2013, 397(1): 124-141.

[16] Doha E H, Bhrawy A H, Baleanu D, et al. A new Jacobi rational-Gauss collocation method for numerical solution of generalized pantograph equations. Applied Numerical Mathematics, 2014, 77: 43-54.

[17] Fitzpatrick P. On the key equation. IEEE Transactions on Information Theory, 1995, 41(5): 1290-1302.

[18] Fitzpatrick P. On the scalar rational interpolation problem. Mathematics of Control, Signals and Systems, 1996, 9(4): 352-369.

[19] Gohberg I, Kailath T, Olshevsky V. Fast Gaussian elimination with partial pivoting for matrices with displacement structure. Mathematics of Computation, 1995, 64(212): 1557-1576.

[20] Jaklič G P, Sampoli M L, Sestini A, et al. C1 rational interpolation of spherical motions with rational rotation-minimizing directed frames. Computer Aided Geometric Design, 2013, 30(1): 159-173.

[21] Kailath T, Kung S Y, Morf M. Displacement ranks of matrices and linear equations. Journal of Mathematical Analysis and Applications, 1979, 68(2): 395-407.

[22] Lei N, Zhang S, Dong T, et al. The existence and expression of osculatory rational interpolation. Journal of Information and Computational Science, 2005, 2(3): 493-500.

[23] Lei N, Liu T, Zhang S, et al. Some problems on multivariate rational interpolation. Journal of Information and Computational Science, 2006, 3(3): 453-461.

[24] Lei N, Chai J, Xia P, et al. A fast algorithm for the multivariate Birkhoff interpolation problem. Journal of Computational and Applied Mathematics, 2011, 236(6): 1656-1666.

[25] 李辰盛, 唐烁. 基于块的 Lagrange-Salzer 混合切触有理插值. 合肥工业大学学报: 自然

科学版, 2008, 31(7): 1134-1137.

[26] Macon N, Dupree D E. Existence and uniqueness of interpolating rational functions. American Mathematical Monthly, 1962: 751-759.

[27] NewmanE H. Generation of wide-band data from the method of moments by interpolating the impedance matrix [EM problems]. Antennas and Propagation, IEEE Transactions on, 1988, 36(12): 1820-1824.

[28] Newman E H, Forrai D. Scattering from a microstrip patch. Antennas and Propagation, IEEE Transactions on, 1987, 35(3): 245-251.

[29] Salzer H E. Note on osculatory rational interpolation. Mathematics of Computation, 1962, 16(80): 486-491.

[30] 盛中平, 崔凯. 有理插值问题存在性的一个判别准则. 高等学校计算数学学报, 1999, 21(2): 115-125.

[31] 盛中平, 王晓辉. 有理插值的基本特征. 高等学校计算数学学报, 2001, 1: 15-22.

[32] Siemaszko W. Branched continued fractions for double power series. Journal of Computational and Applied Mathematics, 1980, 6(2): 121-125.

[33] Siemaszko W. Thiele-tyoe branched continued fractions for two-variable functions. Journal of Computational and Applied Mathematics, 1983, 9(2): 137-153.

[34] Stoer J, Bulirsch R. Introduction to Numerical Analysis. New York: Springer Science & Business Media, 2013.

[35] 苏家铎, 黄有度. 切触有理插值的一个新算法. 高等学校计算数学学报, 1987, 2: 170-176.

[36] Tan J. Bivariate blending rational interpolants. Approximation Theory and its Applications, 1999, 15(2): 74-83.

[37] Tan J, Fang Y. Newton-Thiele's rational interpolants. Numerical Algorithms, 2000, 24(1-2): 141-157.

[38] Tan J. The limiting case of Thiele's interpolating continued fraction expansion. Journal of Computational Mathematics, 2001, 19(4): 433-444.

[39] Tan J, Tang S. Composite schemes for multivariate blending rational interpolation. Journal of Computational and Applied Mathematics, 2002, 144(1): 263-275.

[40] Tan J, Jiang P. A Neville-like method via continued fractions. Journal of computational and applied mathematics, 2004, 163(1): 219-232.

[41] 檀结庆, 等. 连分式理论及其应用. 北京: 科学出版社, 2007.

[42] Vandebril R, Van Barel M. A fast solver for a bivariate polynomial vector homogeneous interpolation problem. TW Reports, 2002.

[43] Virga K L, Rahmat-Samii Y. Efficient wide-band evaluation of mobile communications antennas using [Z] or [Y] matrix interpolation with the method of moments. IEEE Transactions on Antennas and Propagation, 1999, 47(1): 65-76.

[44] Viskovatov B. De laméthode générale pour réduire toutes sortes de quantités en fractions continues. Mém. Acad. Impériale Sci. St-Petersburg 1803-1806, 1809 1: 226-247.

[45] 王家正. 三元混合型有理插值. 河北工业大学学报, 2006, 35(5): 28-31.

[46] 王家正. Stieltjes-Newton 型有理插值. 应用数学与计算数学学报, 2007, 20(2): 77-82.

[47] 王家正, 梁艳, 潘根安. 三角网格上的混合有理插值算法及性质. 河北工业大学学报, 2010, 39(3): 69-72.

[48] 王仁宏. 数值有理逼近. 上海: 上海科学技术出版社, 1980.

[49] 王仁宏, 朱功勤. 有理函数逼近及其应用. 北京: 科学出版社, 2004.

[50] Wang R, Qian J. On branched continued fractions rational interpolation over pyramid-typed grids. Numerical Algorithms, 2010, 54(1): 47-72.

[51] Wuytack L. On the osculatory rational interpolation problem. Mathematics of Computation, 1975, 29(131): 837-843.

[52] Wuytack L. Padé approximation and its applications: proceedings of a conference held in Antwerp. Belgium, 1979.

[53] Xia P, Zhang S, Lei N. A Fitzpatrick algorithm for multivariate rational interpolation. Journal of Computational and Applied Mathematics, 2011, 235(17): 5222-5231.

[54] Xia P, Zhang S, Lei N. The Neville-like form of the Fitzpatrick algorithm for rational interpolation. Numerical Algorithms, 2012, 61(1): 105-120.

[55] Xia P, Zhang S, Lei N, et al. The Fitzpatrick-Neville-type algorithm for multivariate vector-valued osculatory rational interpolation. Journal of Systems Science and Complexity, 2015, 28(1): 222-242.

[56] Xu G L. Existence of rational interpolation function and an open problem of P. Turán. Journal of Computational Mathematics, 1984, 2: 170-179.

[57] Xu G L, Li J K. On the solvability of rational Hermite-interpolation problem. Journal of Computational Mathematics, 1985, 3(3): 238-251.

[58] 徐献瑜, 李家楷, 徐国良. Padé 逼近概论. 上海: 上海科学技术出版社, 1990.

[59] Zhao Q J, Tan J Q. Block based Lagrange-Thiele-like blending rational interpolation. Journal of Information & Computational Science, 2006, 3(1): 167-177.

[60] Zhao Q, Tan J. Block based Newton-like blending interpolation. Journal of computational mathematics international edition, 2006, 24(4): 515-526.

[61] Zhao Q, Tan J. Block-based Thiele-like blending rational interpolation. Journal of computational and applied mathematics, 2006, 195(1): 312-325.

[62] 朱功勤, 顾传青, 檀结庆. 多元有理逼近方法. 北京: 中国科学技术出版社, 1996.

[63] 朱功勤. 二元逐步有理插值. 合肥工业大学学报 (自然科学版), 2004, 23(1): 10-15.

[64] 朱功勤, 马锦锦. 构造切触有理插值的一种方法. 合肥工业大学学报 (自然科学版), 2006, 29(10): 1320-1322.

[65] 朱晓临. (向量) 有理函数插值的研究及其应用. 合肥: 中国科学技术大学出版社, 2002.

[66] Zhu X, Zhu G. A method for directly finding the denominator values of rational interpolants. Journal of computational and applied mathematics, 2002, 148(2): 341-348.

二元有理插值与子结式

夏 朋[1], 尚宝欣[2]

(1. 辽宁大学 数学学院, 沈阳 110036; 2. 吉林大学 数学学院, 长春 130012)

接收日期: 2015 年 8 月 17 日

Sylvester 子结式可用来构造一元有理插值函数. 本文利用多项式插值的 Newton 基对经典的 Sylvester 子结式进行修正, 从而建立了 Newton 插值多项式与有理插值函数分子、分母之间的联系, 实现了仅利用 Newton 插值多项式即可计算出有理插值函数的分子或分母. 在此基础上, 给出了求二元有理插值函数的子结式法, 该方法可以实现直接计算插值函数在指定点的函数值, 而不必计算出插值函数的解析形式.

1 引言

有理插值 (Cauchy 插值和切触有理插值) 是科技工程中的常见问题, 也是最常用的非线性逼近方法之一. 它在 Sylvester 方程求解[2]、雷达探测和识别工程 [6] 等领域中得到广泛应用, 并取得良好效果. 切触有理插值是 Cauchy 插值的自然推广: 令 $\mathbb{F}$ 为数域. 给定插值节点 $x_i \in \mathbb{F}, i = 0, \cdots, l$, 以及每个节点 x_i 上的函数值及其导数值 $f_{i,j} \in \mathbb{F}, j = 0, \cdots, s_i - 1, i = 0, \cdots, l$. 令 $s+1 = \sum_{i=0}^{l} s_i, m+n=s$. 求有理函数 $r(x) = \dfrac{p(x)}{q(x)}$, 使其满足

$$\left(\frac{\mathrm{d}}{\mathrm{d}x}\right)^j \left(\frac{p(x)}{q(x)}\right)\bigg|_{x_i} = f_{i,j}, \quad i = 0, \cdots, l, j = 0, \cdots, s_i - 1, \tag{1}$$

其中, $\deg(p) \leqslant m$, $\deg(q) \leqslant n$. 显然, 若 $s_i = 1$, $i = 0, \cdots, l$, 则该问题为 Cauchy 插值问题.

众多专家学者系统地研究了有理插值问题, 相关专著有: 王仁宏编著的《数值有理逼近》, 徐献瑜、李家楷、徐国良编著的《Padé 逼近概论》, 朱功勤、顾传青、檀结庆编著的《多元有理逼近方法》, 王仁宏、朱功勤编著的《有理函数逼近及其应用》, 檀结庆等编著的《连分式理论及其应用》等. 其基本理论及算法大都基于

作者简介:通信作者: 夏朋 (1985—), 男, 副教授, 研究方向: 计算机数学. 尚宝欣 (1984—), 男, 博士研究生, 研究方向: 计算机数学.

解线性有理插值系统或连分式理论. 随着科技的发展, 人们开始利用符号计算的相关理论及算法研究有理插值问题. Antoulas[1] 基于Euclid算法给出了一元有理插值问题全体解的参数表示. Fitzpatrick[5] 利用模的 Gröbner 基理论及 Fitzpatrick 算法[4] 递推地计算出指定复杂度下一元有理插值问题的参数解. 夏朋、张树功、雷娜利用模及其 Gröbner 基理论研究多元有理插值问题, 建立了多元 Cauchy 插值、切触有理插值以及向量值有理插值的 Fitzpatrick-Neville 型算法 [7-9]. D'Andrea 等[3] 利用子结式理论研究一元有理插值问题, 并给出其计算公式. 本文利用一元多项式插值的 Newton 基, 对计算有理插值函数的 Sylvester 子结式[3] 进行修正, 并将其推广到二元情形, 给出了二元有理插值的子结式算法. 该方法不但可直接计算有理插值函数在指定点处的函数值, 还可直接计算出关于某一变元 x 或 y 的导数值, 而不必计算出插值函数的解析形式.

2 一元有理插值与子结式

本节简要介绍文献 [3] 中计算一元有理插值函数的子结式算法. 进一步, 基于一元多项式插值的 Newton 基, 对计算有理插值函数的子结式进行修正, 建立 Hermite 插值多项式与有理插值函数分子、分母之间的联系, 实现了仅利用 Newton 插值多项式即可计算出有理插值函数的分子或分母.

2.1 子结式法

利用子结式计算问题 (1) 的解时, 需计算下面两个多项式[3]:

(1) $f := \prod_{i=0}^{l}(x-x_i)^{s_i} = \prod_{t=0}^{s+1} f_t x^t$. 显然 $f_{s+1} = 1$.

(2) $h := \prod_{t=0}^{s} h_t x^t$, Hermite 插值多项式 $\left(\dfrac{\mathrm{d}}{\mathrm{d}x}\right)^j h(x_i) = f_{i,j}$, $0 \leqslant i \leqslant l$, $0 \leqslant j \leqslant s_i - 1$.

对于 $d \leqslant s$, f, h 的子结式 $\mathrm{Sres}_d(f,h)$ 定义如下:

$$\mathrm{Sres}_d(f,h) := \begin{vmatrix} f_{s+1} & \cdots & & \cdots & f_{d+1-(s-d-1)} & x^{s-d-1}f(x) \\ & \ddots & & & \vdots & \vdots \\ & & f_{s+1} & \cdots & f_{d+1} & x^0 f(x) \\ h_s & \cdots & & \cdots & h_{d+1-(s-d)} & x^{s-d}h(x) \\ & \ddots & & & \vdots & \vdots \\ & & h_s & \cdots & h_{d+1} & x^0 h(x) \end{vmatrix} \begin{matrix} \\ s-d \\ \\ \\ s+1-d \\ \end{matrix}.$$

一元子结式的 Bézout 恒等式 [3] 如下:

$$\mathrm{Sres}_d(f,h) = F_d f + H_d h,$$

其中

$$F_d := \begin{vmatrix} f_{s+1} & \cdots & & \cdots & f_{d+1-(s-d-1)} & x^{s-d-1} \\ & \ddots & & & \vdots & \vdots \\ & & f_{s+1} & \cdots & f_{d+1} & x^0 \\ h_s & \cdots & & \cdots & h_{d+1-(s-d)} & 0 \\ & \ddots & & & \vdots & \vdots \\ & & h_s & \cdots & h_{d+1} & 0 \end{vmatrix} \begin{matrix} \\ s-d \\ \\ \\ s+1-d \\ \\ \end{matrix},$$

$$H_d := \begin{vmatrix} f_{s+1} & \cdots & & \cdots & f_{d+1-(s-d-1)} & 0 \\ & \ddots & & & \vdots & \vdots \\ & & f_{s+1} & \cdots & f_{d+1} & 0 \\ h_s & \cdots & & \cdots & h_{d+1-(s-d)} & x^{s-d} \\ & \ddots & & & \vdots & \vdots \\ & & h_s & \cdots & h_{d+1} & x^0 \end{vmatrix} \begin{matrix} \\ s-d \\ \\ \\ s+1-d \\ \\ \end{matrix}.$$

显然, $\deg(H_d) \leqslant s-d$.

定理 1[3] 令 $0 \leqslant d \leqslant m$ 为使得 $\mathrm{Sres}_d(f,h) \neq 0$ 的最大下标, 则 $\deg(H_d) \leqslant n$ 并且切触有理插值问题(1)有解的充分必要条件是 $H_d(x_i) \neq 0, 1 \leqslant i \leqslant l$. 此时, 其解为

$$\frac{p(x)}{q(x)} = \frac{\mathrm{Sres}_d(f,h)}{H_d},$$

其中 $\gcd(\mathrm{Sres}_d(f,h), H_d) = 1$.

例子 2 给定插值问题 (表1). 首先计算 $f = (x-1)(x-2)(x-3)(x-4)(x-5) = x^5 - 15x^4 + 85x^3 - 225x^2 + 274x - 120$, $h = 5x^4 + 4x^3 + 3x^2 + 2x + 1$. 显然, $s = l = 4$. 选择 $m = 2, n = 2, d \leqslant m$. 由定理 1 可得

$$\mathrm{Sres}_{d=2}(f,h) = \begin{vmatrix} 1 & -15 & 85 & -225 & xf(x) \\ 0 & 1 & -15 & 85 & f(x) \\ 5 & 4 & 3 & 2 & x^2 h(x) \\ 0 & 5 & 4 & 3 & xh(x) \\ 0 & 0 & 5 & 4 & h(x) \end{vmatrix} = 4522746 - 8390616x + 5231370x^2,$$

$$H_d = \begin{vmatrix} 1 & -15 & 85 & -225 & 0 \\ 0 & 1 & -15 & 85 & 0 \\ 5 & 4 & 3 & 2 & x^2 \\ 0 & 5 & 4 & 3 & x \\ 0 & 0 & 5 & 4 & 1 \end{vmatrix} = 119466 - 30992x + 2426x^2,$$

有理插值函数

$$r(x) = \frac{p(x)}{q(x)} = \frac{4522746 - 8390616x + 5231370x^2}{119466 - 30992x + 2426x^2}.$$

容易验证 $r(x)$ 满足插值条件.

表 1 Cauchy 插值问题

插值节点 x_i	1	2	3	4	5
函数值 f_i	15	129	547	1593	3711

2.2 基于 Newton 基的子结式

注意, 对于给定的插值问题, 上述方法需要先利用 Hermite 插值基函数或 Newton 插值基函数计算出插值多项式, 再将其展成 $h = \prod_{t=0}^{s} h_t x^t$ 的形式. 然后再构造 f, h 的子结式, 从而计算出有理插值函数. 而基于 Newton 插值基下的子结式, 不需将多项式展开, 即可以直接构造出有理插值函数的分子、分母. 此外, 还可以实现仅利用 Newton 插值多项式直接计算出有理插值函数的分子或分母.

对于插值问题 (1), 根据插值条件, 将插值节点 x_i 所对应的函数值及导数值按照下述方式排序: $f_{0,0}, \cdots, f_{0,s_0-1}, f_{1,0}, \cdots, f_{1,s_1-1}, \cdots, f_{l,0}, \cdots, f_{l,s_l-1}$. 记第 k 个插值条件为 f_{i_k,j_k}, 因此可建立 k 与下标 (i,j) 的一一映射 $k \leftrightarrow (i_k, j_k)$. 容易写出其 Newton 基: $N_{0,0} = 1$, $N_{i,0} = \prod_{k<i}(x-x_k)^{s_i}$, $0 < i \leqslant l$, $N_{i,j} = (x-x_i)^j N_{i,0}$, $0 < j < s_i$. 此时容易计算出 $f = \prod_{i=0}^{l}(x-x_i)^{s_i}$, $h = \sum_{i=0}^{l}\sum_{j=0}^{s_i-1} h_{i,j} N_{i,j}$. 引入 s 个与 $x_i(i = 0, \cdots, l)$ 不同的节点 $x_{l+1}, \cdots, x_{l+s}$. 定义 $N_{s+1} = f$, $N_{s+t} = N_{s+t-1} \cdot (x - x_{l+t-1})$, $1 < t \leqslant s$. 记

$$(x-x_l) \cdot h = \sum_{i=0}^{l}\sum_{j=0}^{s_i-1} h_{i,j}^{(1)} N_{i,j} + h_{s+1}^{(1)} N_{s+1},$$

$$(x-x_{l+1}) \cdot (x-x_l) \cdot h = \sum_{i=0}^{l}\sum_{j=0}^{s_i-1} h_{i,j}^{(2)} N_{i,j} + h_{s+1}^{(2)} N_{s+1} + h_{s+2}^{(2)} N_{s+2},$$

$$\vdots$$

$$\prod_{t=1}^{s-1}(x-x_{l+t}) \cdot (x-x_l) \cdot h = \sum_{i=0}^{l}\sum_{j=0}^{s_i-1} h_{i,j}^{(s)} N_{i,j} + \sum_{t=1}^{s} h_{s+t}^{(s)} N_{s+t}.$$

在 Newton 插值基 $\{N_{i,j} : i = 0, \cdots, l, j = 0, \cdots, s_i - 1\} \cup \{N_{s+t} : t = 1, \cdots, s\}$ 下

f, h 的 Sylvester 矩阵为

$$\begin{pmatrix} 1 & 0 & \cdots & & \cdots & 0 & \\ & \ddots & \ddots & & \vdots & \vdots & \\ & & 1 & 0 & \cdots & 0 & \\ h_{l+s}^{(s)} & \cdots & h_{l+1}^{(s)} & h_{l,s_l-1}^{(s)} & \cdots & h_{0,0}^{(s)} & \\ & \ddots & & & \vdots & \vdots & \\ & & h_{l+1}^{(1)} & h_{l,s_l-1}^{(1)} & \cdots & h_{0,0}^{(1)} & \\ & & & h_{l,s_l-1} & \cdots & h_{0,0} & \end{pmatrix} \begin{matrix} s \\ \\ \\ s+1 \\ \\ \\ \end{matrix},$$

即, 前 s 行为 $\prod_{t=1}^{s-1}(x-x_{l+t})\cdot f$, $\prod_{t=1}^{s-2}(x-x_{l+t})\cdot f$, $\cdots$, $(x-x_{l+1})\cdot f$, f 的系数, 后 $s+1$ 行为 $\prod_{t=1}^{s-1}(x-x_{l+t})\cdot(x-x_l)\cdot h$, $\prod_{t=1}^{s-2}(x-x_{l+t})\cdot(x-x_l)\cdot h$, $\cdots$, $(x-x_{l+1})\cdot(x-x_l)\cdot h$, $(x-x_l)\cdot h$, h 的系数. 此时, f, h 的子结式 $\mathrm{Sres}_{N_d}(f,h)$ 为

$$\mathrm{Sres}_{N_d}(f,h) := \begin{vmatrix} 1 & 0 & \cdots & & 0 & \prod_{t=1}^{s-d-1}(x-x_{l+t})\cdot f \\ & \ddots & \ddots & & \vdots & \vdots \\ & & 1 & 0 & \cdots & 0 & (x-x_{l+1})\cdot f \\ & & & 1 & 0 & \cdots & 0 & f \\ h_{l+s-d}^{(s-d)} & \cdots & h_{l+1}^{(s-d)} & h_{l,s_l-1}^{(s-d)} & \cdots & h_{i_{d+1},j_{d+1}}^{(s-d)} & \prod_{t=1}^{s-d-1}(x-x_{l+t})\cdot(x-x_l)\cdot h \\ & \ddots & \vdots & \vdots & & \vdots & \vdots \\ & & h_{l+1}^{(1)} & h_{l,s_l-1}^{(1)} & \cdots & h_{i_{d+1},j_{d+1}}^{(1)} & (x-x_l)\cdot h \\ & & & h_{l,s_l-1} & \cdots & h_{i_{d+1},j_{d+1}} & h \end{vmatrix}.$$

在 Newton 插值基下, 一元子结式的 Bézout 恒等式如下:

$$\mathrm{Sres}_{N_d}(f,h) = F_{N_d}f + H_{N_d}h,$$

其中

$$F_{N_d} := \begin{vmatrix} 1 & 0 & \cdots & & & 0 & \prod_{t=1}^{s-d-1}(x-x_{l+t}) \\ & \ddots & \ddots & & & \vdots & \vdots \\ & & 1 & 0 & \cdots & 0 & (x-x_{l+1}) \\ & & & 1 & 0 & \cdots & 0 & 1 \\ h_{l+s-d}^{(s-d)} & \cdots & h_{l+1}^{(s-d)} & h_{l,s_l-1}^{(s-d)} & \cdots & h_{i_{d+1},j_{d+1}}^{(s-d)} & 0 \\ & \ddots & \vdots & \vdots & & \vdots & \vdots \\ & & h_{l+1}^{(1)} & h_{l,s_l-1}^{(1)} & \cdots & h_{i_{d+1},j_{d+1}}^{(1)} & 0 \\ & & & h_{l,s_l-1} & \cdots & h_{i_{d+1},j_{d+1}} & 0 \end{vmatrix} \begin{matrix} s-d \\ \\ \\ s+1-d \\ \\ \end{matrix},$$

$$H_{N_d} := \begin{vmatrix} 1 & 0 & \cdots & & & 0 \\ & \ddots & \ddots & & & \vdots \\ & & 1 & 0 & \cdots & 0 \\ h_{l+s-d}^{(s-d)} & \cdots & h_{l+1}^{(s-d)} & h_{l,s_l-1}^{(s-d)} & \cdots & h_{i_{d+1},j_{d+1}}^{(s-d)} & \prod_{t=1}^{s-d-1}(x-x_{l+t})\cdot(x-x_l) \\ & \ddots & \vdots & \vdots & & \vdots \\ & & h_{l+1}^{(1)} & h_{l,s_l-1}^{(1)} & \cdots & h_{i_{d+1},j_{d+1}}^{(1)} & (x-x_l) \\ & & & h_{l,s_l-1} & \cdots & h_{i_{d+1},j_{d+1}} & 1 \end{vmatrix} \begin{matrix} s-d \\ \\ \\ s+1-d \\ \\ \end{matrix}.$$

若 $H_{N_d}(x_i) \neq 0, 1 \leqslant i \leqslant l$, 则问题 (1) 的解为

$$\frac{p(x)}{q(x)} = \frac{\mathrm{Sres}_{N_d}(f,h)}{H_{N_d}}.$$

对于表 1 中的 Cauchy 插值问题, $h = 5(x-1)(x-2)(x-3)(x-4) + 54(x-1)(x-2)(x-3) + 152(x-1)(x-2) + 114(x-1) + 15 = 5N_4 + 54N_3 + 152N_2 + 114N_1 + 15N_0$, $(x-5)\cdot h = 5N_5 + 54N_4 + 98N_3 - 190N_2 - 327N_1 - 60N_0$, $(x-6)\cdot(x-5)\cdot h = 5N_6 + 54N_5 + 44N_4 - 386N_3 + 243N_2 + 1248N_1 + 300N_0$. 利用 Newton 基下的子结式计算插值函数, 同样取 $d=2$, 则

$$p(x) = \mathrm{Sres}_{N_2}(f,h) = \begin{vmatrix} 1 & 0 & 0 & 0 & (x-6)\cdot f \\ 0 & 1 & 0 & 0 & f \\ 5 & 54 & 44 & -386 & (x-6)\cdot(x-5)\cdot h \\ 0 & 5 & 54 & 98 & (x-5)\cdot h \\ 0 & 0 & 5 & 54 & h \end{vmatrix}$$

$$= 4522746 - 8390616x + 5231370x^2,$$

$$q(x) = H_{N_2} = \begin{vmatrix} 1 & 0 & 0 & 0 & 0 \\ 0 & 1 & 0 & 0 & 0 \\ 5 & 54 & 44 & -386 & (x-6)(x-5) \\ 0 & 5 & 54 & 98 & (x-5) \\ 0 & 0 & 5 & 54 & 1 \end{vmatrix}$$

$$= 119466 - 30992x + 2426x^2.$$

可见，$\mathrm{Sres}_{N_2}(f,h) = \mathrm{Sres}_2(f,h)$，$H_{N_2} = H_2$.

备注 1 注意 $f = N_5$，$(x-6)f = N_6$，用 F_{N_d} 的前 2 行，对第 3, 4 行进行消去，

$$p(x) = \mathrm{Sres}_{N_2}(f,h) = \begin{vmatrix} 1 & 0 & 0 & 0 & (x-6) \cdot f \\ 0 & 1 & 0 & 0 & f \\ 0 & 0 & 44 & -386 & 44N_4 - 386N_3 + 243N_2 + 1248N_1 + 300N_0 \\ 0 & 0 & 54 & 98 & 54N_4 + 98N_3 - 190N_2 - 327N_1 - 60N_0 \\ 0 & 0 & 5 & 54 & h \end{vmatrix}$$

$$= \begin{vmatrix} 44 & -386 & 44N_4 - 386N_3 + 243N_2 + 1248N_1 + 300N_0 \\ 54 & 98 & 54N_4 + 98N_3 - 190N_2 - 327N_1 - 60N_0 \\ 5 & 54 & h \end{vmatrix}.$$

显然，

$$q(x) = H_{N_2} = \begin{vmatrix} 1 & 0 & 0 & 0 & 0 \\ 0 & 1 & 0 & 0 & 0 \\ 5 & 54 & 44 & -386 & (x-6)(x-5) \\ 0 & 5 & 54 & 98 & (x-5) \\ 0 & 0 & 5 & 54 & 1 \end{vmatrix}$$

$$= \begin{vmatrix} 44 & -386 & (x-6)(x-5) \\ 54 & 98 & (x-5) \\ 5 & 54 & 1 \end{vmatrix}.$$

这表明，利用 Newton 插值基下的子结式计算有理插值函数时，只需要保留多项式 $(x-6)(x-5)h$，$(x-5)h$ 与 Newton 插值基 $\{N_4, N_3, N_2, N_1\}$ 所对应的系数，即次数高于 h 的 Newton 插值基所对应的系数不必计算.

备注 2 对于给定的插值问题，写出其 Newton 插值基 N_k，$k = 0, \cdots, s$：$N_k \leftrightarrow N_{i_k, j_k}$ 以及计算插值基 N_k 所对应的系数 h_k：$h_k \leftrightarrow h_{i_k, j_k}$ 是容易的，$h = \sum_{k=0}^{s} h_k N_k$. 已知 h_k，计算多项式 $(x-x_*)h$ 在插值基 N_k ($k = 0, \cdots, s$) 下所对应的系数也是简单的.

备注 3 用 Newton 插值基下的子结式计算有理插值函数, 构造性地建立了 Newton 插值多项式 $h(x)$ 与有理插值函数分母 $q(x)$, 分子 $p(x)$ 之间的直接联系, 即仅利用 Newton 插值多项式 $h(x)$ 即可直接计算出有理插值函数的分子或分母, 特别地, 可以利用行列式直接判断分母 $q(x)$ 在插值节点 x_i 处是否为零, 从而可直接判断出 x_i 是否是不可达点.

3 二元有理插值与子结式

首先考虑矩形节点上的二元 Cauchy 型有理插值问题: 记 $X = \{x_0, \cdots, x_u\}$, $Y = \{y_0, \cdots, y_v\}$, $X \times Y = \{(x_i, y_j) : i = 0, \cdots, u, j = 0, \cdots, v\}$. $f(x_i, y_j)$, $i = 0, \cdots, u, j = 0, \cdots, v$ 为给定的函数值. 求有理函数 $R(x, y) = \dfrac{p(x, y)}{q(x, y)}$ 使其满足

$$R(x_i, y_j) = f(x_i, y_j), \quad i = 0, \cdots, u, j = 0, \cdots, v.$$

3.1 二元有理插值的子结式法

令 $r_j(x) = \dfrac{p_j(x)}{q_j(x)} (j = 0, \cdots, v)$ 为在点 $(x_0, y_j), \cdots, (x_u, y_j)$ 处的插值函数, 即 $r_j(x_i) = f(x_i, y_j), i = 0, \cdots, u$. 于是问题转化为求有理函数 $r(y) = \dfrac{p(y)}{q(y)}$, 使其满足 $r(y_j) = r_j(x), j = 0, \cdots, v$, 其中 $\deg(p(y), y) = m, \deg(q(y), y) = n, m + n = v$. 此时以 x 的多项式为系数的有理函数 $r(y)$ 即为二元有理插值函数. 因此可以利用以 x 的函数为系数, 基于 y 的 Newton 基的子结式计算二元有理插值函数.

假设已知 $r_j(x), j = 0, \cdots, v$. 令 $f(y) = \prod_{j=0}^{v}(y - y_j)$, 插值多项式 $h(y) = \prod_{j=0}^{v} h_j(x) N_j(y)$ 满足 $h(y_j) = r_j(x)$, 其中 $N_j(y), j = 0, \cdots, v$ 为关于 y 的 Newton 插值基函数, $h_j(x)$ 为 x 的有理函数. 对于 y 引入 v 个与 $y_j(j = 0, \cdots, v)$ 不同的节点 $y_{v+t}, t = 1, \cdots, v$. 定义 $N_{v+1}(y) = f(y)$, $N_{v+t}(y) = N_{v+t-1}(y) \cdot (y - y_{v+t-1})$, $t = 2, \cdots, v$. 记

$$(y - y_v)h = \sum_{j=0}^{v+1} h_j^{(1)}(x) N_j(y),$$

$$(y - y_{v+1})(y - y_v)h = \sum_{j=0}^{v+2} h_j^{(2)}(x) N_j(y),$$

$$\vdots$$

$$\prod_{t=1}^{v}(y - y_{v+t}) \cdot (y - y_v)h = \sum_{j=0}^{v+v} h_j^{(d)}(x) N_j(y).$$

由 $N_{v+1}(y) = f(y) = N_v(y) \cdot (y - y_v)$ 及 $(y - y_v)h$ 易知 $h_{v+1}^{(1)}(x) = h_v(x)$, $h_v^{(1)}(x) = h_{v-1}(x)$, $h_j^{(1)}(x) = (y_j - y_v)h_t(x) + h_{j-1}(x)$, $j = 1, \cdots, v-1$, $h_0^{(1)}(x) = (y_0 - y_v) \cdot h_0(x)$. 因此可递推地计算出 $h_j^{(t)}(x)$, $t = 1, \cdots, v$. 于是有

$$\text{Sres}_{N_d}(f, h)$$

$$:= \begin{vmatrix} 1 & 0 & \cdots & & 0 & \prod_{t=1}^{v-d-1}(y - y_{v+t}) \cdot f \\ & \ddots & & & \vdots & \vdots \\ & & 1 & 0 & \cdots & 0 & f \\ h_{v+v-d}^{(v-d)} & \cdots & h_{v+1}^{(v-d)} & h_v^{(v-d)} & \cdots & h_{d+1}^{(v-d)} & \prod_{t=1}^{v-d-1}(y - y_{v+t}) \cdot (y - y_v) \cdot h \\ & \ddots & & \vdots & & \vdots & \vdots \\ & & & h_v & \cdots & h_{d+1} & h \end{vmatrix}$$

$$= \begin{vmatrix} h_v^{(v-d)} & \cdots & h_{d+1}^{(v-d)} & \prod_{j=0}^{v} h_j^{(v-d)} N_j(y) \\ \vdots & & \vdots & \vdots \\ h_v & \cdots & h_{d+1} & \prod_{j=0}^{v} h_j N_j(y) \end{vmatrix} \, v + 1 - d. \tag{2}$$

$$H_{N_d}$$

$$:= \begin{vmatrix} 1 & 0 & \cdots & & 0 & & 0 \\ & \ddots & & & \vdots & & \vdots \\ & & 1 & 0 & \cdots & 0 & 0 \\ h_{v+v-d}^{(v-d)} & \cdots & h_{v+1}^{(v-d)} & h_v^{(v-d)} & \cdots & h_{d+1}^{(v-d)} & \prod_{t=1}^{v-d-1}(y - y_{v+t}) \cdot (y - y_v) \\ & \ddots & & \vdots & & \vdots & \vdots \\ & & & h_v & \cdots & h_{d+1} & 1 \end{vmatrix} \begin{matrix} v - d \\ \\ v + 1 - d \end{matrix}$$

$$= \begin{vmatrix} h_v^{(v-d)} & \cdots & h_{d+1}^{(v-d)} & \prod_{t=1}^{v-d-1}(y - y_{v+t}) \cdot (y - y_v) \\ \vdots & & \vdots & \vdots \\ h_v & \cdots & h_{d+1} & 1 \end{vmatrix} \, v + 1 - d. \tag{3}$$

插值函数 $R(x, y) = r(y) = \dfrac{\text{Sres}_{N_d}(f, h)}{H_{N_d}}$.

例子 3 给定二元有理插值问题 (表 2). 利用子结式法求二元有理插值函数.

表 2 二元有理插值问题

$f(x_i, y_j)$	$x_0 = 1$	$x_1 = 2$	$x_2 = 3$	$x_3 = 4$	$x_4 = 5$
$y_0 = 1$	22/9	19/9	112/55	187/93	2
$y_1 = 2$	11/5	159/73	11/5	535/241	807/361
$y_2 = 3$	106/49	313/139	628/271	1051/445	1582/661
$y_3 = 4$	175/81	173/75	1039/433	347/141	869/347
$y_4 = 5$	262/121	777/331	1552/631	2587/1021	3882/1501

首先计算一元插值函数 $r_j(x) = \dfrac{p_j(x)}{q_j(x)}, j = 0, \cdots, 4$. 求 $r_j(x)$ 时, 可以采用子结式法、连分式法、解线性有理插值系统或 Fitzpatrick 算法等进行计算. 因为 $u = 4$, 所以通常求 [2/2] 型插值函数. 根据一元有理插值函数的存在唯一性, 不同方法所计算出的插值函数相同. 本文利用基于 Newton 插值基的子结式法计算出

$$r_0(x) = \frac{7 + 5x + 10x^2}{1 + 3x + 5x^2}, \quad r_1(x) = \frac{7 + 20x + 28x^2}{1 + 12x + 12x^2},$$

$$r_2(x) = \frac{7 + 45x + 54x^2}{1 + 27x + 21x^2}, \quad r_3(x) = \frac{7 + 80x + 88x^2}{1 + 48x + 32x^2},$$

$$r_4(x) = \frac{7 + 125x + 130x^2}{1 + 75x + 45x^2}.$$

取 $d = 2$, 由 (2), (3) 式可知, 只添加一个节点 $y_5 = 6$ 即可. 再以 $r_j(x)$ 为 $y = y_j$ 时的函数值, 基于 Newton 基的子结式法可计算出

$$R(x, y) = \frac{4x^2y^2 + 5xy^2 + 6x^2y + 7}{x^2y^2 + 3xy^2 + 4x^2y + 1}.$$

3.2 直接计算二元有理插值函数在指定点的函数值

利用子结式计算二元有理插值函数, 当问题规模较大时, 计算速度较为缓慢. 但可以实现直接计算插值函数在指定点 (x_*, y_*) 的函数值或关于 y 的导数值, 而不必计算出插值函数的解析形式.

对 $\text{Sres}_{N_d}(f, h)$ 及 H_{N_d} 进行赋值运算: 记 $\omega(0) = 1$, $\omega(t) = \prod_{t=1}^{v-d-1}(y_* - y_{v+t})$, $t = 1, \cdots, v - d - 1$,

$$\text{Sres}_{N_d}(f, h)\big|_{(x_*, y_*)}$$

$$= \begin{vmatrix} 1 & 0 & \cdots & 0 & & \omega(v-d-1)f(y_*) \\ & \ddots & & & \vdots & \vdots \\ & & 1 & 0 & \cdots & 0 & \omega(0)f(y_*) \\ h_{v+v-d}^{(v-d)}(x_*) & \cdots & & \cdots & h_{d+1}^{(v-d)}(x_*) & \omega(v-d-1)(y_* - y_v)h(y_*) \\ & \ddots & & \vdots & \vdots & \vdots \\ & & h_v(x_*) & \cdots & h_{d+1}(x_*) & h(y_*) \end{vmatrix}$$

$$
= \begin{vmatrix} h_v^{(v-d)}(x_*) & \cdots & h_{d+1}^{(v-d)}(x_*) & \prod_{j=0}^{v} h_j^{(v-d)}(x_*) N_j(y_*) \\ \vdots & & \vdots & \vdots \\ h_v(x_*) & \cdots & h_{d+1}(x_*) & h(y_*) \end{vmatrix},
$$

$$
H_{N_d}\big|_{(x_*,y_*)}
$$

$$
= \begin{vmatrix} 1 & 0 & \cdots & 0 & 0 \\ & \ddots & & \vdots & \vdots \\ & & 1 & 0 & 0 \\ h_{v+v-d}^{(v-d)}(x_*) & \cdots & \cdots & h_{d+1}^{(v-d)}(x_*) & \prod_{t=1}^{v-d-1}(y_*-y_{v+t})\cdot(y_*-y_v) \\ & \ddots & & \vdots & \vdots \\ & & h_v(x_*) & \cdots & h_{d+1}(x_*) & 1 \end{vmatrix}
$$

$$
= \begin{vmatrix} h_v^{(v-d)}(x_*) & \cdots & h_{d+1}^{(v-d)}(x_*) & \prod_{t=1}^{v-d-1}(y_*-y_{v+t})\cdot(y_*-y_v) \\ \vdots & & \vdots & \vdots \\ h_v(x_*) & \cdots & h_{d+1}(x_*) & 1 \end{vmatrix}.
$$

若已知 $r_j(x)$ 在 x_* 处的函数值 $r_j(x_*)$, $j = 0, \cdots, v$, 则利用 (关于 y 的) 差商公式, $h_j(x_*)$ 可由 $r_j(x_*)$, $j = 0, \cdots, v$ 直接获得. 由 $h_j^{(1)}(x)$ 和 $h_j(x)$ 之间的递推关系可由 $h_j(x_*)$ 直接计算 $h_j^{(1)}(x_*)$, 进而计算出 $h_j^{(t)}$, $t = 1, \cdots, v-d$. 由 $h_j(x_*)$ 计算 $h_j^{(1)}(x_*)$ 时至多需要 1 个乘法, 所以计算 $h_j^{(t)}$ 的乘法的总计算量为 $2v(v-d) < 2v^2$. 利用消元法计算 $\mathrm{Sres}_{N_d}(f, h)\big|_{(x_*, y_*)}$ 的计算量为 $O((2v-2d+1)^3)$, 事实上由备注 1 可知, 计算 $\mathrm{Sres}_{N_d}(f, h)\big|_{(x_*, y_*)}$ 时, 只需计算 $v-d+1$ 阶 (不超过 v 阶) 行列式的值, 此时计算量不超过 $O(v^3)$. 注意, $H_{N_d}\big|_{(x_*, y_*)}$ 的行列式与 $\mathrm{Sres}_{N_d}(f, h)\big|_{(x_*, y_*)}$ 行列式仅最后一列不同, 其余元素相同, 计算 $H_{N_d}\big|_{(x_*, y_*)}$ 和 $\mathrm{Sres}_{N_d}(f, h)\big|_{(x_*, y_*)}$ 的行列式可以同时进行. 因此, 已知 $r_j(x_*)$, $j = 0, \cdots, v$ 的前提下, 计算有理插值函数在指定点的函数值的计算量为 $O(v^3)$. 求 $r_j(x_*)$ 为一元插值问题, 利用解线性有理插值系统或 Fitzpatrick 算法 [4,7], 其计算量均为 $O(u^2)$, 因此求 $r_j(x_*)$, $j = 0, \cdots, v$ 的计算量为 $O((v+1)u^2)$.

综上所述, 利用子结式法求 $u \times v$ 个插值节点上的二元有理插值函数在指定点的函数值其计算量为 $O((v+1)u^2) + O(v^3)$.

例子 4 对表 2 中的插值问题, 取 $d = 2$, 求其在点 $(x_*, y_*) = (5/2, 8/3)$ 处的函数值.

第一步: 计算 $r_j(x)$ 在 $x = 5/2$ 处的函数值,
$$r_0(x_*) = \frac{328}{159}, \quad r_1(x_*) = \frac{116}{53},$$
$$r_2(x_*) = \frac{1828}{799}, \quad r_3(x_*) = \frac{757}{321}, \quad r_4(x_*) = \frac{4528}{1879}.$$

第二步: 利用差商计算 Newton 插值多项式的系数,

$$h_0(x_*) = \frac{328}{159}, \quad h_1(x_*) = \frac{20}{159},$$

$$h_2(x_*) = -\frac{1690}{127041}, \quad h_3(x_*) = -\frac{9875}{27186774}, \quad h_4(x_*) = \frac{8588975}{17027982782}.$$

第三步: 利用递推关系计算出系数 $h_j^{(t)}$, $j = 0, \cdots, 4$,

$$h_0^{(1)} = -\frac{1312}{159}, \quad h_1^{(1)} = \frac{268}{159},$$

$$h_2^{(1)} = \frac{19360}{127041}, \quad h_3^{(1)} = -\frac{351785}{27186774}, \quad h_4^{(1)} = -\frac{9875}{27186774};$$

$$h_0^{(2)} = \frac{6560}{159}, \quad h_1^{(2)} = -\frac{2384}{159},$$

$$h_2^{(2)} = \frac{156052}{127041}, \quad h_3^{(2)} = \frac{2423305}{13593387}, \quad h_4^{(2)} = -\frac{56985}{4531129}.$$

第四步: 计算

$$\text{Sres}_{N_d}(f, h)\big|_{(x_*, y_*)} = \begin{vmatrix} h_4^{(2)}(x_*) & h_3^{(2)}(x_*) & \prod_{j=0}^{4} h_j^{(2)}(x_*) N_j(y_*) \\ h_4^{(1)}(x_*) & h_3^{(1)}(x_*) & \prod_{j=0}^{4} h_j^{(1)}(x_*) N_j(y_*) \\ h_4(x_*) & h_3(x_*) & \prod_{j=0}^{4} h_j(x_*) N_j(y_*) \end{vmatrix}$$

$$= \frac{2204670700}{12183521680521},$$

$$H_{N_d}\big|_{(x_*, y_*)} = \begin{vmatrix} -\dfrac{56985}{4531129} & \dfrac{2423305}{13593387} & \dfrac{70}{9} \\ -\dfrac{9875}{27186774} & -\dfrac{351785}{27186774} & -\dfrac{7}{3} \\ \dfrac{8588975}{17027982782} & -\dfrac{9875}{27186774} & 1 \end{vmatrix} = \frac{2928416300}{36550565041563}.$$

第五步:

$$R(x_*, y_*) = \frac{\text{Sres}_{N_d}(f, h)\big|_{(x_*, y_*)}}{H_{N_d}\big|_{(x_*, y_*)}} = \frac{3363}{1489}.$$

可以验证

$$\frac{4x^2y^2 + 5xy^2 + 6x^2y + 7}{x^2y^2 + 3xy^2 + 4x^2y + 1}\bigg|_{(x_*, y_*)} = \frac{3363}{1489}.$$

备注 4 为了描述方便, 本文在矩形节点上给出二元有理插值的子结式法. 实际上, 该方法可以应用到更一般的点集上, 例如, 在 $y = y_j$ 的平行线上, 每条线上的节点较为散乱. 该方法同样可以推广到高维空间中.

4 结论

本文利用 Newton 插值基函数对 (计算有理插值的) 一元 Sylvester 子结式进行修正, 从而建立了 Newton 插值多项式与有理插值函数的分子、分母之间的联系. 进一步将子结式计算有理插值函数的方法推广到二元情形, 并且实现了直接计算插值函数在指定点的函数值, 而无需计算插值函数的解析形式. 由 $\text{Sres}_{N_d}(f,h)$ 和 H_{N_d} 的行列式表示 ((2), (3) 式) 可知, 二元有理插值的子结式法, 可以直接计算出分子 $\text{Sres}_{N_d}(f,h)$ 在指定点 (x_*, y_*) 处关于 y 的导数值, 分母 H_{N_d} 在指定点 (x_*, y_*) 处关于 y 的导数值, 而不必计算出分子、分母的解析形式. 这表明, 二元有理插值的子结式法, 还可以计算出插值函数在指定点 (x_*, y_*) 处关于 y 的导数值, 而不必计算出插值函数的解析形式.

Bivariate rational interpolation and subresultant

Peng Xia[1], Bao-Xin Shang[2]

(1. Liaoning University, School of Mathematics, Shenyang 110036, China;
2. Jilin University, School of Mathematics, Changchun 130012, China)

Abstract Sylvester subresultant can be used to construct univariate rational interpolation functions. Based on the Newton basis, we modify the classic Sylvester subresultant. The modified subresultant can be applied to compute the numerator or denominator of the rational interpolant. Furthermore, we present the subresultant method for bivariate rational interpolation. This method can compute the value of the rational interpolant at a given point directly without computing the interpolation function explicitly.

参 考 文 献

[1] Antoulas A C. Rational interpolation and the Euclidean algorithm. Linear Algebra and Its Applications, 1988, 108: 157-171.

[2] Benner P, Breiten T. Rational interpolation methods for symmetric Sylvester equations. Electronic Transactions on Numerical Analysis, 2014, 42: 147-164.

[3] D'Andrea C, Krick T, Szanto A. Subresultants, Sylvester sums and the rational interpolation problem. Journal of Symbolic Computation, 2015, 68: 72-83.

[4] Fitzpatrick P. On the key equation. IEEE Transactions on Information Theory, 1995, 41(5): 1290-1302.

[5] Fitzpatrick P. On the scalar rational interpolation problem. Mathematics of Control, Signals and Systems, 1996, 9(4): 352-369.

[6] 吕政良. 电磁辐射和散射问题的快速分析方法研究. 西安: 西安电子科技大学, 2014.

[7] Xia P, Zhang S G, Lei N. A Fitzpatrick algorithm for multivariate rational interpolation. Journal of Computational and Applied Mathematics, 2011, 235(17): 5222-5231.

[8] Xia P, Zhang S G, Lei N. The Neville-like form of the Fitzpatrick algorithm for rational interpolation. Numerical Algorithms, 2012, 61(1): 105-120.

[9] Xia P, Zhang S G, Lei N, et al. The Fitzpatrick-Neville-type algorithm for multivariate vector-valued osculatory rational interpolation. Journal of Systems Science and Complexity, 2015, 28(1): 222-242.

语音计算器的研究与开发

张志强, 苏 伟, 蔡 川, 林 和, 白 华

(兰州大学 信息科学与工程学院, 兰州 730000)

接收日期: 2018 年 8 月 17 日

数学, 作为自然科学的基础, 数学信息广泛存在于各种文献资料中, 在科学研究中起着非常重要的作用, 同时在日常生活中也离不开数学. 数学公式具有复杂、多变的二维结构, 使得视障者在阅读时异常困难.

本文研发了一款在线语音计算器 sMath, 该计算器可应用于电脑、手机及 iPad 等终端设备. 用户可通过语音的方式输入数学公式, 也可通过点击或触摸的方式直接输入数学公式的中文文本或表达式, sMath 对数学公式进行计算, 将数学公式和计算结果语音输出和显示输出. sMath 具体实现步骤包括: ① 语音转换为中文文本; ② 中文文本转换到拼音; ③ 拼音转换到符合 Maxima 语法形式的数学公式; ④ 调用 Maxima 实现计算, 得到数学公式的计算结果; ⑤ 数学公式和计算结果转换到 MathML, 将它们显示输出; ⑥ MathML 转换为中文文本; ⑦ 中文文本转化到语音. 考虑到目前语音识别尚不完善, 在语音到数学公式的转换过程中, 本文用拼音作为转换的中间接口, 并采用一种基于双字 Hash 数学公式索引词典机制的逆向最大匹配分词算法 (Hash-RMM) 实现拼音到数学公式的转换, 使该过程的转换速度和正确率都得到了很大的提高. 该软件可实现初等数学中各类公式的计算和化简.

1 引言

信息无障碍的研究受到了社会各界的普遍关注, 构建信息无障碍的社会环境是残障人士共享信息文明的重要手段. 对视障者来说, 目前主要是通过盲点触摸的方式来学习知识和获取信息. 相对于人文社会科学, 自然社会科学的学习对视

作者简介: 张志强 (1988—), 男, 硕士研究生, 主要研究方向: 信息无障碍, 智能信息挖掘, E-mail:641897235@qq.com; 苏伟 (1977—), 男, 博士, 副教授, 硕士生导师, 主要研究方向: 语义搜索引擎, 数学知识工程与管理, 信息无障碍, E-mail:suwei@lzu.edu.cn; 蔡川 (1979—), 女, 博士研究生, 工程师, 主要研究方向: 信息无障碍, 教育信息化技术, E-mail:caichuan@lzu.edu.cn; 林和, 男, 副教授, 主要研究方向: 智能软件, 智能信息挖掘, E-mail:linhe@lzu.edu.cn; 白华, 男, 硕士研究生, 主要研究方向: 信息无障碍, 人工智能, E-mail:183769434@qq.com. 资助项目: 广西科技计划项目 (桂科 AD16380076、AA17204008)、兰州人才创新创业项目 (2014-RC-3).

障者尤为困难. 数学公式结构复杂、灵活多变. 因此本文研发了一款在线语音计算器 sMath.

语音识别技术 (ASR)[1, 2] 是机器通过自动识别和理解人类语音中的词汇内容, 把语音信号转换成文本或命令的技术. 在数学公式语音的输入和输出方面, Design Science 公司研发了 MathPlayer[3], Metroplex Voice Computing 公司研发了 MathTalk^{TM}[4], T.V.Raman 公司研发了 ASTER[5], 还有一些机构、团体也做了相关的研究, 如 MathSpeak[6], MathGenie[7], TechRead[8], TalkMaths[9], LAMBDA[10], AudioMath[11] 等. 它们虽然都取得了一定的成果, 但是均存在着一些问题, 如读法歧义、过于机械、与中文读法差别很大等. 在我国, 目前对语音计算器的研究, 主要是针对计算器的语音识别和发声的硬件技术做了各种各样的改进, 而且仅限于一些常见的科学计算, 还无法对具有二维结构的数学公式及符号进行处理.

由于国内外对于视障者运用语音学习数学公式的研究和软件开发应用并不完善, 且处于实验探索阶段. 因此, 研究汉语数学公式阅读法及为视障人士研发以语音技术为基础的语音计算器来辅助视障者学习数学是十分必要的, 具有丰富的实际价值和现实意义.

2 功能设计

本文主要研究开发了一款在线语音计算器 sMath, 该计算器可应用于电脑、手机及 iPad 等终端设备. 用户可通过语音的方式输入数学公式, 也可通过点击或触摸的方式直接输入数学公式的中文文本和表达式, sMath 对数学表达式进行计算, 并将计算结果语音输出和显示输出.

sMath 具体实现步骤为: ① 语音到数学公式中文文本的转换, sMath 通过调用 HTML5 的相关代码来实现语音识别; ② 中文文本到拼音的转换, 本文采用 JPinyin[12] 实现该转换过程; ③ 拼音转换到符合 Maxima 语法形式的数学公式, 在该过程中本文采用了一种基于双字 Hash 数学公式索引词典机制的逆向最大匹配分词算法 (Hash-RMM); ④ 调用 Maxima 实现计算, 得到符合 Maxima 语法形式的计算结果; ⑤ 数学公式和计算结果转换为 MathML, 该过程采用了链表和堆栈的原理; ⑥ MathML 转换为中文文本, 在 MathAL 的基础上采用 XSL[13, 14] 技术把 MathML 转换成语音文本 [15]; ⑦ 中文文本到语音的转换, 通过相关的语音软件将 TTS 语音文本读出. 主要功能实现如图 1 所示.

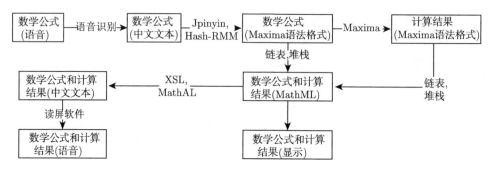

图 1 sMath 功能图

2.1 语音的输入与输出

目前国外已有的数学公式发音只针对外文读法, 未涉及数学公式的中文读法, 且语言不同则其表述方式也不同, 数学公式中, 外文的读法存在着很大的差异. 数学公式的日常读法通常存在一定的随意性以及歧义性, 如 $\frac{x+3}{2}$ 读作:2 分之 x 加 3, 有人会理解为:$\frac{x}{2}+3$. 明眼人可通过视觉观察到数学公式的具体结构, 对数学公式的规范读音要求相对较低. 但对于视障人士, 统一规范严谨的数学公式读音就显得十分必要. 项目组论文《数学公式语音规范 MathAL 及其与 MathML 智能化转换研究》[16] 中, 根据不同的使用对象及应用环境, 提出了三种不同的读法规范, 分别为基本式读法 (MathAL^B), 智能式读法 (MathAL^I), 半智能式读法 (MathAL^H). 其中, MathAL^B 主要是针对盲人制定的, MathAL^I 是针对明眼人制定的一种读音规范, MathAL^H 是基于运算符优先级算法和数学公式表示复杂度算法的. 它的制定, 一方面是为了解决如何将复杂的数学公式读出来更容易让人理解; 另一方面是为了用户能更好的理解数学公式的含义, 从数学公式的语意出发, 按照相应的规则读取数学公式.

本文采用基本式读法 (MathAL^B) 作为数学公式的输入和输出语言. MathAL^B 是一种较为机械的数学公式读法, 它遵循事先规定的读法规则, 使用一定的开始和结束标记符来明确运算符的作用范围. 该读法能够深入地对数学公式进行表达, 使之易于理解. 通过细致地描述在实际的数学语言环境中的词语及其特征, 来处理有些比较特殊的歧义组合字段, 以便取得较好的歧义消解效果. 但公式阅读较为冗长, 复杂. 例如, 公式:

$$\sqrt{3x}+\frac{y}{5} \tag{1}$$

读作"根号, $3x$, 根号结束, 加, 分式开始, 分子为 y, 分母为 5, 分式结束".

在 MathAL^B 的读法规则中, 是将二维结构的数学公式采用线性结构的方式读出. 二维结构的数学公式共分为六种, 分别为右上形、右下形、右上下形和上下形、嵌入形和混合形, 如图 2 所示 (以 A 为主体).

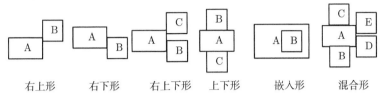

图 2 二维结构分类

根据数学公式不同的构成, 分为下列几种读法顺序.

(1) 从左到右: 一般而言, 数学公式是按照自左向右的顺序读取;

(2) 从右向左: 如百分号%的读法, 3%应该读作 "百分之三";

(3) 先上后下: 对多行结构的数学公式, 如不等式组、方程组、行列式、矩阵等均从上到下以行为单位读取;

(4) 自下而上: 如分数采用自下而上读法, 如 $\frac{4}{7}$, 读作 "七分之四";

(5) 先基后右上角: 如指数运算 M^N, 先读基数 M 再读右上角指数 N;

(6) 先基后右下角: 如形如 M_n 含有下标的结构, 先读基数 M 再读右下角的下标 n;

(7) 先基后下上: 求和、连乘, 以及定积分结构;

(8) 先外后内: 如根式运算 $\sqrt[n]{m}$, 先读 n 次根号, 再读 M.

设 P 表示二维结构的类型的集合, Q 表示读法顺序的集合, 对于每个二维结构 P 总对应于一个或多个读法顺序 $Q: P \to Q$, 如图 3 所示.

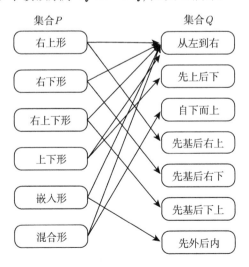

图 3 二维结构与读法的对应关系

2.2 中文文本到数学公式的转换

目前, 语音识别数学公式的技术尚不完善, 在读入数学公式的过程中可能发生误差, 如读入"分式开始"可能被识别为"分食开始"或"分时开市"等, 这些在普通文本中经常出现的词, 却在数学公式的转换过程中无法被识别. 本文为了解决同音字问题, 在中文文本到数学公式的转换过程中, 采用拼音作为中间的转换接口, 则可将数学关键字的同音字正确地转化为相应的运算符号.

本文针对数学公式读法的特殊性, 对传统的分词词典和算法进行了改进, 提出了一种实用性较强的基于双字 Hash 数学公式索引词典机制的逆向最大匹配分词算法 (Hash-RMM).

1. 词典设计

分词的好坏会直接影响到后续分析的难易程度, 目前使用得较多的是基于词典的自动分词算法, 这类算法所使用的词典在很大程度上决定了算法的分词精度. 双字 Hash 索引词典机制 [17], 结合了基于整词二分的词典机制、基于 TRIE 索引树的词典机制和基于逐字二分的词典机制三者 [18] 的优点: 处理速度快, 所占空间资源少.

双字 Hash 数学公式索引词典机制, 如图 4 所示, 它的查询采用逐字匹配的查找方式, 数据结构形式为: 对前两个字逐个进行哈希索引查找, 剩余的其他字符串进行有序的排列.

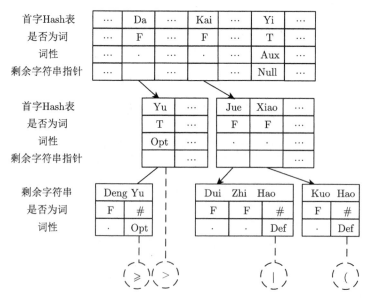

图 4　双字 Hash 数学公式索引词典机制

拼音含有 24 个韵母, 23 个声母, 3 个介母 (i u ü), 常用的拼读方法有声韵两拼法 (f-en→ 分), 声母两拼法 (bu→ 不), 三拼连读法 (shu-ang→ 双). 由此可以看出一个汉字的拼音最多由六个字母组成, 也就是说在计算机中最多占 6 位. 为了分词的方便与快捷, 本文对数学公式的组成部分进行了词性划分, 即划分为操作数 (Opd)、操作符 (Opt)、函数 (Fun)、限定词 (Def) 以及辅助词 (Aux).

双字 Hash 索引数学公式词典机制的结构主要包含三个部分:

(1) 首字 Hash 数学公式索引表: 每个单元含有 4 项内容: ① 关键字: 占 6 位, 指词的第一个拼音 P; ② 是否为词: 占 1 位, 用来标记首个拼音 P 是否为词; ③ 词性: 占 3 位, 用来标记 P 的词性; ④ Hash 索引指针: 占 12 位, 指向以 P 开始的所有词的第二个拼音的索引.

(2) 次字 Hash 数学公式索引表: 它的建立取决于该字是否跟首字构成词或词的前缀, 若不能, 那么与首字无关的拼音就没有相应的结点. 每个单元含有 4 项内容: ① 关键字: 占 6 位, 指词的第二个拼音 P_2; ② 是否为词: 占 1 位, 标记 P_1P_2 是否为词; ③ 词性: 占 3 位, 标记 P_1P_2 的词性; ④ 剩余字符串指针: 占 12 位, 指向以 P_1P_2 开始的所有其他词的剩余拼音字串的有序数组.

(3) 剩余数学公式字串组: 指以 P_1P_2 开始的所有词语的剩余拼音字串的有序数组. 每个单元含有 3 项内容: ① 剩余拼音字串: 占 $6\times n$ 位, 指除去词的前两个拼音 P_1P_2 后, 剩余的拼音串; ② 是否为词: 占 $n-1$ 位, 指示从第一个拼音 P_1 至对应位置的子串是否也构成一个词. 最后一个拼音肯定会是某个词的一部分, 所以它不需标识, 用 # 号表示结束符号; ③ 词性: 占 $3\times n$ 位, 标记从第一个拼音 P_1 到对应位置的拼音子串构成的词的词性.

2. 改进的 RMM 分词算法实现

根据基本式读法 (MathAL^B) 可知读入的数学公式转换成的文本, 主要由数字、字母、数学关键字 (运算符号) 和特殊字符组成, 其中字母表示数学公式中的变量, 为了避免变量与拼音字符串的混淆, 对变量加方括号以示区分. 在数字的处理过程中, 所有的数字的形式, 如汉字表示的数字 "二百八十五"、阿拉伯数字形式 "285" 和混合形式 "2 百八十 5" 均可准确的识别为阿拉伯数字形式 "285".

为了提高分词的速度、精度, 避免无用的循环匹配和传统 RMM 可能产生的歧义问题, 本文在 RMM 的基础上, 对其进行了进一步的改进, 算法流程如图 5 所示. 改进后的 RMM 充分发挥了切分词量越少越准确的优势并体现了 RMM 长词优先的原则. 在中文文本到拼音的转换过程中去掉语音识别出的标点, 从而获取到拼音字符串 S, 先对 S 中的每个字符进行扫描, 分离出数字和字母作为整个拼音串的分隔标志, 将字符串分隔为 n 个长度更短的拼音串 $S_1, S_2, \cdots, S_n (n \in \mathbf{N})$. 与此同时,

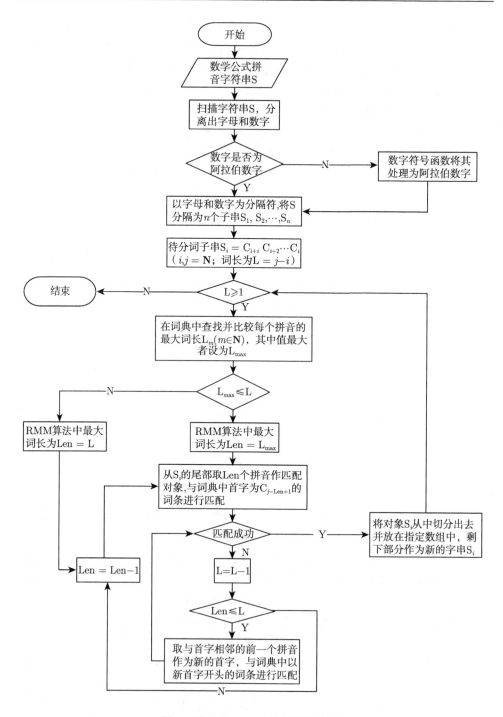

图 5 改进的 RMM 分词算法流程

通过查询 Hash 数学公式索引词典, 获得以每个拼音为首字的词的最大词长, 选出其中最大者与待分词子字符串的长度进行比较后, 确定出每个子字符串最合适的初始最大词长 [19]. 最后用 RMM 分别对 $S_1, S_2, \cdots, S_n$ 进行分词.

假设待分词字串为 $S=C_1C_2\cdots C_a\mathbf{O}C_{a+1}C_{a+2}\cdots C_b\mathbf{O}\cdots C_{i+1}C_{i+2}\cdots C_j\cdots \mathbf{O}C_{d+1}C_{d+2}\cdots C_n(a,b,d,n,i,j\in\mathbf{N})$, 其中 C_i 表示拼音字符串中的每个拼音, $\mathbf{O}$ 表示数字或字母. 公式 (1) 的中文文本经 JPinyin 转换后, 得到的拼音字符串为: S=GenHao3[x]GenHaoJieShuJiaFenShiKaiShiFenZiWei[y]FenMuWei5FenShiJieShu. RMM 改进后分词算法的具体步骤如下.

(a) 对拼音字符串进行扫描, 分离出数字和字母. 若分离出的数字为阿拉伯数字形式, 则转 (b); 否则, 通过数字符号处理函数将其转换为阿拉伯数字形式后, 再转 (b). 以公式 (1) 转换之后的拼音字符串 S 为例, 对 S 扫描, 分离出数字和字母 3[x], [y], 5, 转 (b).

(b) 用分离出的数字和字母作为 S 的分隔标志, 将 S 分隔为 n 个子串, $S_1=C_1C_2\cdots C_a$, $S_2=C_{a+1}C_{a+2}\cdots C_b$, $\cdots$, $S_i=C_{i+1}C_{i+2}\cdots C_j$, $\cdots$, $S_n=C_{d+1}C_{d+2}\cdots C_n$ $(a,b,d,n,i,j\in\mathbf{N})$, 转 (c). 例中用数字 3[x], [y], 5 将 S 分隔为 4 个拼音子串 S_1=GenHao, S_2=GenHaoJieShuJiaFenShiKaiShiFenZiWei, S_3=FenMuWei, S_4=FenShiJieShu.

(c) 待切分拼音子符串 S_i 的词长设为 L, L=$j-i$, 在词典中查找并比较每个拼音的最大词长 $L_m(m\in\mathbf{N})$, 其中 L_m 的最大值设为 L_{max}. 最大词长设为 Len, 根据改进后的 RMM 算法, 如果 $L_{max}\leqslant L$, 则 Len=L_{max}, 转 (d); 否则 Len=L, 转 (h). 以 S_2 为例, 它的词长 L=12, 通过查找并比较 S_2 中的每个拼音在词典中的最大词长后, 可知拼音 "Fen" 的词长最长, 则 L_{max}=4, L_{max}=4<L=12, 则 Len=L_{max}=4.

(d) 从 S_i 的尾部取 Len 个拼音, 即 $C_{j-Len+1}\cdots C_j$ 作为匹配对象. 该对象与词典中以 $C_{j-Len+1}$ 为首字的词条进行匹配, 如果匹配成功, 则转 (e); 否则, 转 (f). 例中从 S_2 的尾部取 4 个拼音, 即 "ShiFenZiWei" 作为匹配对象. 该对象与词典中以 "Shi" 为首字的词条进行匹配, 由于词典中该词条不存在, 匹配失败, 转 (f).

(e) 将字串 $C_{j-Len+1}\cdots C_j$ 从 S_i 中切分出去, 剩下部分作为新的拼音串 S_i, 转 (c).

(f) L=L−1, 若 Len$\leqslant$L, 转 (g); 否则, 转 (h). 例中 L=L−1=11, Len=4<L=11, 转 (g).

(g) 取与首字相邻的前一个拼音作为新的首字, 与词典中以新首字开头的词条进行匹配, 如果匹配成功, 转 (e); 否则, 转 (f). 例中取与首字相邻的前一个拼音 "Kai" 作为新的首字, 与词典中以 "Kai" 开头的词条进行匹配, 词典中以 "Kai" 为首字的词条亦不存在, 匹配失败, 再转 (f), 直至 L=9 时, 拼音 "Fen" 作为新的首字, 与词典中以 "Fen" 开头的词条 "FenShiKaiShi" 匹配成功, 转到 (e), 将拼音

串 "FenShiKaiShi" 从 S_i 中切分出去, 则一轮切分成功, 剩下部分 "GenHaoJieShuJiaFenZiWei" 作为新的拼音串 S_i, 转 (c) 进行下一轮匹配.

(h) Len=Len−1, 转 (d).

(i) 按照 (a)–(h) 的步骤分别对剩余 $n-1$ 个拼音子串进行分词, 直到结束.

本小节主要是针对数学公式的拼音形式进行相关的分词, 采用了双字 Hash 数学公式索引词典机制, 处理速度相对较快, 时间相对较短. 改进后的 RMM 算法一方面使得需要分词的字符串更短, 另一方面充分应用了 RMM 的长词优先的原则. 不但避免了歧义的产生, 更使得分词的正确率得到了很大的提升.

2.3 数学公式和计算结果到 MathML 的转换

MathML[20] 是一种基于 XML 的数学公式编写标准, 用来在互联网上书写数学符号和公式的置标语言. 它包含两个子语言:Presentation MathML 和 Content MathML. Presentation MathML 主要用来描述数学表达式的整体布局, Content MathML 主要用来标记数学表达式的某些含义或数学结构.

sMath 是在数学公式读法规范 MathAL 的基础上, 来实现数学公式和计算结果到语音文本的转换. 由于基本式读法 ($MathAL^B$) 规范是根据数学表达式的结构形式来制定的, 故本文选用 Presentation MathML 编码来描述数学表达式, 数学表达式到 Presentation MathML 的转换采用了链表和堆栈原理[21−23]:

(1) 将运算符和运算数进行分类标记. 数字 (0—9) 标记为第一类, 字母 (A—Z,a—z) 及希腊字母为第二类, 运算符 (加、减、乘、除、乘方、开方等) 以及左右括号为第三类, ⋯⋯.

(2) 将数学表达式分离成相互独立的元素, 根据 (1) 的分类方法将其进行标记, 再将各个元素及其他的标记存入链表中.

(3) 对链表中的元素依次遍历, 根据每个元素的标记, 分别放入运算符和运算数的栈中, 再根据运算符的优先级顺序, 依次出栈入栈, 生成数学表达式的 Presentation MathML 形式.

3 总结及后续工作

在线语音计算器 sMath, 针对语音识别不正确不完整的缺憾, 在计算器转换的各个模块之间做了尽可能的研究, 提高了数学公式输入和输出的准确性, 使其得到正确的计算、显示以及语音输出. 针对现有的成果, 可以分化运算种类, 增设矩阵、几何、集合等, 并且对数学符号种类进行添加, 支持更多方面的运算, 增多可输入的公式, 增大可运算的公式范围等, 进一步完善语音数学公式计算器.

The research and development of voice calculation

Zhi-Qiang Zhang, Wei Su, Chuan Cai, He Lin, Hua Bai

(LanZhou University, School of Information Science and Engineering,
Lanzhou 730000, China)

Abstract As the foundation of natural science, mathematics and mathematical information exist in a wide variety of literature. It also plays a very important role in the scientific research and our daily life. However, it is hard for the visually impaired users to learn mathematics for the complex and flexible two-dimensional structure of a mathematical formula.

In this paper, we introduce a Web-based voice calculator sMath, which can be used in computers, smart phones and iPad devices, etc. Users can input mathematical formula by voice and enter Chinese text or expression by keyboard or touch operation. SMath calculates the mathematical expression and outputs the computation results via speech or two-dimensional display. The implementation steps of sMath include: (1) Converting speech to Chinese text; (2) Programming Chinese text to Pinyin; (3) Translating Pinyin to Maxima formula; (4) Calling Maxima to compute; (5) Converting Maxima formula to MathML and Chinese text; (6) Transforming Chinese text to speech. Considering the technology limit of speech to mathematical expression, we use Pinyin as an interval middleware in our implementation. A double word Hash based reverse maximum matching segmentation algorithm is applied in sMath to translate Pinyin to mathematical formula. The algorithm effectively improves the conversion speed and accuracy of sMath. It can be used to calculate and simplify mathematical formula of elementary mathematics.

参 考 文 献

[1] Mandalia B D, Mansey P P. Method and system for sharing speech processing resources over a communication network: U. S. Patent 8706501, 2014.

[2] Dutta U. Compatibility and Rheological Study of ASR Asphalt Binder. Journal of Materials in Civil Engineering, 2014, 10(1): 40-44.

[3] Soiffer N. Browser-independent accessible math. Web for All Conference. ACM, 2015: 28.

[4] Attanayaka D, Hunter G, Denholm-Price J, et al. Novel multi-modal tools to enhance disabled and distance learners' experience of mathematics. ICTer, 2013, 6(1).

[5] Sorge V, Chen C, Raman T V, et al. Towards making mathematics a first class citizen in general screen readers. Proceedings of the 11th Web for All Conference. ACM, 2014: 1-10.

[6] Bouck E C, Meyer N K, Joshi G S, et al. Accessing Algebra via MathSpeak^{TM}: Understanding the Potential and Pitfalls for Students with Visual Impairments. Journal of Special Education Technology, 2013, 28(1).

[7] Fajardo-Flores S, Archambault D. Interaction Design for the Resolution of Linear Equations in a Multimodal Interface.Lecture Notes in Computer Science, 2012, 7382(1): 166-173.

[8] Kacorri H, Riga P, Kouroupetroglou G. EAR-Math: Evaluation of Audio Rendered Mathematics. Lecture Notes in Computer Science, 2014, 8514: 111-120.

[9] Attanayake D, Denholm-Price J, Hunter G, et al. TalkMaths over the Web-A web-based speech interface to assist disabled people with Mathematics. Proceedings of the Institute of Acoustics, 2014, 36(36): 443-450.

[10] Abelev B, Adam J, Adamová D, e tal. Multiplicity dependence of poin, kaon, proten and lambda production in p-Pb collisions at s NN = 5.02, TeV math Container Loading Mathjax. Physics Letter B, 2013, 728(1): 25-38.

[11] Naslund-Hadley E, Parker S W, Hernandez-Agramonte J M. Fostering Early Math Comprehension: Experimental Evidence from Paraguay. Global Education Review, 2014, 1(4).

[12] She J H. A New Japanese Transcription System of Chinese Syllables. Terminology Standardization and Information Technology, 2003, 30.

[13] Trager S C, Chen Y P, Gonneau A, et al. XSL, the X-Shooter Spectral Library:Overview and status. Astronomical Society of India Conference Series. 2014: 183-188.

[14] Labath P, Niehren J. A functional language for hyperstreaming XSLT. Date Trees, 2013.

[15] Couper M P, Berglund P, Kirgis N, et al. Using Text-to-speech (TTS) for Audio Computer-assisted Self-interviewing (ACASI). Field Methods, 2014.

[16] 褚雅儒. 数学公式语音规范 MathAL 及其与 MathML 智能化转换研究. 兰州: 兰州大学, 2012.

[17] 宗中. 中文信息检索中词典机制分词算法的研究. 计算机技术与发展, 2014, 24(4): 118-121.

[18] 王崇. 基于带词长和规则判定的中文分词技术的研究. 青岛: 青岛科技大学, 2013.

[19] 丁振国, 张卓, 黎靖. 基于 Hash 结构的逆向最大匹配分词算法的改进. 计算机工程与设

计, 2008, 29(12): 3208-3211.
[20] Ausbrooks R, Buswell S, Carlisle D, et al. Mathematical Markup Language (MathML) Version 3.0.W3C Candidate Recommendation of 15 December 2009. World Wide Web Consortium, 13, 2009.
[21] 苏伟. 基于 Web 的数学公式输入及可访问性关键问题研究. 兰州: 兰州大学, 2010.
[22] 张婷, 李廉, 苏伟, 等. 基于 MathEdit 的数学公式转换器. 计算机应用与软件, 2010, 27(1): 14-16.
[23] 张婷. 网络数学公式转换的研究与实现. 兰州: 兰州大学, 2009.

微分特征列方法在 Sharma-Tass-Olver 方程势对称分析中的应用

张智勇, 郭磊磊

(北方工业大学 理学院, 北京 100144)

接收日期: 2018 年 8 月 17 日

> 微分特征列方法是处理微分多项式系统的一种行之有效的方法. 本文利用微分特征列方法研究了对称确定方程组的求解问题, 具体讨论了 Sharma-Tass-Olver 方程的势对称. 然后利用这些新的势对称, 通过约化势方程, 得到该方程新的非古典解, 这些解不能通过古典对称约化方法得到. 在确定势对称的过程中, 微分特征列方法起到了很重要的作用.

1 引言

19 世纪后期, 挪威著名数学家 Sophus Lie 受 Abel 和 Galois 处理代数方程组思想的启发, 为了统一和拓展求解常微分方程的各种不同方法, 提出连续群的概念, 后来被称为 Lie 群 [9]. 近年来, Lie 群方法已经发展成为求解非线性偏微分方程精确解的一种行之有效的方法. 一旦方程所允许的对称被确定, 可以用这些对称得到方程的精确相似解或者作用在已知解上去产生新的解, 构造守恒律, 将非线性的方程线性化等 [1, 11, 22, 23]. 因此, 为了得到更加丰富的对称, 许多学者致力于将古典对称推广到更加广泛的形式 [3, 5, 7, 8]. 1981 年, Bluman 等提出了一种新的算法, 通过引入势函数, 将原方程转换成一个新的辅助方程组, 然后利用标准的对称方法, 得到了一些包含势函数的对称, 称之为势对称 [4].

考虑一个如下形式的偏微分方程

$$E(x, t, u, u_x, u_t, u_{xx}, u_{xt}, \cdots) = 0. \tag{1}$$

通过引入势变量 v, 可以构造势方程组

作者简介: 张智勇 (1980—), 男, 博士, 副教授, 研究方向: 符号计算及其在非线性系统中的应用、微分特征列及微分结式理论; 郭磊磊 (1983—), 男, 博士, 讲师, 研究方向: 多项式系统优化与求解. 资助信息: 北京市自然科学基金 (1173009), 北京市组织部青年骨干人才 (2014000020124G016), 北京市教委面上项目 (KM201710009011), 北方工业大学毓秀青年人才 (107051360018XN0121034)

$$v_x = f(x, t, u, u_x, u_t, u_{xx}, \cdots),$$
$$v_t = g(x, t, u, u_x, u_t, u_{xx}, \cdots). \tag{2}$$

对于一些数学物理方程, 消掉 u, 进而得到势方程

$$G(x, t, v, v_x, v_t, v_{xx}, \cdots) = 0.$$

势方程组 (2) 允许的一个 Lie 点变换

$$X = \xi(x,t,u,v)\partial_x + \tau(x,t,u,v)\partial_t + \eta(x,t,u,v)\partial_u + \phi(x,t,u,v)\partial_v \tag{3}$$

是方程 (1) 的势对称, 如果 X 的系数 ξ, τ, η 满足条件

$$\xi_v^2 + \tau_v^2 + \eta_v^2 \neq 0.$$

应用对称方法的前提是获得方程所允许的对称, 即求解关于 X 中的 ξ, τ, η 和 ϕ 的线性超定的偏微分方程组对称确定方程组的求解. 该方程组的求解用手工是很难完成的, 所以有必要借助于有效的算法并用计算机来完成. 著名数学家吴文俊先生 20 世纪 70 年代建立的吴方法是代数几何领域的基础性算法理论, 其纯代数形式的算法理论在广泛的学科领域, 如机器证明、优化问题、数控等领域中得到了广泛的应用 [6,14-18]. 微分情形的吴方法是 20 世纪 80 年代建立起来的, 与 Ritt 方法、Gröbner 基方法等比较, 吴方法以直接分析微分多项式零点集和微分约化为主要目标, 利用微分特征列的概念, 发展了良序原理、零点分解定理和代数簇分解定理等基础性结论. 因此微分形式吴方法能够有效克服 Lie 算法缺陷, 突破现有算法中的限制, 从而为对称计算提供统一的机械化算法理论, 进而促进对称方法适用于更广泛类偏微分方程 [14, 15]. 本文借助微分形式吴方法去研究 PDEs 对称的确定和约化问题, 是吴方法在微分领域中的一个新的应用.

首先回顾一个在计算过程中起着重要作用的定理, 有关该定理及特征列更详细的介绍请参考文献 [16], [17].

定理 1 (特征列) 设 DPS 是有限的微分多项式集合, 则有算法在有限步内确定 DPS 的微分特征列集 DCS, 使得

$$Zero(DCS/IS) \subset Zero(DPS) \subset Zero(DCS),$$
$$Zero(DPS) = Zero(DCS/IS) + \bigcup_i Zero(DPS_i),$$

其中 $Zero(DPS)$ 是 DPS 的零点集, IS 是初式和隔离子的乘积, $Zero(DCS/IS)$ 是在 $IS \neq 0$ 下的 DCS 的零点集, DPS_i 是在原微分多项式集合 DPS 上添加了 DCS 的初式和隔离子而得到的微分多项式组.

微分特征列包含原微分多项式组的全部可积条件, 具有三角化结构的良序组, 而且特征列的零点集 "几乎" 与原多项式组的零点集一致 (仅差非退化条件). 特征列集的这些优点为我们提供了求解确定方程组的有效方法. 定理中的计算微分特征列的算法称为微分特征列算法 (也称为微分形式吴消元算法). 该算法由下面的框架给出.

$$\left.\begin{array}{l} DPS = DPS_0 \quad \to DPS_1 \quad \to \cdots \quad \to DPS_i \quad \cdots \quad \to DPS_m \\ \qquad\quad \downarrow \qquad\qquad \downarrow \qquad\qquad\qquad\quad \downarrow \qquad\qquad\qquad \downarrow \\ \quad DBS_0 \qquad DBS_1 \qquad \cdots \qquad DBS_i \qquad \cdots \qquad DBS_m = DCS \\ \qquad\quad \downarrow \qquad\qquad \downarrow \qquad\qquad\qquad\quad \downarrow \qquad\qquad\qquad \downarrow \\ \quad RJ_0 \uparrow \qquad RJ_1 \uparrow \qquad \cdots \qquad RJ_i \uparrow \qquad \cdots \qquad RJ_m = \emptyset \end{array}\right\}. \quad (S)$$

在 (S) 中, 当 $k < m, RJ_k$ 是非空的, 并且

$$DBS_i = DPS_i \text{的一个基列}, \quad i = 0, 1, 2, \cdots, m,$$
$$RJ_i = R_i \cup IT_i, \quad i = 0, 1, 2, \cdots, m-1,$$
$$DPS_i = DPS_0 \cup DBS_{i-1} \cup RJ_{i-1}, \quad i = 1, 2, \cdots, m,$$
$$IT_i = DBS_i \text{中的相容性条件}, \quad i = 0, 1, 2, \cdots, m-1,$$
$$R_i = DPS_i \setminus DBS_i \text{关于} DBS_i \text{的非零余式}, \quad i = 0, 1, 2, \cdots, m-1.$$

本文主要的工作是借助于微分形式的吴方法和势对称方法研究了著名的 Sharma-Tasso-Olver(STO) 方程 [10,12,13,19-21]

$$u_t + 3\alpha u_x^2 + 3\alpha u^2 u_x + 3\alpha u u_{xx} + \alpha u_{xxx} = 0, \quad (4)$$

其中 u 是时间变量 t 和空间变量 x 的函数, 描述物理场中波的移动情形. 近年来, 许多从事数学物理研究的学者利用 Cole-Hopf 变换方法 [21]、简单的对称方法 [10]、Hirota's 双线性方法和 Bäcklund 变换方法 [19, 20]、超几何函数和幂函数方法 [13] 等来研究方程 (4), 得到了丰富的精确解.

引入势函数 v, 方程 (4) 转变为

$$v_x + u = 0, \quad v_t - 3\alpha u u_x - \alpha u^3 - \alpha u_{xx} = 0, \quad (5)$$

或者势方程

$$v_t - 3\alpha v_x v_{xx} + \alpha v_x^3 + \alpha v_{xxx} = 0. \quad (6)$$

扩充方程组 (5), 势方程 (6) 与原方程 (4) 是等价的, 也就是说, 可以通过方程 (5) 或者 (6) 的解来构造出方程 (4) 的解. 因此, 首先得到了方程 (4) 的势对称, 然后利用这些势对称约化势方程 (6) 进而得到方程 (4) 新的精确解. 本文安排如下: 第 2 节给出了方程 (4) 的势对称. 在第 3 节, 利用这些势对称构造新的精确解. 第 4 节给出了总结.

2 势对称的确定

本节给出方程 (4) 的势对称. 为了得到方程 (4) 的势对称, 无穷小生成元 (3) 必须保持势方程 (5) 不变, 即由 Lie 无穷小准则可得 (2), 在方程 (5) 的解空间上,

$$pr^{(1)}X(v_x + u) = 0,$$

$$pr^{(2)}X(v_t - 3\alpha u u_x - \alpha u^3 - \alpha u_{xx}) = 0,$$

其中 $pr^{(i)}X$ 是算子 X 的 i 阶延拓 $(i=1,2)$, 具体公式参见文献 [11]. 因此会产生对称确定方程组 $DPS = 0$, 其中,

$$\begin{aligned}DPS = \Big\{&\tau_v, \tau_u, \xi_u, 3u\xi_u - 9\alpha u^2\tau_v - \eta_{uu} - \xi_v + 2\xi_{xu} - 2u\xi_{uv},\\
& u\tau_v - \tau_x, \tau_x - u\tau_v, \phi_v - 2^2u^3\tau_v - \eta_u + 2\xi_x - \tau_t - u\xi_v,\\
& 2u\eta_{xv} - u^2\eta_{vv} - 3u\eta_x, -\alpha u^3\tau_u + 3\alpha u^2\tau_v - 3\alpha u\tau_x + u\xi_u + \phi_u,\\
& \alpha u^4\tau_v - \alpha u^3\tau_x + \eta - u^2\xi_v + u\xi_x - u\phi_v + \phi_x, 2\tau_{xu} - \tau_v - 2u\tau_{uv},\\
& \alpha \tau_{xx} - \alpha u^3\tau_u - 3\alpha u^2\tau_v + \alpha u^2\tau_{vv} + 3\alpha u\tau_x - 2\alpha u\tau_{xv} + u\xi_u + \phi_u,\\
& u\xi_t + \phi_t - \alpha^2 u^6\tau_v - \alpha\eta_{xx} + \alpha u^4\xi_v - \alpha u^3\tau_t + \alpha u^3\phi_v - 3\alpha u^2\eta + 3\alpha u^2\eta_v,\\
& \eta_v - 6\alpha u^4\tau_v - 3\eta - 2\eta_{xu} + \xi_{xx} + u^2\xi_{vv} - 3u\eta_u\\
& +2u\eta_{uv} + 3u\xi_x - 2u\xi_{xv} - 3u\tau_t + 3u\phi_v\Big\}.\end{aligned}$$

可以看出手工求解对称确定方程组 $DPS = 0$ 很难完成, 非常容易出错. 因此, 应用微分形式的吴方法及程序包 [14, 15], 易得

$$Zero(DPS) = Zero(DCS/IS) + Zero(DPS, IS),$$

其中 $IS = \{\alpha\}$,

$$\begin{aligned}DCS = \Big\{& \xi_v, \xi_u, \xi_t, \tau_v, \tau_u, \tau_x, \phi_v - \phi_{vv}, \phi_u, \phi_t - \phi_{tv}, \eta - u\eta_u + \phi_x,\\
& \eta_v - u\phi_v + \phi_x, \eta + u\xi_x - u\phi_v + \phi_x, 3\eta + u\tau_t - 3u\phi_v + 3\phi_x,\\
& \phi_t - a\eta_{xx} - au\eta_x + au^2\phi_x, \phi_x - \phi_{xv}, \eta_t - u\phi_t + \phi_{xt}, \eta_x - u\phi_x + \phi_{xx}\Big\}.\end{aligned}$$

容易看出, 当 $IS = 0$ 时, 方程 (4) 退化为 $u_t = 0$. 因此只考虑 $IS \neq 0$, 此时 $Zero(DPS) = Zero(DCS)$. 求解特征列 $DCS = 0$ 可得

$$\xi = c_1 x + c_2, \quad \tau = 3c_1 t + c_3, \quad \eta = -c_1 u + (uf - f_x)e^v, \quad \phi = f e^v + c_4,$$

其中 f 满足

$$f_t + \alpha f_{xxx} = 0. \tag{7}$$

如果 $uf - f_x \neq 0$, 如下形式的对称算子

$$X = (c_1 x + c_2)\partial_x + (3c_1 t + c_3)\partial_t + [-c_1 u + (fu - f_x)e^v]\partial_u + (fe^v + c_4)\partial_v$$

是方程 (4) 的势对称.

接下来, 我们研究方程 (7) 解的情况. 如果没有特殊的说明 $b, c, d, e, h, \mu, \nu, \sigma$, $C_1, \cdots, C_4$ 是任意的常数. 特别地, 利用变量分离方法, 可得 $f = C_1 x^2 + C_2 x + C_3$.

现在, 采用 Lie 对称的方法来构造方程 (7) 的解. 设方程 (7) 在生成元 $V = \alpha(x,t,f)\partial_x + \beta(x,t,f)\partial_t + \delta(x,t,f)\partial_f$ 下是不变的. 再次利用 Lie 无穷小准则、特征列定理及其程序包 [11, 14, 15], 易得

$$\alpha = \frac{1}{3}C_2 x + C_4, \quad \beta = C_2 t + C_3, \quad \delta = C_1 f + \chi(x,t),$$

其中 $\chi(x,t)$ 满足方程 (7). 考虑如下几种情形.

(1) $V = \frac{1}{3}x\partial_x + t\partial_t$.

方程 (7) 约化为 $27\alpha y^2 f_{yyy} + 54\alpha y f_{yy} + (6\alpha - y)f_y = 0\, (y = x^3/t)$. 得到如下形式的解

$$f = C_3 + \frac{9\alpha C_1 \left(\frac{\sqrt{y}}{\sqrt{\alpha}}\right)^{\frac{2}{3}} \Gamma\left(\frac{1}{3}\right) \mathrm{hypergeom}\left(\left[\frac{1}{3}\right], \left[\frac{2}{3}, \frac{4}{3}\right], \frac{y}{27\alpha}\right)}{\Gamma\left(\frac{4}{3}\right)}$$
$$- \frac{3C_2 y \Gamma\left(\frac{2}{3}\right) \mathrm{hypergeom}\left(\left[\frac{2}{3}\right], \left[\frac{4}{3}, \frac{5}{3}\right], \frac{y}{27\alpha}\right)}{\left(\frac{\sqrt{y}}{\sqrt{\alpha}}\right)^{\frac{2}{3}} \Gamma\left(\frac{5}{3}\right)},$$

这里, 函数 $\mathrm{hypergeom}([a_1, a_2, \cdots, a_p], [b_1, b_2, \cdots, b_q], z)$ 代表广义的超几何函数 [2].

$$\mathrm{hypergeom}([a_1, a_2, \cdots, a_p], [b_1, b_2, \cdots, b_q], z) = \sum_{k=0}^{\infty} \frac{(a_1)_k (a_2)_k \cdots (a_p)_k}{(b_1)_k (b_2)_k \cdots (b_q)_k} \frac{z^k}{k!},$$

其中 $(\omega)_k = \omega(\omega+1)\cdots(\omega+k-1), (\omega)_0 = 1, \Gamma(z) = \int_0^\infty t^{z-1} e^{-t} dt$.

(2) $V = c\partial_x + \partial_t$.

方程 (7) 约化为 $\alpha f_{yyy} - c f_y = 0\, (y = x - ct)$, 易得

$$f = C_1 + C_2 e^{\sqrt{\frac{c}{\alpha}}(x-ct)} + C_3 e^{-\sqrt{\frac{c}{\alpha}}(x-ct)}.$$

(3) $V = c\partial_x + \partial_t + f\partial_f$.

方程 (7) 约化为 $\alpha F_{yyy} - cF_y + F = 0\, (F = fe^{-t}, y = x - ct)$, 可得

$$f = e^t(C_1 e^{\lambda_1(x-ct)} + C_2 e^{\lambda_2(x-ct)} + C_3 e^{\lambda_3(x-ct)}),$$

其中 $\lambda_1, \lambda_2, \lambda_3$ 是方程 $\alpha\lambda^3 - c\lambda + 1 = 0$ 的解.

特别地, 当 $c = 0$, 可得

$$f = C_1 e^{t-kx} + e^{t+\frac{1}{2}kx}\left(C_2 \cos\frac{\sqrt{3}kx}{2} + C_3 \sin\frac{\sqrt{3}kx}{2}\right),$$

其中 k 满足方程 $\alpha k^3 - 1 = 0$.

(4) $V = \partial_x + bf\partial_f$.

这里, 方程 (7) 具有如下形式的解

$$f = C_1 e^{bx - \alpha b^3 t} + C_2.$$

(5) $V = \dfrac{1}{3}x\partial_x + t\partial_t + f\partial_f$.

方程 (7) 约化为 $27\alpha y^2 F_{yyy} + 54\alpha y F_{yy} + (6\alpha - y)F_y + F = 0\, (F = f/t, y = x^3/t)$. 易得

$$f = t\left[C_1\left(1 - \frac{y}{6\alpha}\right) - C_2 \frac{y^{\frac{1}{3}}\,\mathrm{hypergeom}\left(\left[-\frac{2}{3}\right], \left[\frac{2}{3}, \frac{4}{3}\right], \frac{y}{27\alpha}\right)}{3\alpha^{\frac{1}{3}}}\right.$$

$$\left. + C_3 \frac{y^{\frac{2}{3}}\,\mathrm{hypergeom}\left(\left[-\frac{1}{3}\right], \left[\frac{4}{3}, \frac{5}{3}\right], \frac{y}{27\alpha}\right)}{9\alpha^{\frac{2}{3}}}\right].$$

3 势对称约化和精确解

本节利用第 2 节得到的势对称来构造方程 (4) 新的相似解. 由于篇幅原因, 情形 1 列出了详细的计算过程, 其余的情形只列出了最后的结果.

情形 1 $X = \partial_t + (he^{bx - \alpha b^3 t} + d)e^v \partial_v\, (b \neq 1)$.

对应 X 的特征方程为

$$\frac{dx}{0} = \frac{dt}{1} = \frac{dv}{(he^{bx - \alpha b^3 t} + d)e^v},$$

由此可得相似变量

$$y = x, \quad V = \frac{1}{\alpha b^3}e^{bx - \alpha b^3 t} - e^{-v}. \tag{8}$$

将变量 (8) 代入方程 (6) 可得

$$\frac{d^3 V}{dy^3} + d = 0,$$

该方程的解为

$$V = -\frac{d}{6}y^3 + C_3 y^2 + C_2 y + C_1.$$

因此, $v = -\ln\left(\dfrac{h\,e^{bx-\alpha b^3 t}}{\alpha b^3} + \dfrac{d\,x^3}{6} - C_3 x^2 - C_2 x - d\,t - C_1\right)$. 最后, 借助于变换 $u = -v_x$, 方程 (4) 有如下形式的精确解

$$u = \frac{6\,bh\,e^{bx} + 3b^3\,e^{b^3 t\alpha}\,\alpha\,(d\,x^2 - 2C_2 - 4C_3\,x)}{6\,e^{bx}\,h - b^3\,e^{b^3 t\alpha}\,\alpha\,(6d\,t - d\,x^3 + 6C_1 + 6C_2 x + 6C_3 x^2)}.$$

情形 2 $X = c\partial_x + \partial_t + (he^{bx-\alpha b^3 t} + d)e^v \partial_v\,(c > 0, b \neq 1)$.

可得

$$u = \frac{\dfrac{d}{c} + \dfrac{he^{bx-b^3 t\alpha}}{c - b^2\alpha} + C_1 e^{\frac{\sqrt{c}(x-ct)}{\sqrt{\alpha}}} + C_2 e^{\frac{\sqrt{c}(x-ct)}{\sqrt{\alpha}}}}{\dfrac{d\,x}{c} - \dfrac{he^{bx-b^3 t\alpha}}{b^3 - bc\alpha} + \dfrac{\sqrt{\alpha}}{\sqrt{c}}e^{\frac{\sqrt{c}(x-ct)}{\sqrt{\alpha}}}\left(C_1 e^{\frac{2\sqrt{c}(x-ct)}{\sqrt{\alpha}}} - C_2\right) + C_3}.$$

情形 3 $X = c\partial_x + \partial_t + x^2 e^v \partial_v\,(c > 0)$.

可得

$$u = \frac{\dfrac{x^2}{c} + \dfrac{2\alpha}{c^2} + e^{\frac{\sqrt{c}(x-ct)}{\sqrt{\alpha}}}\left(C_1 e^{\frac{2\sqrt{c}(x-ct)}{\sqrt{\alpha}}} + C_2\right)}{\dfrac{2x\alpha}{c^2} + \dfrac{x^3 - 6t\alpha}{3c} + \dfrac{\sqrt{\alpha}}{\sqrt{c}}e^{\frac{\sqrt{c}(x-ct)}{\sqrt{\alpha}}}\left(C_1 - C_2 e^{\frac{2\sqrt{c}(x-ct)}{\sqrt{\alpha}}}\right) + C_3}.$$

情形 4 $X = c\partial_x + \partial_t + xe^v \partial_v\,(c > 0)$.

可得

$$u = \frac{2x\,e^{\frac{\sqrt{c}(x-ct)}{\sqrt{\alpha}}} + 2c\,C_1 e^{\frac{2\sqrt{c}(x-ct)}{\sqrt{\alpha}}} + 2cC_2}{2\sqrt{c}\sqrt{\alpha}C_1 e^{\frac{2\sqrt{c}(x-ct)}{\sqrt{\alpha}}} + e^{\frac{\sqrt{c}(x-ct)}{\sqrt{\alpha}}}(x^2 + 2cC_3) - 2\sqrt{c}\sqrt{\alpha}C_2}.$$

情形 5 $X = c\partial_x + \partial_t + e^v \partial_v\,(c > 0)$.

可得

$$u = \frac{e^{\frac{\sqrt{c}(x-ct)}{\sqrt{\alpha}}} + cC_1 e^{\frac{2\sqrt{c}(x-ct)}{\sqrt{\alpha}}} + cC_2}{\sqrt{c}\sqrt{\alpha}C_1 e^{\frac{2\sqrt{c}(x-ct)}{\sqrt{\alpha}}} + e^{\frac{\sqrt{c}(x-ct)}{\sqrt{\alpha}}}(x + cC_3) - \sqrt{c}\sqrt{\alpha}C_2}.$$

情形 6 $X = \partial_t + (hx^2 + bx + d)e^v\partial_v$.

可得

$$u = \frac{-bt - 2htx + \dfrac{dx^2}{2\alpha} + \dfrac{bx^3}{6\alpha} + \dfrac{hx^4}{12\alpha} - 2C_3x - C_2}{-dt - btx - htx^2 + \dfrac{dx^3}{6\alpha} + \dfrac{bx^4}{24\alpha} + \dfrac{hx^5}{60\alpha} - C_3x^2 - C_2x - C_1}.$$

情形 7 $X = c\partial_x + \partial_t + e^{t+\frac{1}{2}kx+v}\cos\dfrac{\sqrt{3}kx}{2}\partial_v$.

可得

$$u = \frac{k\sqrt{c}\,e^{t+\frac{kx}{2}}\left(\cos\dfrac{\sqrt{3}\,kx}{2} - \sqrt{3}\sin\dfrac{\sqrt{3}\,kx}{2}\right) + 2C_1\sqrt{c}\,e^{\frac{2\sqrt{c}(x-ct)}{\sqrt{\alpha}}} + 2C_2\sqrt{c}\,e^{\frac{\sqrt{c}(ct-x)}{\sqrt{\alpha}}}}{2\sqrt{\alpha}\,C_1 e^{\frac{\sqrt{c}(x-ct)}{\sqrt{\alpha}}} + 2\sqrt{c}\left(e^{t+\frac{kx}{2}}\cos\dfrac{\sqrt{3}\,kx}{2} + C_3\right) - 2\sqrt{\alpha}\,C_2 e^{\frac{\sqrt{c}(ct-x)}{\sqrt{\alpha}}}},$$

其中 k 满足方程 $\alpha k^3 - 1 = 0$.

情形 8 $X = c\partial_x + \partial_t + e^{t+\frac{1}{2}kx+v}\sin\dfrac{\sqrt{3}kx}{2}\partial_v$.

可得

$$u = \frac{k\sqrt{c}\,e^{t+\frac{kx}{2}}\left(\sqrt{3}\cos\dfrac{\sqrt{3}\,kx}{2} + \sin\dfrac{\sqrt{3}\,kx}{2}\right) + 2C_1\sqrt{c}\,e^{\frac{\sqrt{c}(x-ct)}{\sqrt{\alpha}}} + 2C_2\sqrt{c}\,e^{\frac{\sqrt{c}(ct-x)}{\sqrt{\alpha}}}}{2\sqrt{\alpha}\,C_1 e^{\frac{\sqrt{c}(x-ct)}{\sqrt{\alpha}}} + 2\sqrt{c}\left(e^{t+\frac{kx}{2}}\sin\dfrac{\sqrt{3}\,kx}{2} + C_3\right) - 2\sqrt{\alpha}\,C_2 e^{\frac{\sqrt{c}(ct-x)}{\sqrt{\alpha}}}},$$

其中 k 满足方程 $\alpha k^3 - 1 = 0$.

情形 9 $X = (x+\nu)\partial_x + (3t+\mu)\partial_t + e^v\partial_v$.

方程 (6) 约化为常微分方程

$$27y^2\alpha V_{yyy} + 54y\alpha V_{yy} - 3(y-2\alpha)V_y + 1 = 0,$$

其中 $V = e^{-v} - \dfrac{1}{3}\ln(3t+\mu)$, $y = \dfrac{(x+\nu)^3}{3t+\mu}$. 该方程有下面的解

$$V = C_3 + \int_a^{\frac{(x+\nu)^3}{3t+\mu}} \frac{1}{27\alpha}$$

$$\left(\frac{81\alpha^{\frac{3}{2}}\left(C_1\operatorname{BesselI}\left(-\dfrac{1}{3},\dfrac{2\sqrt{s}}{3\sqrt{\alpha}}\right)\Gamma\left(\dfrac{2}{3}\right) - C_2\operatorname{BesselI}\left(\dfrac{1}{3},\dfrac{2\sqrt{s}}{3\sqrt{\alpha}}\right)\Gamma\left(\dfrac{4}{3}\right)\right)}{\sqrt{s}}\right.$$

$$-\frac{3^{\frac{4}{3}}\operatorname{BesselI}\left(\frac{1}{3},\frac{2\sqrt{s}}{3\sqrt{\alpha}}\right)\Gamma\left(\frac{1}{3}\right)\operatorname{hypergeom}\left(\left[\frac{1}{3}\right],\left[\frac{2}{3},\frac{4}{3}\right],\frac{s}{9\alpha}\right)}{\left(\frac{\sqrt{s}}{\sqrt{\alpha}}\right)^{\frac{1}{3}}}$$

$$+\frac{3^{\frac{2}{3}}\left(\frac{\sqrt{s}}{\sqrt{\alpha}}\right)^{\frac{1}{3}}\operatorname{BesselI}\left(-\frac{1}{3},\frac{2\sqrt{s}}{3\sqrt{\alpha}}\right)\Gamma\left(\frac{2}{3}\right)^2\operatorname{hypergeom}\left(\left[\frac{2}{3}\right],\left[\frac{4}{3},\frac{5}{3}\right],\frac{s}{9\alpha}\right)}{\Gamma\left(\frac{5}{3}\right)}\Bigg)ds.$$

因此，方程 (4) 有下面形式的解

$$u = \frac{3V_x}{\log(3t+\mu)+3V}.$$

情形 10 $X = x\partial_x + (3t+\mu)\partial_t + xe^v\partial_v$.

方程 (6) 约化为

$$\alpha\left(9y^2 V_{yyy} + 18y V_{yy}\right) - (y-2\alpha)V_y = 0, \tag{9}$$

可得

$$V = C_3 + 9(3)^{\frac{1}{3}}C_1\left(\frac{\sqrt{y}}{\sqrt{\alpha}}\right)^{\frac{2}{3}}\alpha\operatorname{hypergeom}\left(\left[\frac{1}{3}\right],\left[\frac{2}{3},\frac{4}{3}\right],\frac{y}{9\alpha}\right)$$

$$-\frac{3(3)^{\frac{2}{3}}C_2 y\operatorname{hypergeom}\left(\left[\frac{2}{3}\right],\left[\frac{4}{3},\frac{5}{3}\right],\frac{y}{9\alpha}\right)}{2\left(\frac{\sqrt{y}}{\sqrt{\alpha}}\right)^{\frac{2}{3}}},$$

其中 $V = x + e^{-v}, y = \dfrac{x^3}{3t+\mu}$。方程 (4) 有下面形式的解

$$u = \frac{V_x - 1}{V - x}.$$

情形 11 $X = x\partial_x + (3t+\mu)\partial_t + x^2 e^v\partial_v$.

类似地，我们得到约化方程 (9)，所以方程 (4) 有下面形式的解

$$u = \frac{2V_x - 2x}{2V - x^2}.$$

情形 12 $X = x\partial_x + (3t+\mu)\partial_t + (6\alpha t - x^3)e^v\partial_v$.

方程 (6) 约化

$$\alpha\left(27 y^3 V_{yyy} + 54 y^2 V_{yy} - 4\mu\alpha\right) - 3y(y-2\alpha)V_y = 0,$$

其中 $V = \dfrac{1}{3}e^{-v}\left(-6\alpha t e^v + x^3 e^v + 6\alpha\mu e^v \ln x - 2\alpha\mu e^v - 3\right), y = \dfrac{x^3}{3t+\mu}.$

特别地, 当 $\mu = 0$, 可得约化方程为 (9). 此时, 方程 (4) 有下面形式的解

$$u = \frac{3\,x^2 - 3V_x}{x^3 - 6\,t\,\alpha - 3\,V}.$$

4 结论

本文首先利用微分形式的吴方法得到了方程 (4) 的势对称, 然后利用这些对称构造了新的相似解, 这些解是不能通过古典对称约化方法得到的. 因此, 势对称方法是一种行之有效地求解非线性偏微分方程精确解的手段. 同时, 我们利用微分形式的吴方法有效地解决确定对称的难点即对称确定方程组的求解问题, 为微分特征列方法的广泛应用提供了必要的参考.

Application of differential characteristic set to the potential symmetry analysis of Sharma-Tass-Olver equation

Zhi-Yong Zhang, Lei-Lei Guo

(North China University of Technology, College of Sciences, Beijing 100144, China)

Abstract Differential characteristic set is an effective method to deal with differential polynomial system. In this paper, we apply it to deal with symmetry determining equations and specially discuss the potential symmetries of Sharma-Tass-Olver equation. Moreover, large classes of new exact solutions are constructed through the reductions of corresponding potential equation. These solutions can not be derived from Lie classical symmetries of the governing partial differential equation. Differential characteristic set plays an important role in the calculations.

参 考 文 献

[1] Anco S C, Bluman G W, Wolf T. Invertible Mappings of Nonlinear PDEs to Linear PDEs through Admitted Conservation Laws. Acta Applicandae Mathematicae, 2008, 101: 21-38.

[2] Abramowitz M, Stegun I A. Handbook of Mathematical Functions with Formulas, Graphs, and Mathematical Tables, New York: Dover, 1965.

[3] Bluman G W, Kumei S. Symmetry-based algorithms to relate partial differential equations I. Local symmetries. European Journal of Applied Mathematics, 1990, 1: 189-216.

[4] Bluman G W, Kumei S, Reid G J. New classes of symmetries for partial differential equations. Journal of Mathematical Physics, 1988, 29: 806-811.

[5] Clarkson P A, Kruskal M. New similarity reductions of the Boussinesq equation. Journal of Mathematical Physics, 1989, 30: 2201-2213.

[6] 陈玉福, 高小山. 微分多项式系统的对合特征集. 中国科学 (A 辑), 2003, 33: 97-113.

[7] Fokas A S, Liu Q M. Generalized conditional symmetries and exact solutions of nonintegrable equations. Theoretical Mathematical Physics, 1994, 99: 263-277.

[8] Ibragimov N H, Anderson R L. Groups of Lie-Bäcklund contact transformations. Proceedings of the USSR Academy of Science, 1976, 227: 539-542.

[9] Lie S. Uber die integration durch bestimmte integrale von einer classe linearer partieller differential-gleichungen. Archiv der Mathematik, 1981, 6: 328-368.

[10] Lian Z J, Lou S Y. Symmetries and exact solutions of the Sharma-Tass-Olver equation. Nonlinear Analysis: Theory, Methods and Applications, 2005, 63: 1167-1177.

[11] Olver P J. Applications of Lie Groups to Differntial Equations. 2nd ed. New York: Springer-Verlag, 1993.

[12] Sharma A S, Tasso H. Connection Between Wave Envelope and Explicit Solution of a Nonlinear Dispersive Wave Equation. Report IPP 6/158, Garching: Max-Planck-Insitut für Plasmophysik. 1977: 1-10.

[13] Shang Y D, Qin J H, Huang Y, et al. Abundant exact and explicit solitary wave and periodic wave solutions to the Sharma-Tasso-Olver equation.Applied Mathematics and Computation , 2008, 202: 532-538.

[14] 特木尔朝鲁, 白玉山. 基于吴方法的确定和分类 (偏) 微分方程古典和非古典对称新算法理论. 中国科学 (A 辑), 2010, 40: 331-348.

[15] 特木尔朝鲁, 高小山. 微分多项式系统的近微分特征列集. 数学学报, 2002, 6: 1041-1050.

[16] 吴文俊. 初等几何定理机器证明的基本原理. 系统科学与数学, 1984, 4: 207-235.

[17] Wu WTs. On the foundation of algebraic differential geometry. Journal of Systems Science and Mathematical Science, 1989, 3: 289-312.

[18] 王东明, 夏壁灿, 李子明. 计算机代数. 2 版. 北京: 清华大学出版社, 2007.

[19] Wang S, Tang X Y, Lou S Y. Soliton fission and fusion: Burgers equation and Sharma-Tasso-Olver equation. Chaos, Solitons and Fractals, 2004, 21: 231-239.

[20] Wazwaz A M. New solitons and kinks solutions to the Sharma-Tasso-Olver equation. Applied Mathematics and Computation, 2007, 188: 1205-1213.

[21] Yan Z Y. Integrability of two types of the (2+1)-dimensional generalized Sharma-Tasso-Olver integro-differential equations. Mathematics-Mechanization Research Preprints,

2003, 22: 302-324.
[22] Zhang Z Y. Approximate nonlinear self-adjointness and approximate conservation laws. Journal of Physics A-mathematical and Theoretical, 2013, 46: 155-203.
[23] Zhang Z Y, Chen Y F. Determination of approximate non-linear self-adjointness and approximate conservation law. IMA Journal of Applied Mathematics, 2015, 80: 728-746.